新印象

NEW
IMPRESSION

钟世皇 编著

Rhino+KeyShot
产品造型设计精粹(第2版)

人民邮电出版社
北京

图书在版编目（CIP）数据

新印象Rhino+KeyShot产品造型设计精粹 / 钟世皇编
著. -- 2版. -- 北京：人民邮电出版社，2023.5
ISBN 978-7-115-60729-4

Ⅰ. ①新… Ⅱ. ①钟… Ⅲ. ①产品设计—计算机辅助
设计—应用软件 Ⅳ. ①TB472-39

中国国家版本馆CIP数据核字(2023)第015110号

内 容 提 要

　　这是一本非常有学习和实践价值的书，主要针对零基础读者编写，介绍 Rhino 和 KeyShot 在产品造型设计中的应用。本书以软件操作实战为主导，核心内容包括产品草图设计、Rhino 产品建模技术、KeyShot 材质调整、KeyShot 环境渲染和 Photoshop 后期处理。书中介绍的都是 Rhino 和 KeyShot 的重要功能，这些功能的使用频率非常高。为了帮助读者快速掌握这些功能，本书采用操作实践的方式，带领读者一步一步地练习，力求使读者"熟能生巧"。

　　本书适合作为 Rhino 初学者、初级产品设计师的学习和参考用书。

◆ 编　　著　钟世皇
　　责任编辑　王振华
　　责任印制　马振武

◆ 人民邮电出版社出版发行　　北京市丰台区成寿寺路 11 号
　　邮编　100164　　电子邮件　315@ptpress.com.cn
　　网址　http://www.ptpress.com.cn
　　固安县铭成印刷有限公司印刷

◆ 开本：787×1092　1/16　　　　　彩插：6
　　印张：15.5　　　　　　　　　2023 年 5 月第 2 版
　　字数：510 千字　　　　　　　2025 年 7 月河北第 5 次印刷

定价：109.80 元

读者服务热线：(010)81055410　印装质量热线：(010)81055316
反盗版热线：(010)81055315

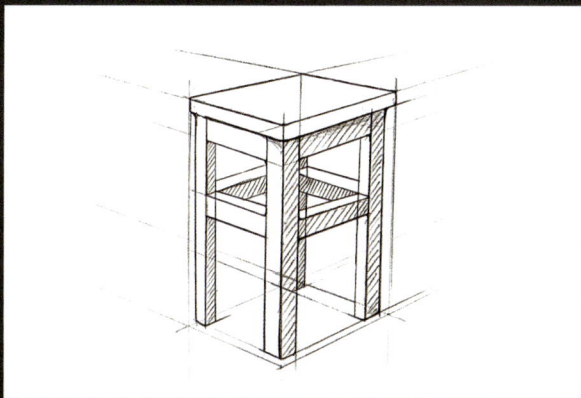

实战：绘制小方凳草图

- 视频文件　实战：绘制小方凳草图.mp4
- 学习目标　掌握两点透视的绘制方法

第40页

实战：绘制概念打印机草图

- 视频文件　实战：绘制概念打印机草图.mp4
- 学习目标　掌握产品的草图绘制方法

第45页

实战：制作简易台灯

- 视频文件　实战：制作简易台灯.mp4
- 学习目标　掌握直线的用法和了解基本几何体的用法

第57页

实战：制作花艺水壶

- 视频文件　实战：制作花艺水壶.mp4
- 学习目标　掌握曲线建模在产品设计中的应用

第66页

实战：制作高脚杯

- ■ 视频文件 实战：制作高脚杯.mp4
- ■ 学习目标 掌握使用"旋转成形"工具和绘制断面曲线的方法

第90页

实战：制作便携酒壶

- ■ 视频文件 实战：制作便携酒壶.mp4
- ■ 学习目标 掌握实体建模的综合运用技法

第104页

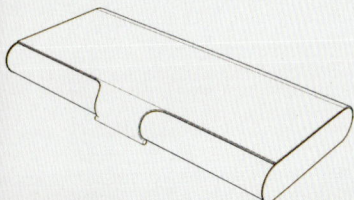

实战：制作简约笔盒

- ■ 视频文件 实战：制作简约笔盒.mp4
- ■ 学习目标 掌握文具产品的建模方法

第114页

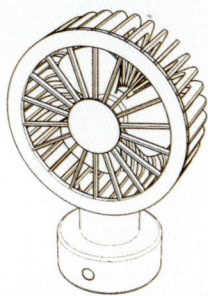

实战：制作桌面小型风扇

■ 视频文件　实战：制作桌面小型风扇.mp4
■ 学习目标　掌握小型风扇产品的建模方法

第117页

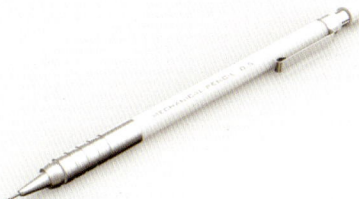

实战：制作自动铅笔

■ 视频文件　实战：制作自动铅笔.mp4
■ 学习目标　熟悉建模工具的配合操作

第129页

WRIST WATCH

Carve carefully and pursue extraordinary quality

Harmonious aesthetic sense of rigidity and softness, light and elegant, deduces the new urban fashion

实战：腕表产品文字排版

■ 视频文件　实战：腕表产品文字排版.mp4
■ 学习目标　掌握文字的排版技术

第195页

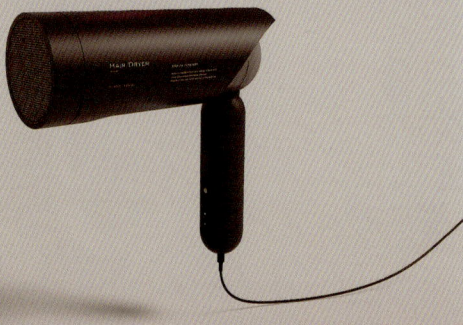

7.1 吹风机产品设计

■ 视频文件　吹风机产品设计.mp4

■ 学习目标　掌握小型电器产品设计的思路

7.2 手机产品概念展示设计

- 视频文件 手机产品概念展示设计.mp4
- 学习目标 掌握产品的概念展示设计方法

7.3 北欧边桌产品设计

■ 视频文件　北欧边桌产品设计.mp4
■ 学习目标　掌握家具产品的设计思路、建模方法、渲染方法

02

THE POWER ADAPTER
ENTER DC 2.5V 2.4A
OUTPUT DC 2.5V 1.0A

[BP-204>

M-204

7.4 概念适配器产品设计

■ 视频文件 概念适配器产品设计.mp4
■ 学习目标 掌握草图绘制的方法和细节建模的思路

7.5 水壶产品设计

- 视频文件　水壶产品设计.mp4
- 学习目标　掌握曲面模型的制作思路和渲染方法

7.6 创意麦克风产品设计

■ 视频文件　创意麦克风产品设计.mp4

■ 学习目标　掌握电子产品材质的制作方法和渲染环境的设置方法

7.7 入耳式耳机产品设计

- 视频文件　入耳式耳机产品设计.mp4
- 学习目标　掌握异形模型的制作方法和电子产品的材质制作方法

导 读

1.版式说明

关键词: 重要的知识点或操作用灰色的底纹强调,可以帮助读者明确操作目的。

导航: 帮助读者在学习资源中找到对应的文件,并根据需求来使用这些文件。

3.4.2 复制

"复制"工具的作用 复制选取的物件。
"复制"工具的位置 在主创工具栏中。
"复制"工具的操作 选取物件,指定复制起点和目标点。

01 复制物件 选取物件,然后单击"复制"工具,再单击复制的起点,在透视视图中拖动鼠标指针到目标位置...

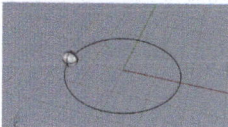
图3-436

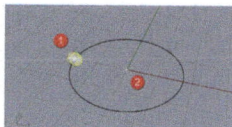
图3-437

图3-438

提示: 按快捷键Ctrl+C可以复制,按快捷键Ctrl+V可以在原位粘贴复制的物件。

02 执行同样的复制操作 如果需要以同样的距离复制物件...

图3-439

3.4.3 环形阵列/矩形阵列

"环形阵列"工具的作用 围绕指定的中心点复制物件。
"环形阵列"工具的位置 在"矩形阵列"工具集中。
"环形阵列"工具的操作 选择需要阵列的物件,选择阵列中心点。

01 绘制一个曲线和圆...

图3-440

图3-441

112 新印象 Rhino+KeyShot产品造型设计精粹(第2版)

实战:制作简约笔盒

素材文件 无
实例文件 实例文件>CH03>实战:制作简约的笔盒.3dm
在线视频 实战:制作简约的笔盒.mp4
学习目标 掌握实战产品的建模技巧

简约笔盒的模型效果如图3-452所示。

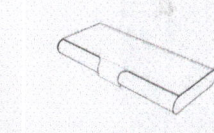

图3-452

01 制作盒体 使用"圆角矩形"工具绘制在视图中绘制圆角矩形...

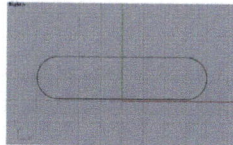
图3-453

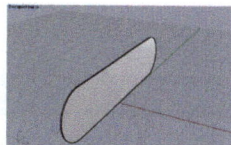
图3-454

02 使用"偏移曲线"工具为圆角线进行向外偏移的操作...

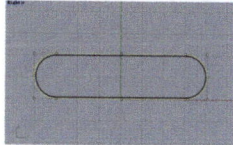
图3-455

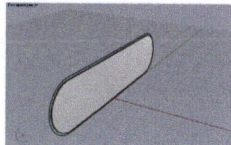
图3-456

114 新印象 Rhino+KeyShot产品造型设计精粹(第2版)

提示: 在讲解过程中配有大量的提示,以帮助读者快速提升操作水平和熟悉流程。

步骤: 图文结合的讲解能让读者厘清制作思路并掌握操作方法。

2.阅读说明与学习建议

在阅读过程中看到的"单击""双击",意为使用鼠标左键进行单击或双击。

在阅读过程中看到的"按快捷键Ctrl+C",意为同时按键盘上的Ctrl键和C键,即保证两个键都按住。

在阅读过程中看到的"拖曳鼠标指针""移动鼠标指针",意为移动鼠标。

在阅读过程中看到的"漫反射"等引号内容,意为软件中的参数。

在学完某项内容后,建议读者用生活中随处可见的物件练习巩固。

资源与支持

本书由"数艺设"出品，"数艺设"社区平台（www.shuyishe.com）为您提供后续服务。

配套资源

素材文件： 案例的初始文件。
实例文件： 案例的最终文件。
在线视频： 软件功能演示视频和实战案例讲解视频。
教学课件： 教师专享PPT教学课件。

扫码关注微信公众号

提示：
微信扫描二维码，点击页面下方的
"兑"→"在线视频+资源下载"，输入51
页左下角的5位数字，即可观看全部视频。

"数艺设"社区平台，为艺术设计从业者提供专业的教育产品。

与我们联系

我们的联系邮箱是 szys@ptpress.com.cn。如果您对本书有任何疑问或建议，请您发邮件给我们，并请在邮件标题中注明本书书名及ISBN，以便我们更高效地做出反馈。

如果您有兴趣出版图书、录制教学课程，或者参与技术审校等工作，可以发邮件给我们。如果学校、培训机构或企业想批量购买本书或"数艺设"出版的其他图书，也可以发邮件联系我们。

关于"数艺设"

人民邮电出版社有限公司旗下品牌"数艺设"，专注于专业艺术设计类图书出版，为艺术设计从业者提供专业的图书、视频电子书、课程等教育产品。出版领域涉及平面、三维、影视、摄影与后期等数字艺术门类、字体设计、品牌设计、色彩设计等设计理论与应用门类，UI设计、电商设计、新媒体设计、游戏设计、交互设计、原型设计等互联网设计门类，环艺设计手绘、插画设计手绘、工业设计手绘等设计手绘门类。更多服务请访问"数艺设"社区平台www.shuyishe.com。我们将提供及时、准确、专业的学习服务。

前 言

关于本书

"Rhino可以做什么? 它和3ds Max等三维软件的区别在哪里? 为什么选择Rhino? "这是很多人都有的疑问。

Rhino是一款曲面建模软件,相对于3ds Max的多边形建模技术,Rhino的曲面建模技术更高效、更精确。这使得Rhino在产品设计、汽车设计和BIM幕墙设计等建模领域备受青睐。本书虽然主要讲解产品设计,但书中的工具使用方法和建模思路适用于Rhino的各个应用领域,本书可以作为这些领域的入门教程。

写作目的

本书的主要目的是让读者快速掌握Rhino建模技术、KeyShot材质渲染技术和简单的Photoshop后期处理技术,使读者能迅速搭配使用这3个软件进行产品模型表现。

主要内容

本书共7章。为了使读者更好地学习,**本书所有操作性内容均有教学视频**,包括实战和软件功能演示。

第1章: Rhino产品设计必备基础。本章列举常用的Rhino操作,这些操作在工作中的使用频率和实用性都是非常高的。这部分内容非常有利于零基础读者快速入门Rhino;如果读者有Rhino基础,那么大致浏览即可。

第2章: 产品草图设计。本章介绍较为基础的手绘知识和产品草图的绘制方法。这部分内容并非专业的手绘知识,读者无须恶补手绘技法,本章的内容足够支撑读者绘制产品草图。

第3章: Rhino产品建模技术。本章通过操作实践的方式介绍Rhino的重要建模工具,并用简单明了的语言讲解工具的位置、操作方法和作用。这部分内容包含Rhino的曲线建模、曲面建模和实体建模技术,这些技术适用于大部分建模工作。

第4章: KeyShot材质调整。本章介绍在KeyShot中为Rhino模型制作材质的方法。这部分内容并不难,但不可忽视,因为没有材质的模型只是半成品。

第5章: KeyShot环境渲染。本章介绍为已有材质的模型搭建渲染环境的方法,渲染环境包含灯光环境和HDRI。这部分内容不多,也很简单,但却是不可或缺的工作环节,缺少这部分会让工作功亏一篑。

第6章: Photoshop后期处理。本章介绍Photoshop在产品后期处理中重要工具的用法和常见的排版样式。这部分内容涉及Photoshop的基础操作,读者可以使用介绍的工具对渲染后的模型进行灵活的后期处理。

第7章: 产品设计商业项目实战。本章对前面学习的知识进行综合特训。本章的案例都是常见的商业项目,包含了详细的制作流程。读者也可以观察身边的相关物件,根据书中的流程来对它们进行表现。

学习资源

本书配套资源包含所有实战的**素材文件**、**实例文件**和**在线视频**,在线视频包括软件功能的演示视频和实战案例的教学视频。此外,为了方便教师教学,还提供了教师专享的PPT教学课件。

目录

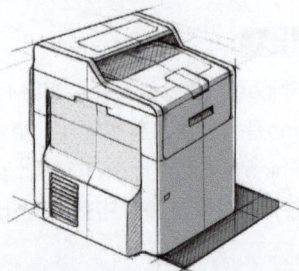

第4章   KeyShot材质调整

目录

第 1 章

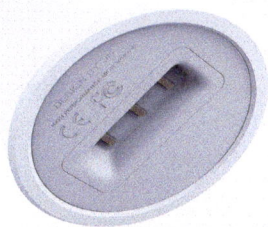

Rhino产品设计
必备基础

■ 学习目的

　　本章介绍的都是实际工作中经常会用到的功能，也是实战案例中使用频率很高的功能。如果读者没有接触过 Rhino，那么本章能帮助读者快速入门；即使读者已经能熟练运用这些功能，也建议读者快速翻看并温习本章内容，而不是直接跳过。

■ 主要内容

　　软件界面、单位尺寸、快捷操作、选择物件、移动物件、旋转物件、创建文字等。

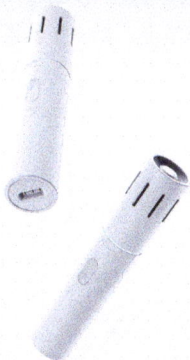

1.1 Rhino的工作界面

启动Rhino 6.0，打开工作界面。其工作界面由标题栏、菜单栏、命令栏、工具栏、视窗区域、状态栏和图形面板区域组成，如图1-1所示。

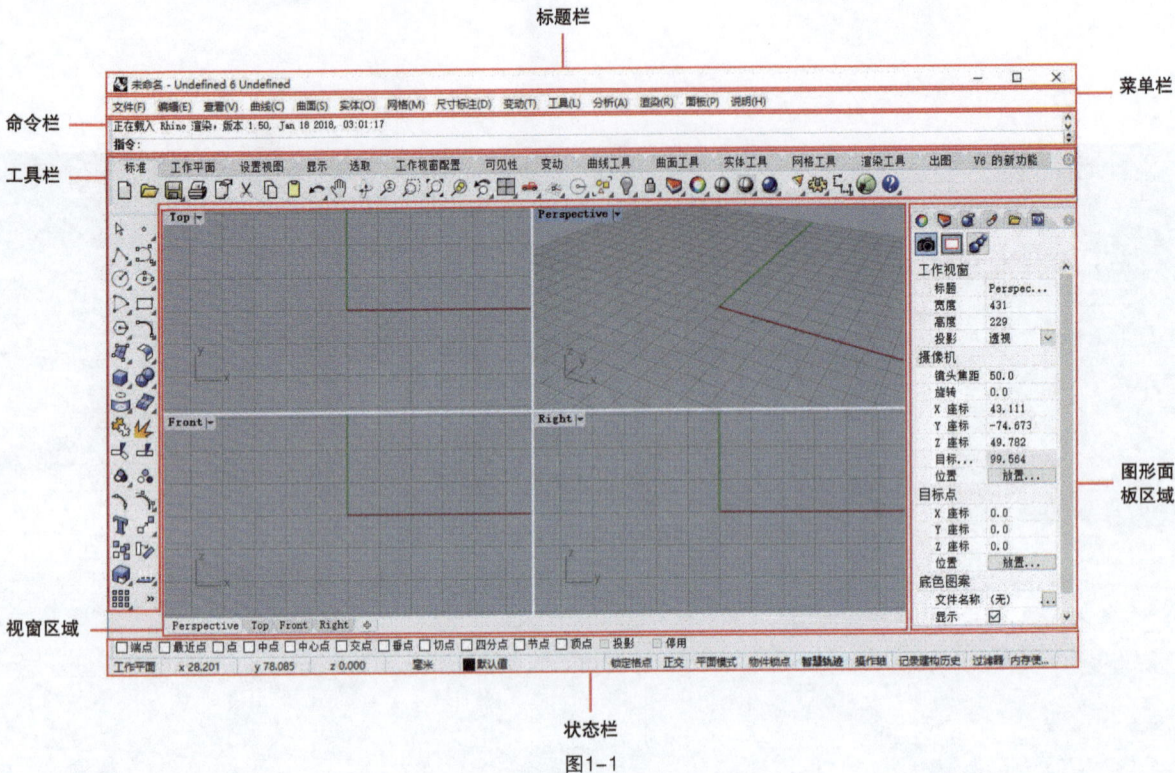

图1-1

标题栏 位于界面的顶部，主要作用是显示当前文件的名称。

菜单栏 包含14个菜单，其中的命令可以用于编辑模型、制作材质和渲染等，如图1-2所示。

文件(F) 编辑(E) 查看(V) 曲线(C) 曲面(S) 实体(O) 网格(M) 尺寸标注(D) 变动(T) 工具(L) 分析(A) 渲染(R) 面板(P) 说明(H)

图1-2

命令栏 分为上、下两部分，上部分显示历史命令，滚动鼠标滚轮可以查看历史命令；下部分显示当前命令，提示当前可进行的操作，可以单击命令选项进行修改。

工具栏 分为顶部工具栏和左侧工具栏两部分，顶部工具栏为选项卡形式，可以切换到不同的选项卡，选择不同的工具，如图1-3所示；左侧工具栏则更加直观，其包含了编辑模型的主要工具，单击工具图标右下角的下拉按钮（三角箭头），可以在下拉列表中选择种类更丰富的编辑工具，如图1-4所示。

图1-3

图1-4

视窗区域 屏幕中间的4个矩形区域。默认情况下，左上角为顶视图（Top），右上角为透视视图（Perspective），左下角为前视图（Front），右下角为右视图（Right），如图1-5所示。在该工作区域，可以对模型进行编辑。

提示 与视窗区域有关的操作内容很多，下一节会详细介绍具体操作方法。

图1-5

状态栏 位于视窗区域下方，主要显示当前已开启的各项功能，例如"物件锁点"和"平面模式"等。在状态栏中，可以很方便地开启或关闭一些编辑功能。另外，状态栏还会显示当前鼠标指针的坐标位置、模型单位和内存使用量等数据。

提示 在实际工作中，通常在状态栏设置"物件锁点"的开关和锁点内容。单击"物件锁点"选项，可以激活图1-6所示的点选项。勾选某个点选项，就可以对物件的这种点进行自动吸附。勾选"停用"选项，则停用所有吸附锁点的功能。

图1-6

图形面板区域 默认显示为"属性"面板，如图1-7所示；单击不同的选项卡，可以切换到不同的面板，例如比较常用的"图层"面板，如图1-8所示。

图1-7

图1-8

提示 在实际工作中，设计师通常使用"图层"面板新建图层和赋予图层颜色，使用"属性"面板为物件赋予图层颜色，以此来区分曲面颜色，方便在渲染时区分不同的曲面材质。

另外，Rhino的界面显示效果与界面在桌面的显示大小有关，部分读者的图形面板区域可能如图1-9所示，即界面不显示面板名称，这个时候可以改变面板的宽度，使面板名称显示出来，如图1-10所示。

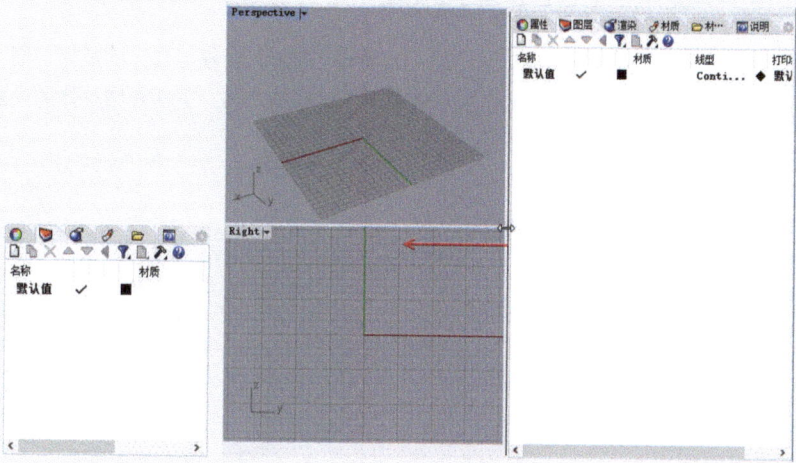

图1-9

图1-10

1.2 Rhino的系统设置和基础操作

本节主要介绍Rhino的系统设置和基础操作，这些操作难度或高或低，但都是工作中经常使用的。

1.2.1 设置单位尺寸

在顶部工具栏中切换到"标准"选项卡，然后单击"选项"工具，如图1-11所示；打开"Rhino选项"对话框，接着选择"单位"选项，如图1-12所示；最后设置"模型单位"为"毫米"，如图1-13所示。

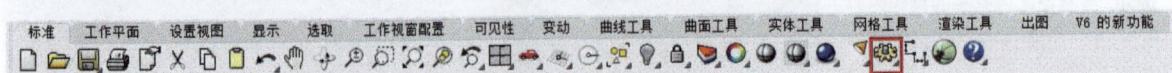

图1-11

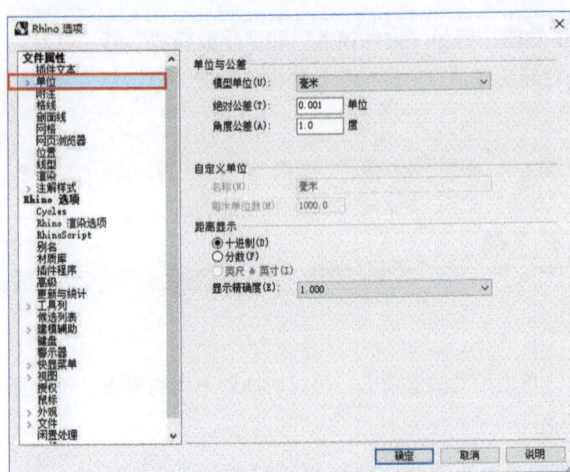

图1-12

图1-13

1.2.2 新增常用工具列

Rhino支持自定义工具列，如图1-14所示。读者可以根据自己的操作习惯，将使用频率较高的工具添加到一个新的工具列中，方便在建模的过程中快速调用需要的工具。下面介绍具体的设置方法。

工具列名称

工具列图标

工具

图1-14

01 新增工具列 单击顶部工具栏中的"选项"工具❀，打开"Rhino选项"对话框，然后在"文件属性"列表中选择"Rhino选项"下的"工具列"选项，接着选择"编辑>新增工具列"命令，如图1-15所示。

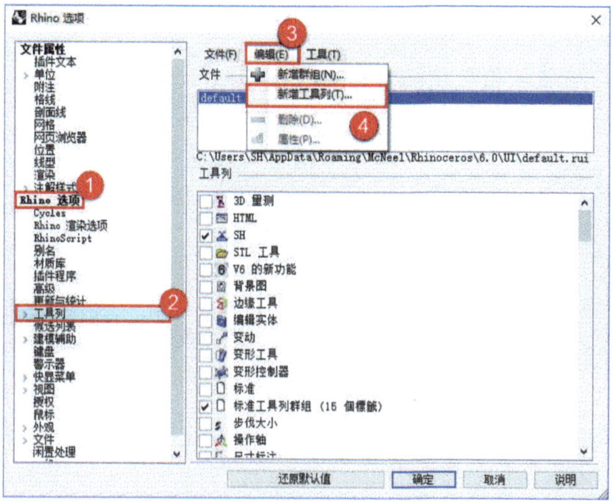

02 打开"工具列属性"对话框，在"文字"文本框中对新增的工具列命名，然后单击"编辑图示"选项，如图1-16所示。

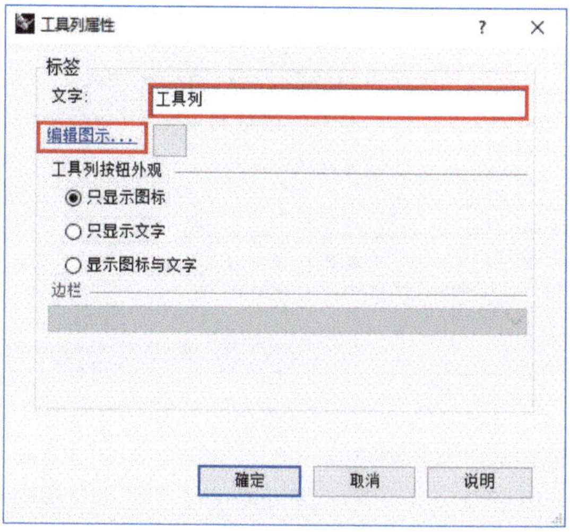

图1-15

图1-16

03 设置工具列的图标 打开"编辑图示"对话框，在右侧颜色区域选择颜色，接着使用右侧的"画笔"工具 ✐、"填色"工具 ⬕ 等在画布区域绘制任意图形，最后单击"确定"按钮 ⬚确定 ，即可得到自定义工具列的图示，如图1-17所示。

04 激活工具列 回到"Rhino选项"对话框，可以发现已经增加了有绘制图示的工具列，如图1-18所示。勾选新建的工具列，即可激活该工具列，如图1-19所示。

05 修改工具列大小 拖曳工具列的边缘可以改变其大小，如图1-20所示。

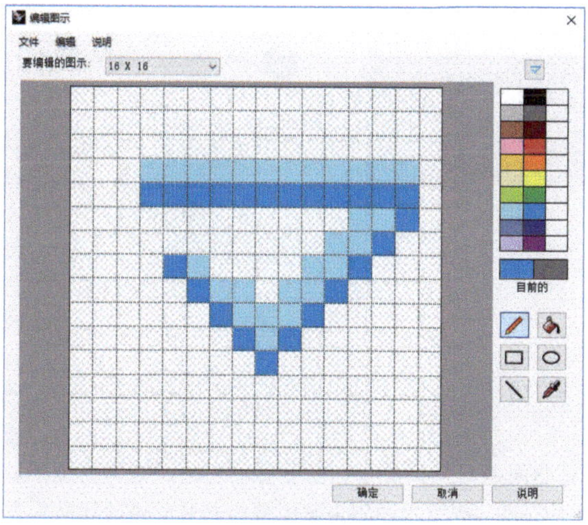

图1-17

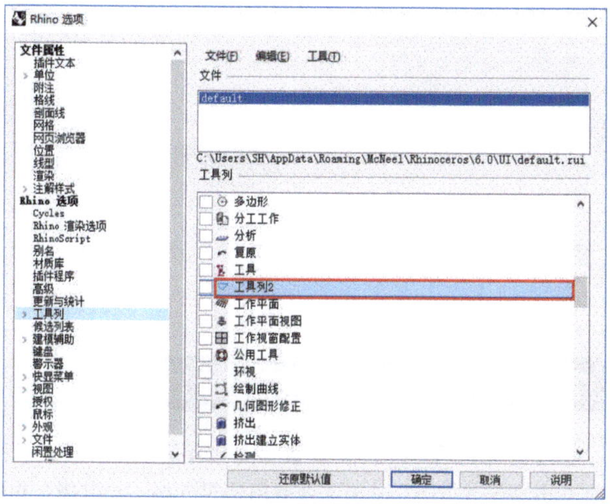

图1-18

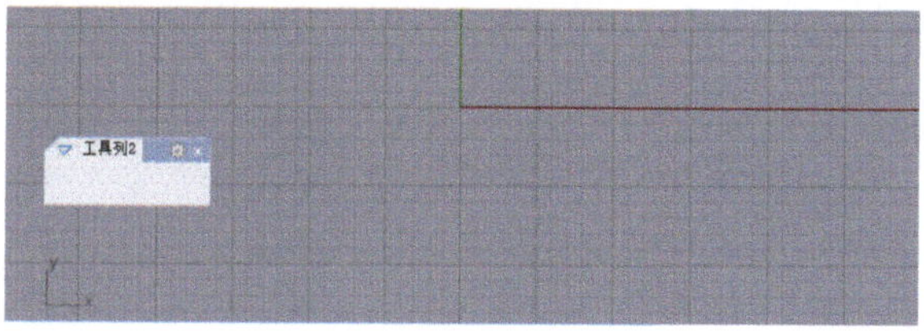

图1-19

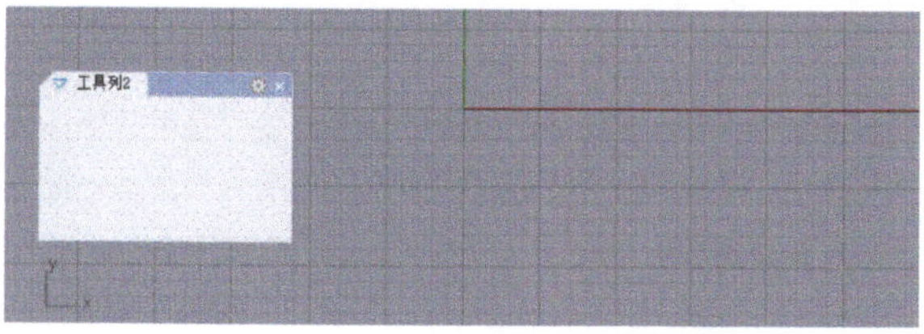

图1-20

06 停靠工具列 在工具列的顶部区域按住鼠标左键，拖曳鼠标指针可任意移动工具列或将其停靠到左侧工具栏的下部，如图1-21所示。

07 为工具列添加工具 按住Ctrl键，再按住左侧工具栏中的工具，拖曳鼠标指针，可将其移动到工具列中，如图1-22所示，结果如图1-23所示。

图1-21 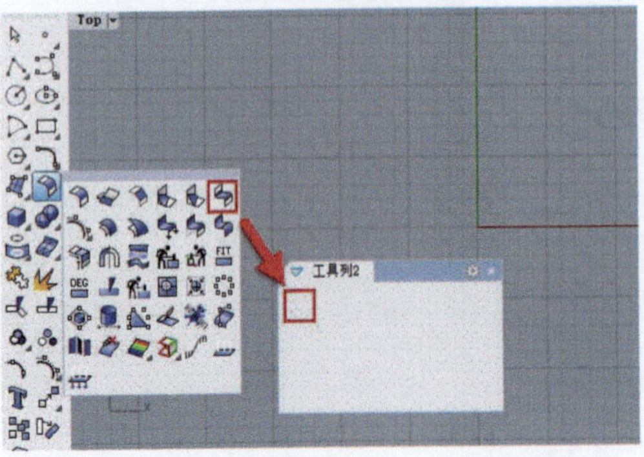   图1-22 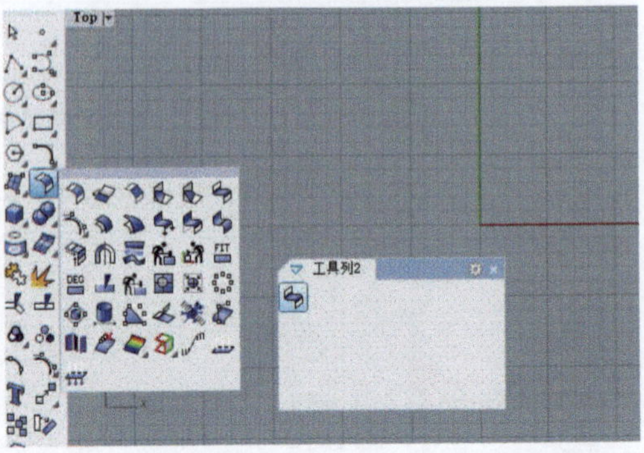   图1-23

08 移除工具列中的工具 按住Shift键，然后按住工具列中需要移除的工具，将其拖曳到工具列之外，如图1-24所示；接着在弹出的"Rhinoceros工具列"对话框中单击"是"按钮 是(Y)，确认移除工具，如图1-25所示。

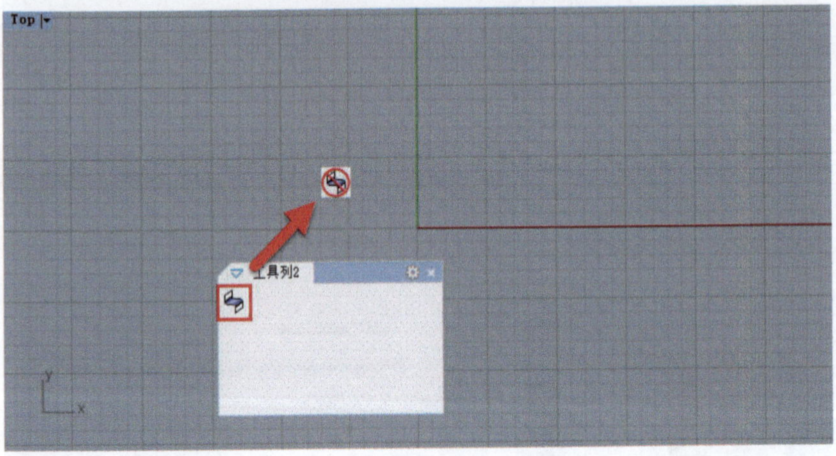

图1-24 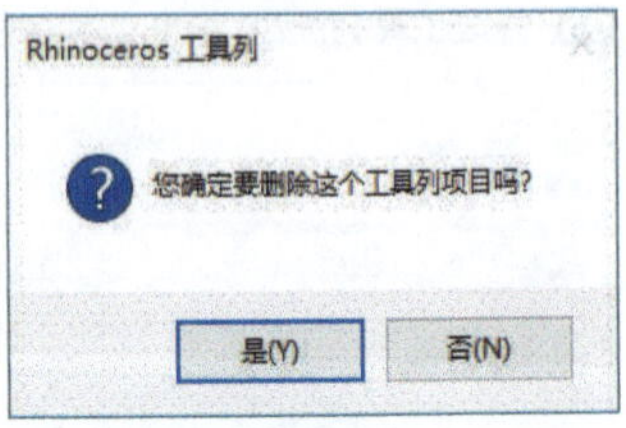   图1-25

> **提示** 添加和移除工具的操作方法也适用于原有的工具栏。

1.2.3 设置曲面背面颜色

Rhino的曲面有正面和背面之分，如果在曲面编辑过程中将曲面的方向搞混了，就会影响到曲面编辑的结果，甚至出现无法成面、破面和曲面出错等问题。为了避免出现这些问题，可以在初始设置中将曲面背面设置成统一、醒目的颜色，以便在曲面编辑中出现方向错误时，可以及时发现并纠正。

01 设置单一颜色模式 单击顶部工具栏中的"选项"工具 ，打开"Rhino选项"对话框，然后选择"视图>显示模式>着色模式"选项，接着设置"背面设置"为"全部背面使用单一颜色"，如图1-26所示。

02 设置具体颜色 单击"单一背面颜色"选项后的色块，如图1-27所示；然后在"选取颜色"对话框中选择需要的颜色，或者使用右侧色轮选取需要的颜色，单击"确定"按钮 确定，确认背面颜色，如图1-28所示；设置后的对话框如图1-29所示。

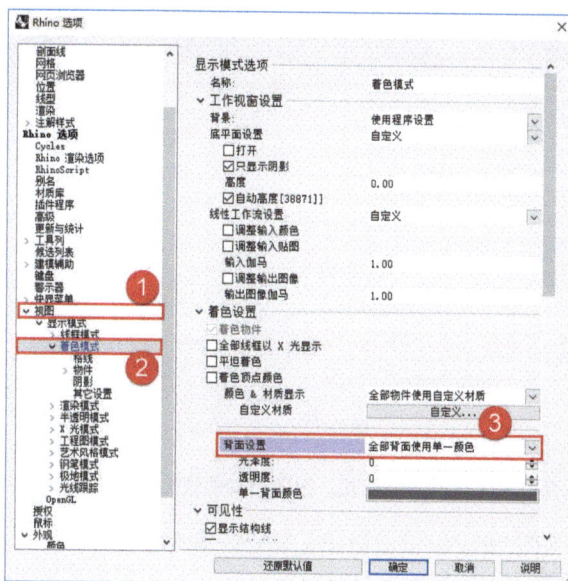

图1-26

图1-27

图1-28

图1-29

1.2.4 打开/导入/保存/导出文件

在使用Rhino工作之前，还需要掌握软件的一些基本操作，例如打开文件、导入文件、保存文件和导出文件。

打开/导入文件 在工作中，将模型文件直接拖入Rhino的工作界面，在弹出的"文件选项"对话框中选择"打开文件"或"导入文件"选项即可将文件打开或导入，如图1-30所示。

图1-30

另外，也可以单击工具栏中的"打开文件"按钮📂，在"打开"对话框中选择文件的位置和具体文件，单击"打开"按钮。打开相关文件，如图1-31所示。

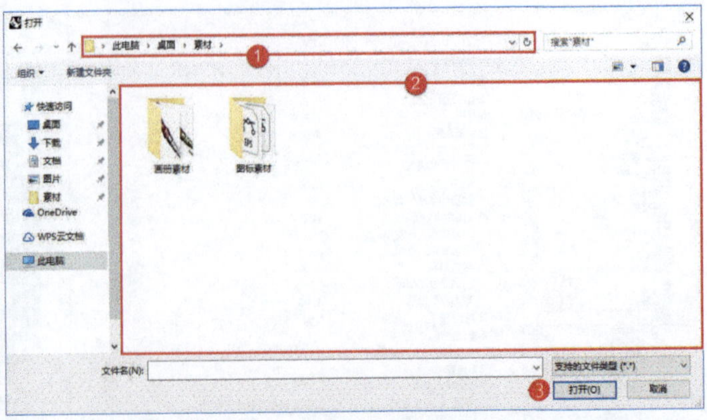

图1-31

保存文件 Rhino的默认模型文件格式为.3dm，也可以在保存文件时选择其他格式，以便与其他软件进行交互。

01 在菜单栏中打开"文件"菜单，选择"保存文件"或"另存为"命令，如图1-32所示。

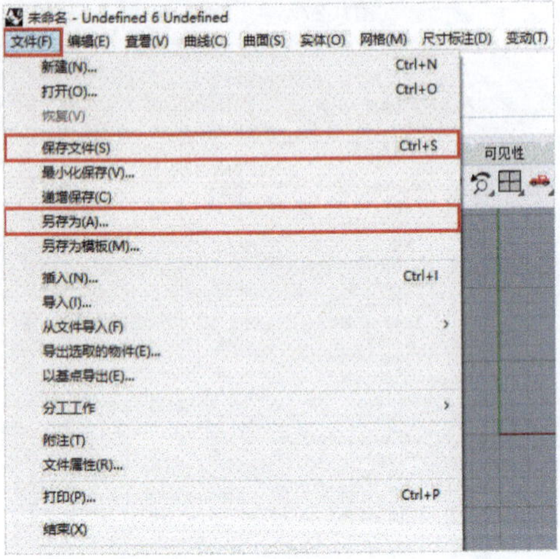

图1-32

02 打开"储存"对话框，在"文件名"文本框中输入文件的保存名称，如图1-33所示。

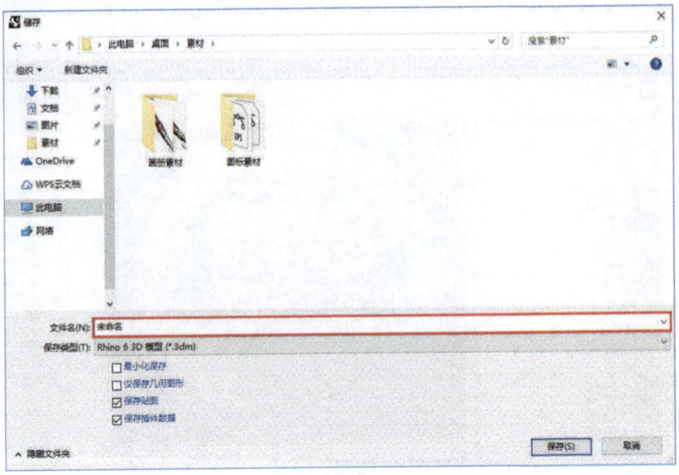

图1-33

03 展开"保存类型"下拉列表，在其中可以选择需要的文件格式来保存模型，如图1-34所示。

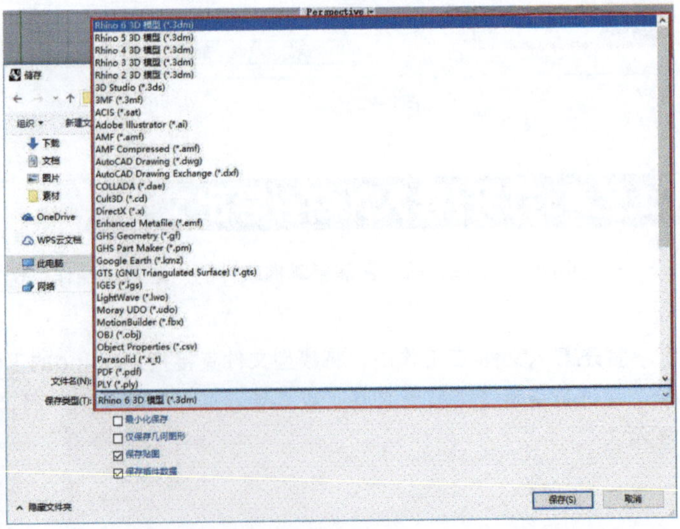

提示 当首次保存文件时，软件会弹出"储存"对话框；若不是首次保存，使用"保存文件"命令时，软件会自动将修改内容保存在当前文件中。

图1-34

导出文件 在Rhino中，可以导出特定物件。选中物件，选择"文件>导出选取的物件"菜单命令，如图1-35所示。此时，软件会打开"导出"对话框，它的操作方法与"储存"对话框一样。

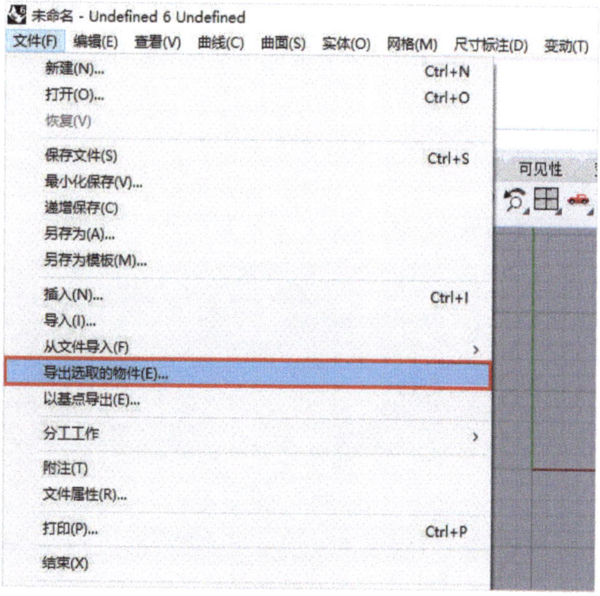

图1-35

1.2.5 必知的快捷操作

Rhino作为一款三维软件，提供了视图的移动、旋转和缩放功能，方便用户查看物件的外形。下面介绍一些Rhino用户必知的快捷操作。

移动视图 在视图中按住鼠标右键同时按住Shift键，然后拖曳鼠标指针，可以在当前视图进行移动操作。

旋转视图 在视图中按住鼠标右键，然后拖曳鼠标指针，可以在透视视图平面对视图进行旋转操作。

缩放视图 在视图中滚动鼠标滚轮，可以对当前视图进行缩放操作。

单击鼠标右键 大部分需要使用Enter键的操作都可以用单击鼠标右键来代替，例如"按Enter键确认"的操作。注意，为了规范Rhino建模教学，本书使用"按Enter键确认"描述，读者可以根据个人习惯选择相应的操作。

在非编辑状态时单击鼠标右键 该操作可以触发"重复上一个命令"操作，例如刚完成了"曲面圆角"编辑操作，单击鼠标右键，则会再次执行"曲面圆角"命令。这种操作可以提高需要进行重复操作的工作效率。

单击鼠标中键 在任一视图单击鼠标中键，都将打开"弹出"工具界面，如图1-36所示。读者可以在该界面设置常用工具。

图1-36

撤销/取消撤销（重做） 按快捷键Ctrl+Z，可以撤销上一步执行的操作；按住Ctrl键并多次按Z键，可以撤销前面的多个操作。如果错误执行了撤销操作，可以按快捷键Ctrl+Y取消撤销操作（重做），其原理与撤销相同。

1.3 Rhino的物件操作

在使用Rhino建模之前，还需掌握一些Rhino的基础物件操作，这些操作贯穿Rhino建模的整个过程，请读者务必掌握。

1.3.1 选择物件

选择物件是Rhino非常基础、非常重要的操作之一，它存在于整个工作流程中。

点选 在需要选择的物件上单击，即可选择当前物件；如要取消选择状态，单击任意空白区域即可。当物件未被选择时，边缘线为黑色；当物件被选择时，边缘线则变为金色，如图1-37所示。

图1-37

框选 按住鼠标左键拖曳绘制选框，可以选择选框内或与选框相交的物件。

01 按住鼠标左键，向右拖曳鼠标指针拉出选框，可以选择完全处于选框内的物件，如图1-38所示（红框表示框选范围）。

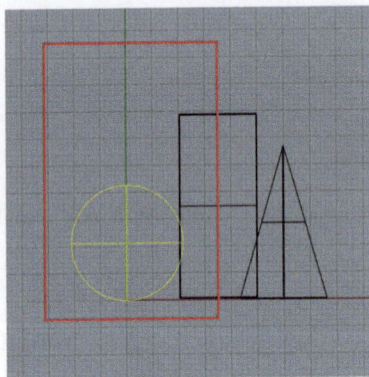

02 按住鼠标左键，向左拖曳鼠标指针拉出选框，可以选择完全处于框内及与选框相交（接触）的物件，如图1-39所示（红框表示框选范围）。

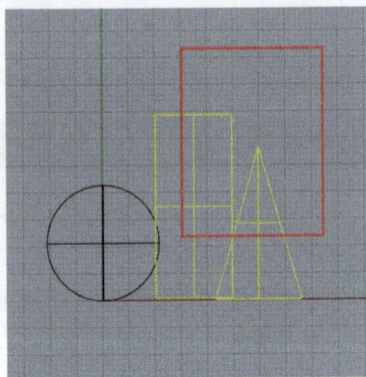

图1-38　　　　　　　　　　图1-39

加选 使用鼠标左键选择物件之后，经常需要再选择其他物件。按住Shift键，同时在物件上单击，即可加选其他物件。

减选 当选择了多余的物件时，按住Ctrl键，同时在多余的物件上单击，即可取消选择该物件。

图1-40

使用工具选择 在工具栏的"选取"选项卡中有大量选择工具，如图1-40所示，可使用这些工具选择物件。

01 使用"全部选择"工具 可以按各种物件的特性对某类物件进行全部选择。与使用鼠标逐个选择相比，使用"全部选择"工具 能更高效地全选指定特性的物件。

02 使用"反选选取集合"工具 可以取消选择当前已选择的物件，并选择当前未选择的物件。

> **提示** 在一些模型中，如果有零碎且不易选择的小物件，那么先选择较为容易选择的大物件，再单击"反选选取集合"工具 ，即可选择那些不容易选择的小物件。

03 单击"以颜色选取"工具 🎨，然后单击视图中的物件，即可选择与该物件颜色相同的其他物件。注意，使用该工具的前提是已在图形面板区域为各个物件设置好颜色。

04 单击"选取曲线"工具 📐，可以选择视图中所有可见的曲线和线段。

> **提示** 模型通常都有一些前期使用过的线条，这非常影响观察。因此，可以使用"选取曲线"工具 📐 全选它们，将其隐藏或删除。

1.3.2 群组物件/解散群组

"群组物件"工具集 🔵 在左侧工具栏中，其展开效果如图1-41所示。

图1-41

群组物件 同一个群组中的物件会共享选择状态，即选择群组内任意物件，其他物件都会被选择。单击"群组物件"工具集 🔵，选择视图中的多个物件，可以为它们创建群组；选择一些物件，按快捷键Ctrl+G，也可为当前选择对象创建群组。

解散群组 单击"解散群组"工具 🔵，选择群组内的任意物件，该群组将解散；选择群组，按快捷键Ctrl+Shift+G，也可解散群组。

1.3.3 隐藏物件/显示物件

"隐藏物件/显示物件"工具集 💡 在顶部工具栏的"标准"选项卡中，其展开效果如图1-42所示。

图1-42

隐藏与全部显示物件 单击"隐藏物件"工具 💡，可以隐藏当前选择的物体。使用鼠标右键单击"隐藏物件"工具 💡，被隐藏的物件将全部显示；使用鼠标左键单击"显示物件"工具 💡，被隐藏的物件也将全部显示。

显示隐藏的物件 单击"显示选取的物件"工具 💡，可以将隐藏的物件暂时显示，同时将未隐藏的物件暂时隐藏。被隐藏的物件显示后，选择其中需要显示的物件（可多选），并按Enter键确认，即可只显示刚刚选择的隐藏物件。

1.3.4 锁定物件/解除锁定物件

"锁定物件/解除锁定物件"工具集 🔒 在顶部工具栏的"标准"选项卡中，其展开效果如图1-43所示。

图1-43

锁定物件 对于暂时不需要操作的模型，可以将它们锁定，以避免在操作过程中误选它们。单击"锁定物件"工具 🔒，选择需要被锁定的物件，按Enter键确认，即可将该物件锁定。

解除锁定物件 单击"解除锁定物件"工具 🔓，即可解锁所有被锁定的物件。

解锁部分被锁定物件 单击"解除锁定选取的物件"工具 🔓，未被锁定的物件暂时隐藏，选择其中需要解锁的物件（可多选），按Enter键确认，即可解锁刚刚选择的锁定物件。

1.3.5 尺寸标注

在顶部工具栏的"标准"选项卡中展开"直线尺寸标注"工具集⌐，如图1-44所示。使用这些工具可以为模型标注尺寸。

标注线段尺寸 单击"直线尺寸标注"工具⌐，然后分别单击物件中线段的起点和终点，即可对该线段进行尺寸标注，效果如图1-45所示。

图1-44

图1-45

标注角度尺寸 单击"角度尺寸标注"工具，选择一个圆弧，或者分别选择两条线段、多重直线的子线段、平面或多重曲面上直的边缘，就可以为对象添加角度标注。下面以三角形为例，选择三角形的两条边后，如果鼠标指针在三角形内，就会标注内角角度，如图1-46所示；如果鼠标指针在三角形外，就会标注外角角度，如图1-47所示。

标注圆/弧线半径 单击"半径尺寸标注"工具，选择圆/弧线的边缘，拖曳鼠标指针显示出标注，如图1-48所示。

图1-46

图1-47

图1-48

1.3.6 导入背景图

在建模时，有时需要将外部素材图片导入Rhino中作为参考背景图，以此来更精确地建模。

01 **导入素材** 将素材参考图拖曳到某一视图，打开"图像选项"对话框，选择"图像"选项，如图1-49所示，单击"确定"按钮 确定 。

02 在视图中找到图像的起点位置，按住鼠标左键，然后拖曳鼠标指针拉出背景图，如图1-50所示。

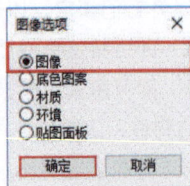

图1-49

图1-50

03 等距拉伸 选择背景图，单击左侧工具栏中的"二轴缩放"工具 ，在置入图片的视图中拖曳鼠标指针到合适位置并按Enter键设置基准点，然后拖曳鼠标指针并单击，确认第一参考点，如图1-51所示。

图1-51

04 拖曳鼠标指针对图像进行等比例缩放，如图1-52所示。当确认大小合适时，单击即可完成缩放。

提示 确定背景图的大小后，使用"锁定物件"工具 🔒 锁定背景图，以防止在建模过程中误选或移动背景图。锁定操作请参考本章"1.3.4 锁定物件/解除锁定物件"的内容。

图1-52

1.3.7 移动物件

"移动"工具 作用 用于物件的点对点移动，可以精确地移动物件的某一点，使其与其他物件的某一点对齐（需要激活"物件锁点"中的"端点"）。

"移动"工具 位置 在左侧工具栏中。

"移动"工具 操作 选择物件，单击"移动"工具，再选择移动的起点和终点。

单击"移动" 工具，选择物件，按Enter键确认，然后选择物件的某一端点作为移动的起点，拖曳鼠标指针，使物件跟随鼠标指针移动，接着单击另一物件的某一端点作为移动的终点，完成移动操作，如图1-53所示。

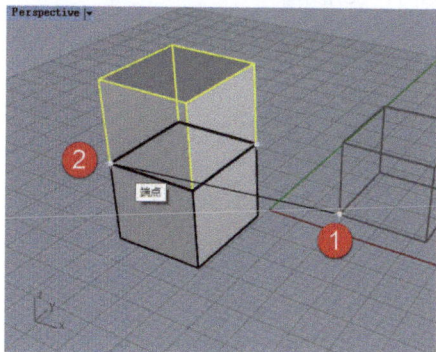

图1-53

提示 在使用Rhino建模时，经常需要调整物件的位置，当不必精确移动物件时，可以通过拖曳来移动它们，如图1-54所示。

注意，当操作视图不是三维视图时，拖曳物件的方向仅限于该视图的平面方向，例如在前视图拖曳物件，只能改变它在x轴和z轴方向的位置。

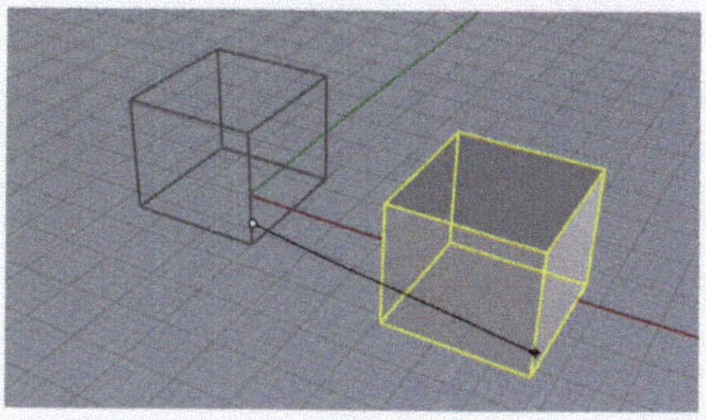

图1-54

1.3.8 旋转物件

"旋转"工具 ⬄ **作用** 用于旋转物件，方式多为二维旋转。

"旋转"工具 ⬄ **位置** 在左侧工具栏中。

"旋转"工具 ⬄ **操作** 设置旋转中心点与第一参考点，使物件沿中心轴旋转。

01 单击"旋转"工具 ⬄，选择物件，按Enter键确认，然后选择物件的端点作为旋转中心点，接着选择另一端点作为第一参考点，如图1-55所示。

02 逆时针或顺时针拖曳鼠标指针，预览旋转效果，如图1-56所示。确认旋转角度后，单击完成旋转。

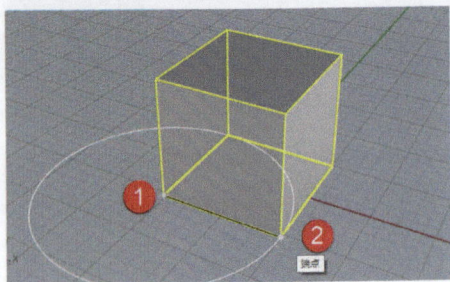

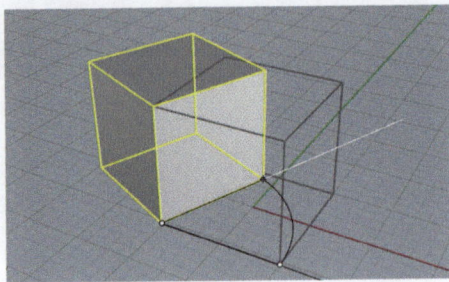

> **提示** 如果要精确旋转，则可以在命令栏中输入具体的旋转角度值，并按Enter键确认。

图1-55   图1-56

1.3.9 物件锁点

"物件锁点"工具 物件锁点 **作用** 用于锁定鼠标指针标记到物件上的某一点。

"物件锁点"工具 物件锁点 **位置** 在底部状态栏中。

"物件锁点"工具 物件锁点 **操作** 勾选或取消勾选不同物件锁点选项。

单击底部状态栏中的"物件锁点"工具 物件锁点 可以激活锁点选项，如图1-57所示。勾选某个锁点选项，表示该锁点功能被开启，该状态将一直持续下去，直到取消勾选为止。

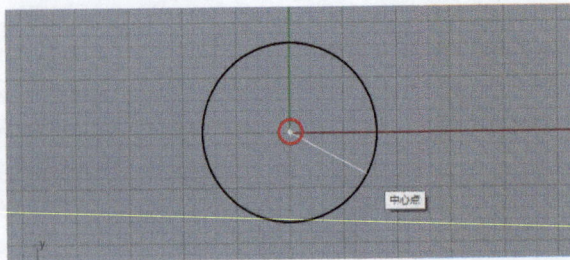

图1-57

下面介绍常用的物件锁点选项。

"端点" 锁定曲线的端点、文字边框方块的角、多重曲线的组合点、封闭曲线的接缝、曲面与多重曲面边缘的角等。

"停用" 禁用所有锁点功能（包括已被开启的功能）。勾选该选项可以很方便地在不需要捕捉锁点的情况下，快速关闭"物件锁点"功能。

"中点" 锁定曲线、曲面边缘、网格线或多重直线子线段的中点，如图1-58所示。

"中心点" 锁定圆、圆弧、封闭的多重直线、边界为多重直线且没有洞的平面、文字边框方块的中心点，如图1-59所示。

图1-58   图1-59

"交点" 锁定两条曲线、网格线、两个边缘或曲面结构线的交点，如图1-60所示。

"垂点" 捕捉垂直于曲线、网格线或曲面边缘的点，如图1-61所示。

"切点" 锁定曲线上的正切点，如图1-62所示。

图1-60	图1-61	图1-62

"四分点" 锁定曲线在当前的工作平面中x或y坐标最大或最小的点，如图1-63所示。

> **提示** 开启"物件锁点"功能后，一些工具会自动吸附锁点。如果只是暂时不需要吸附锁点，那么可以在启用工具后，按住Alt键，暂时取消"物件锁点"功能，松开Alt键又可继续使用"物件锁点"功能；如果"物件锁点"功能为"停用"状态，那么按住Alt键，系统会暂时开启"物件锁点"功能。

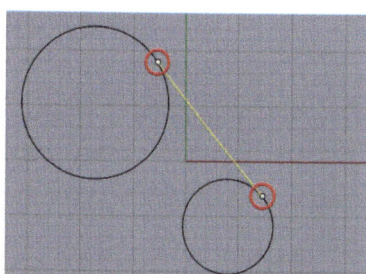

图1-63

1.3.10 创建文字

"文字物件"工具 作用 用于创建文字曲线、文字曲面和文字实体等文字物件。

"文字物件"工具 位置 在左侧工具栏中。

"文字物件"工具 操作 在"文本物件"对话框内输入文字内容及设置样式。

单击"文字物件"工具 ，打开"文本物件"对话框，如图1-64所示。在该对话框中，可以输入需要创建的文字内容，选择字体格式、文字类型和文字高度等。

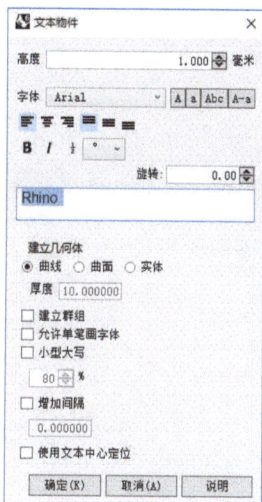

创建字体 在"文本物件"对话框中设置"高度"为"10"毫米、"字体"为"Arial"，输入文字内容"Rhino"，然后设置"建立几何体"为"实体"，单击"确定"按钮 ，并在某一视图中单击完成创建，如图1-65所示。

使用类似的方法也可以创建文字曲面和文字曲线。文字实体、文字曲面、文字曲线的效果对比如图1-66所示。

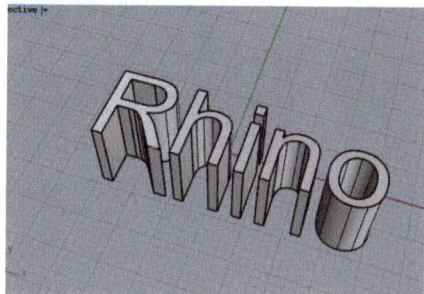

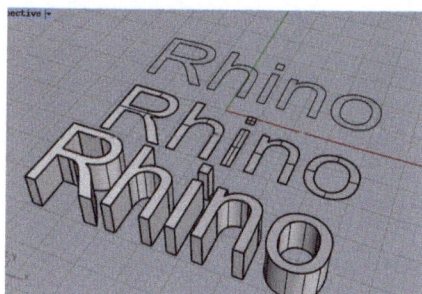

图1-64	图1-65	图1-66

1.3.11 图层颜色

"图层"面板 图层 作用 管理图层属性，例如新建图层、赋予图层颜色等（具体操作见后文）。

"图层"面板 图层 位置 在右侧图形面板区域中。

"图层"面板 图层 操作 选择相应图层，根据按钮功能进行操作。

"图层"面板如图1-67所示。使用图层可以组织物件，对一个图层中的所有物件进行同样的变更，例如隐藏该图层中的所有物件，变更一个图层中所有物件的线框显示颜色，一次选取一个图层中的所有物件等。除此之外，为曲面、多重曲面和实体创建不同图层，在后期渲染时更容易区分不同材质。

新建图层 单击"新图层"工具 ，新建一个图层，默认按当前文档中图层的数量值进行命名，读者可以对图层重命名，如图1-68所示。

替换图层颜色 单击图层名称后的色块，打开"选择图层颜色"对话框，在此选择颜色，最后单击"确定"按钮 确定 ，如图1-69所示，此时的图层颜色即为所选颜色，如图1-70所示。

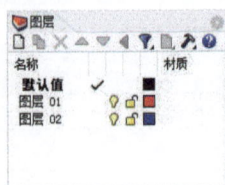

图1-67　　　　　　图1-68　　　　　　　　　　　　图1-69　　　　　　　　　　　图1-70

为物件赋予图层颜色 选择物件，如图1-71所示；在"属性"面板中展开"物件"组的"图层"下拉列表，选择新的图层，如图1-72所示；在渲染模式下可观察到物件被赋予该图层颜色，如图1-73所示。

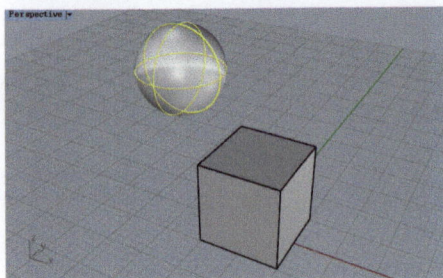

图1-71

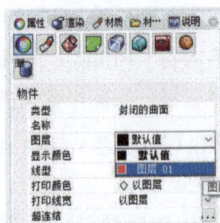

图1-72

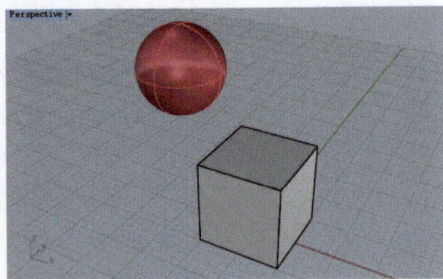

图1-73

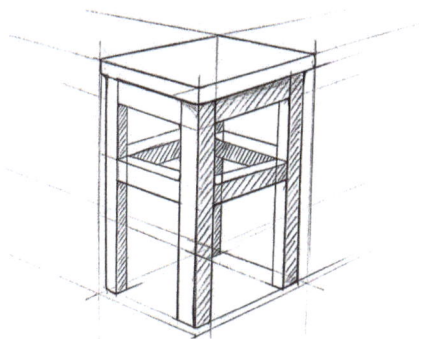

第2章 产品草图设计

■ **学习目的**

本章将重点介绍产品草图的绘制技法。如果读者没有接触过产品手绘，那么本章能帮读者快速入门；如果读者有一定的手绘基础，那么建议读者快速翻看并温习本章内容，而不是直接跳过。

■ **主要内容**

手绘工具、透视原理、曲线标注、尺寸标注等。

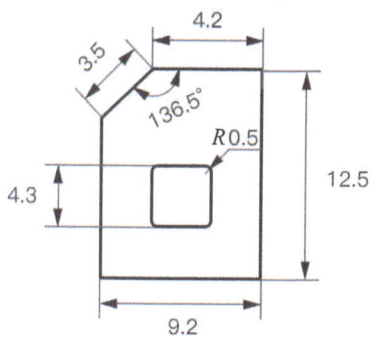

2.1 准备手绘工具

本节主要介绍常用的产品手绘工具，主要有画纸、绘图笔和辅助量具。

2.1.1 选择绘画用纸

在绘制产品草图时，应合理地选用画纸。下面介绍几种常见的画纸类型。

A4纸 对于平时练习，可以考虑选用价格低廉且容易得到的纸张，如A4纸。A4纸纸面顺滑，用于铅笔、中性笔和圆珠笔绘画等有较好的表现力。需要注意的是，A4纸都是零散的，所以应该准备画稿的收纳工具，如专门的纸袋、纸夹。

草稿本 准备一本精巧且便携的手绘草稿本，便于记录生活中随时迸发的灵感，如图2-1所示。草稿本的大小可以根据个人的作画习惯和背包类型来决定，如果不喜欢在太小的本子上作画，那么可以准备16开及以上的空白纸硬壳本，当然前提是平时出行的背包容量够大，可以容纳这个不算小的本子。

> **提示** 选择硬壳是为了得到更好的作画体验，避免因纸张太软而影响作画。纸张应为白色，且不宜太薄，因为深化草稿内容时，会使用马克笔上色，如果纸张太薄，马克笔容易浸透纸张，把下面的纸面染上污渍。另外，本子不宜太厚，否则会影响翻页和作画的手感，因此，本子以能够180°摊开为佳。

图2-1

专业绘图纸 如果需要画得更细致、更深入，或者大量上色，可以选用尺寸更大的专业绘图纸或4开素描纸。选择质量可靠、纸面细腻和厚度适中的纸张，可以在刻画细节时有更大的发挥空间。

> **提示** 如何选择品相优良的绘图纸？在实体店中进行实际观察，若纸边平整无毛刺，纸面均匀不发黄，手感细腻平整，纸质坚挺无折痕，耐刮擦不易起毛，即可购入试用。现今大厂的造纸工艺成熟，质量管控过关，若试用后认为笔感尚可，则可以继续购买该品牌的同款纸张使用。

工程机械制图纸 工程机械制图纸符合国家标准，纸张右下角有制图信息表格，如图2-2所示。在工业设计中，该类纸适用于绘制零件、机械的三视图，并对零件、机械进行尺寸标注。其特点是质地紧密而强韧，半透无光泽，且具有优良的耐擦、耐磨特性。

图2-2

2.1.2 选择绘图笔

铅笔 铅笔凭借良好的纸上呈现能力和可修改性，一直是学生、设计师草稿起形的不二之选，如图2-3所示。H和B是铅笔笔芯的软硬度标志，B值越大，笔芯越软，在纸上呈现的颜色越深，适合起稿，且便于修改；H值越大，笔芯越硬，在纸上呈现的颜色越淡，适合刻画细节。

图2-3

提示 建议读者使用2B~6B规格的铅笔，这个硬度区间的铅笔适合起稿和展示效果；H值的铅笔相对较硬，容易戳破纸张或崩断笔尖，不建议使用。

自动铅笔/铅芯 自动铅笔常用于刻画细节。其便捷按压出芯的特点提高了绘图效率，也可令画面保持整洁。读者不必选择过于昂贵的自动铅笔，推荐选择低重心设计、尖套（笔头）较长的自动铅笔，如图2-4所示。低重心设计可以使握笔姿势更舒适，笔势更好控制，且使用者不易疲劳；尖套较长便于在尺规作图时，使笔尖紧贴尺子，在垂直作画时不易偏移。另外，铅芯可以选择2B和4B规格，分别装于两支自动铅笔，便于切换使用，如图2-5所示。

图2-4

提示 使用铅笔，当然少不了橡皮。建议读者选择软硬度适中的4B橡皮，因为这种橡皮擦涂较为轻松且不易损伤纸张，如图2-6所示。

图2-6

图2-5

圆珠笔 圆珠笔的特点是书写顺滑，容易画出利落的线条；油墨速干，可反复涂画，长久不褪色。建议读者选择黑色圆珠笔或中油圆珠笔，如图2-7所示。

图2-7

针管笔 使用针管笔绘制出来的线条粗细是均匀一致的，适合用于描边或刻画细节，如图2-8所示。针管笔有多种针管管径可选，包括0.1mm~2.0mm的多种规格，管径将决定所绘线条的粗细。建议读者至少常备细、中、粗3种对比较为明显的针管笔。

马克笔 图2-9所示为马克笔。马克笔分为水性马克笔和酒精性马克笔。水性马克笔颜色亮丽通透，缺点是不能多次叠加，叠加后颜色容易脏污且损伤纸面。酒精性马克笔可在光滑表面书写，因含酒精，墨水挥发更快，所以颜色可以快速固定；缺点是有刺鼻的酒精味，且用完须盖紧笔帽，否则墨水容易挥发。

图2-8

图2-9

2.1.3 辅助量具

直尺 建议读者选用透明塑料直尺，要求直尺的刻度清晰，手感顺滑，如图2-10所示。另外，可以准备一长一短两把直尺，长直尺用来绘制透视线、长线条等，短直尺用来绘制小区域的线段。

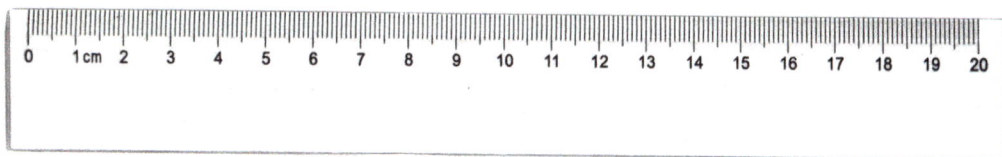

图2-10

圆孔尺 圆孔尺多用于快速绘制曲线、圆等，使用率较高，很值得准备。建议读者选用透明塑料材质，且有圆孔直径标注的圆孔尺，如图2-11所示。

圆规 圆规多用于绘制一些弧线和大圆。建议读者选用钢制圆规，这样可以得到更稳定的开合角度，在固定角度后旋转轴不易松动，支脚稳固，绘制顺滑，如图2-12所示。

图2-11

图2-12

2.2 草图绘制的透视原理和技法

本节将介绍透视原理和产品手绘的常用技法。通过本节的学习，初学者能够快速入门，迅速掌握产品手绘的重要技法。

透视是凸显手绘产品空间关系和立体感的重要方法，也是素描中刻画三维物体的艺术表现手法。透视可以让视觉效果更有冲击力，缺少透视关系的素描，会有难以名状的异样感，如图2-13和图2-14所示。

有透视

图2-13

无透视

图2-14

2.2.1 一点透视（平行透视）

一点透视又称平行透视，可以简单地理解为画面中物体两个方向的轮廓线平行于画面，一个方向轮廓线的延伸线消失于一点（透视点），如图2-15所示。

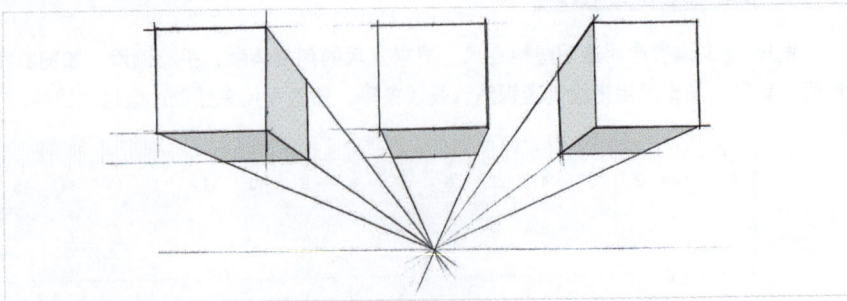

图2-15

2.2.2 两点透视（成角透视）

　　两点透视又称成角透视，是非常常用的透视效果。可以这样理解两点透视：一点透视中的物体是平行于画面的，假设为了展示效果，将物体倾斜摆放，物体的水平延伸线将消失于两个点，如图2-16所示。使用两点透视可以准确地表达物体结构，让画面更加活泼生动。

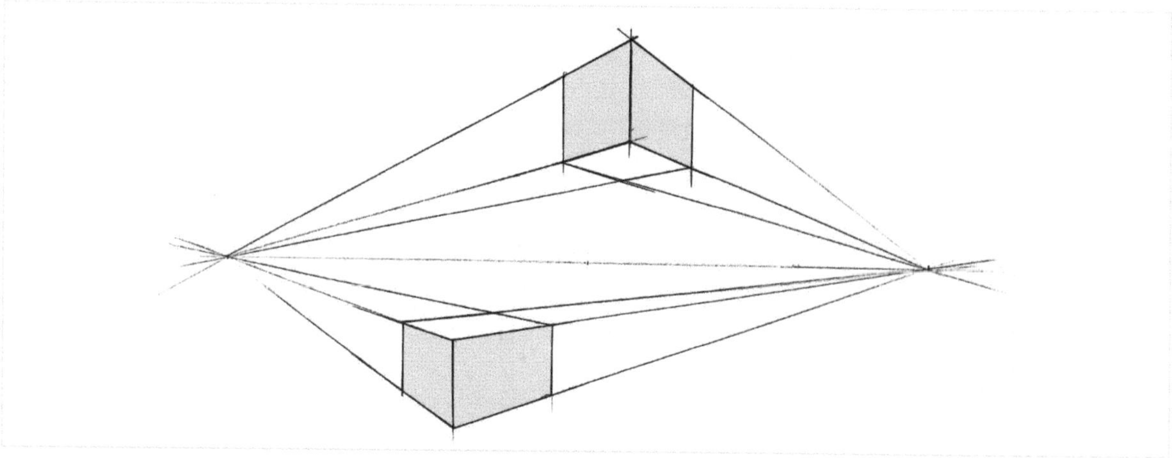

图2-16

2.2.3 三点透视（倾斜透视）

　　三点透视常用于表现俯视或仰视视角下的物体，如建筑设计中的高层建筑。三点透视有3个消失点，如图2-17所示。

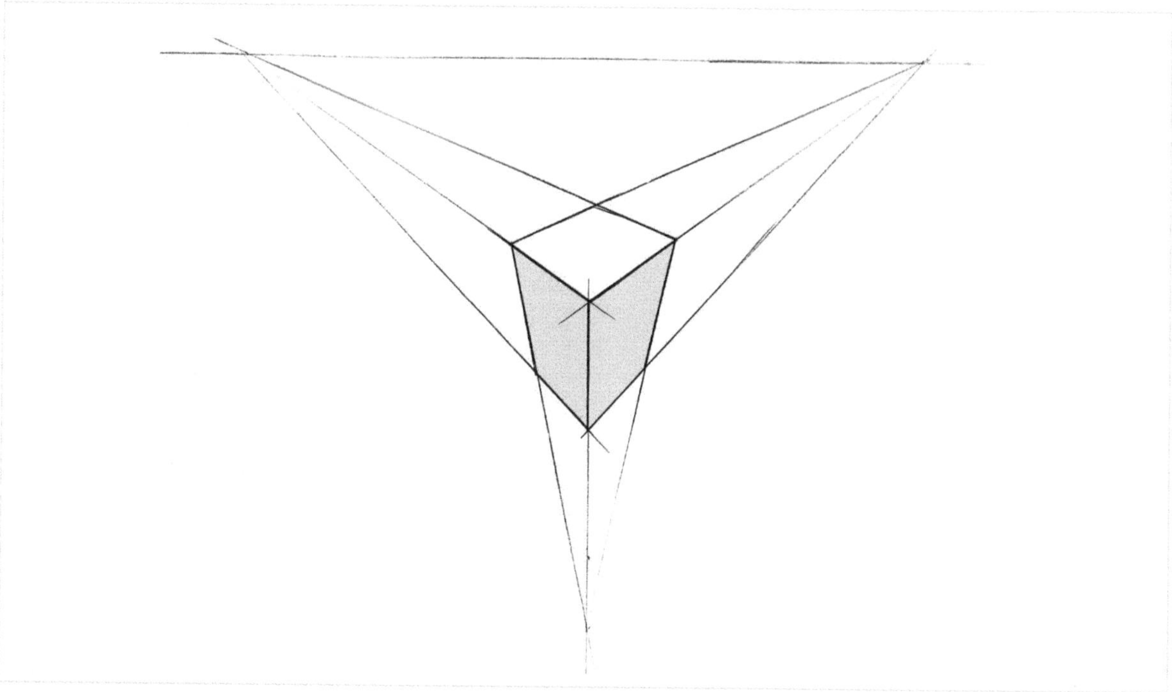

图2-17

实战：绘制小方凳草图

素材文件	无
实例文件	无
视频文件	实战：绘制小方凳草图.mp4
学习目标	掌握两点透视的绘制方法

在实际绘制中，若无法直接绘制出透视效果，可以使用铅笔等工具，先绘制立方体和透视线，然后在此基础上对物体进行深入刻画。小方凳草图如图2-18所示，该产品中有一些横梁，绘制时要让它们的透视线符合整体效果。为了方便读者了解绘制的具体细节，本实战录制了详细的绘画视频，请观看视频学习，书中仅展示绘制流程。

图2-18

01 使用铅笔在纸上绘制出小方凳的外轮廓透视图，如图2-19所示。

图2-19

02 在轮廓的基础上绘制小方凳的凳面和4条腿，如图2-20所示。

图2-20

03 在4条腿之间绘制横梁，如图2-21所示。

图2-21

04 在凳子的背光面排线，以表现阴影，如图2-22所示。

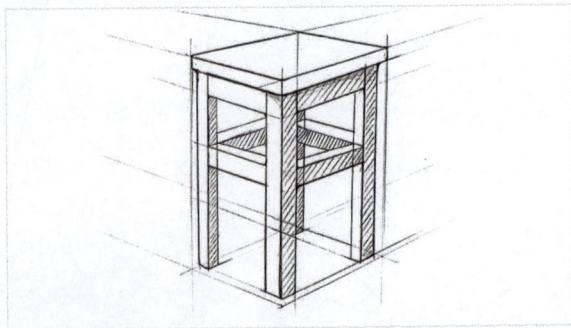

图2-22

提示 关于阴影的表现，在后面的内容中会介绍具体方法。

2.2.4 圆的透视

圆的透视比较特殊，要画圆的透视，需要先了解矩形中圆的位置。为了方便读者理解，下面用一个例子来说明。

01 绘制一个带透视效果的立方体，如图2-23所示。

02 在立方体正面绘制一个圆，如图2-24所示。可以通过绘制对角辅助线的形式辅助绘制。

图2-23

图2-24

03 在立方体的顶面也绘制一个圆，因为透视，这个圆被"压扁了"，如图2-25所示。

提示 读者还可以在立方体顶面绘制更多的辅助线，以便于理解透视对圆形态的改变，如图2-26所示。

图2-26

图2-25

实战：绘制圆柱体

素材文件	无
实例文件	无
视频文件	实战：绘制圆柱体.mp4
学习目标	掌握在两点透视中绘制圆柱体的方法

通过圆柱体的绘制，可以快速熟悉圆因透视关系而产生的形态变化，即越靠近视平线的圆越"扁"，越远离视平线的圆越"宽"，如图2-27所示。圆柱体的草图效果如图2-28所示。

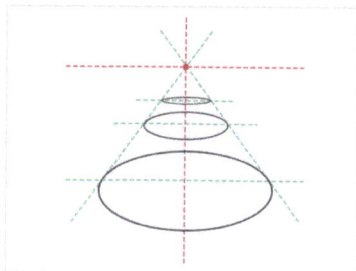

图2-27

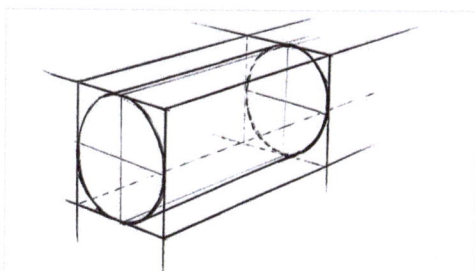

图2-28

01 绘制一个符合两点透视的立方体，如图2-29所示。

图2-29

02 在立方体左、右两个侧面绘制辅助线，如图2-30所示。

图2-30

03 依照辅助线绘制前后两个透视圆，并连接它们，完成圆柱体的绘制，如图2-31所示。

图2-31

提示 刚开始画圆柱体时，可以绘制立方体作为绘画的参照，随着手绘能力和对形体认知能力的提升，后期绘制这些形体时便不再需要绘制复杂的辅助形体了。读者也可以尝试把圆柱体放倒斜置的透视图绘制出来，如图2-32所示。多做练习，才能熟练掌握圆的各角度透视。

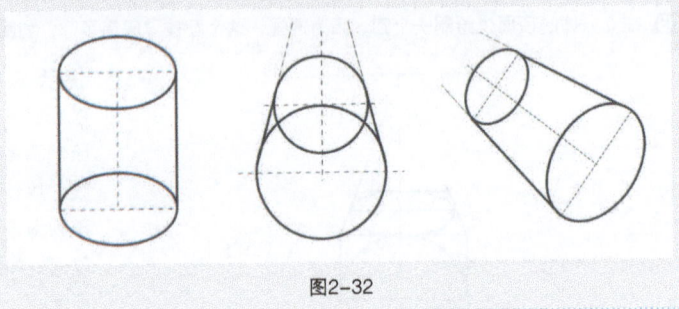

图2-32

2.2.5 阴影/投影的画法

阴影/投影 物体的背光面会产生阴影；受光照影响，物体在平面上留下的影子称为投影。浅色物体的阴影比投影浅，深色物体的阴影比投影深。

在素描中，可以用排线表现阴影和投影。均匀、稀疏的排线表示阴影，疏密结合、较为密集的排线表示投影，如图2-33所示。另外，可以在靠近物体的投影起点处稍微加强刻画，让对象的立体感更强。

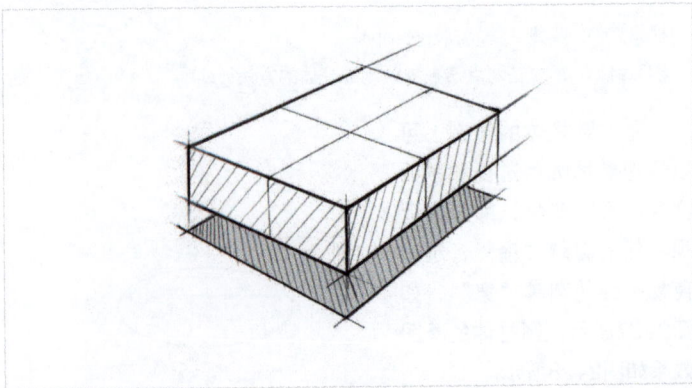

图2-33

2.2.6 结构线

此处的结构线不同于素描中的结构线。在产品设计手绘中，结构线的作用为表达转折面和体积关系，与模具工艺中的分模线类似，如图2-34所示。在一些层次较多的产品中，通过结构线的走向可以突出产品的厚度、转折等，如图2-35所示。

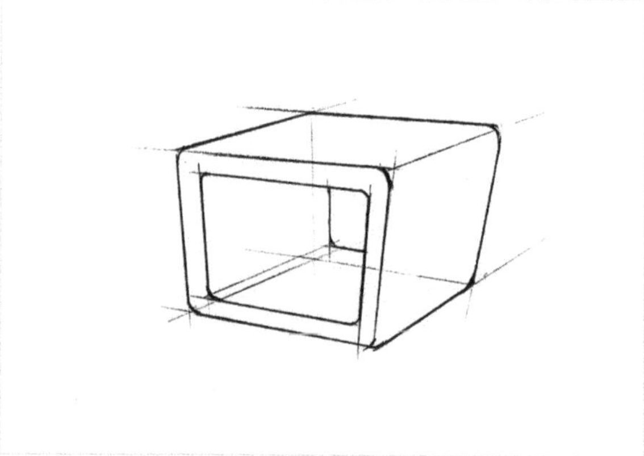

图2-34

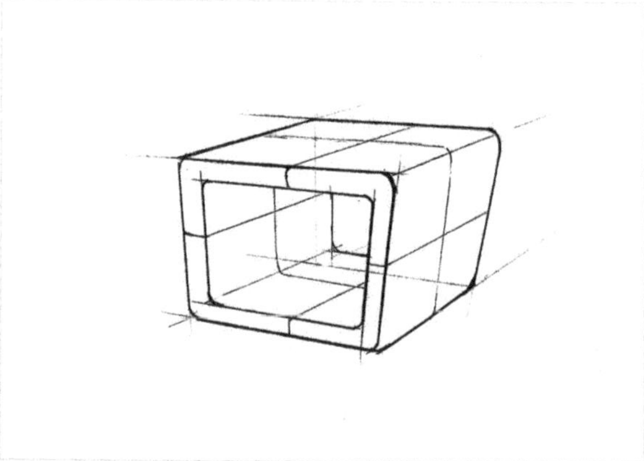

图2-35

绘制结构线时，必须清楚地了解产品的透视关系及结构走向，理性且细致地绘制，不可图省事一带而过。在产品手绘中，可以对一个物体绘制多条结构线，一般在主要面上绘制对称的结构线。合理的结构线能让观者更直观地感受到产品形体，对手绘效果的提升也大有裨益。

2.2.7 说明性标注

相信读者对这种标注方式并不陌生，有很多设计师将这种标注方式用到设计图中，如图2-36所示。这种标注方式能引导观者的视觉，让画面更加丰富。最重要的是，它能够把设计师的意图直接在画面上表达出来，因此常用来标注被标注位置的名称、起到的作用、数据等。使用时应注意，要合理控制标注数量，一般仅对重要信息、容易误解的信息进行标注。

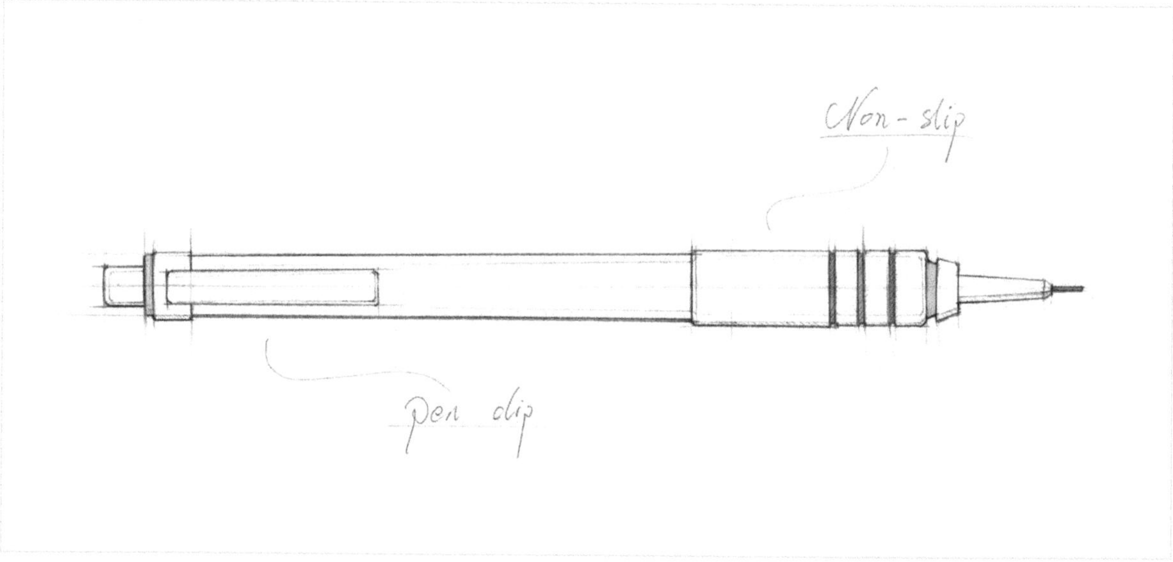

图2-36

2.2.8 尺寸标注

尺寸标注常用于机械制图中的三视图，如图2-37和图2-38所示，一些效果图也可以根据透视进行说明性标注。标注的尺寸表示物体的真实大小，与绘图比例、绘图准确度无关。注意，画面中使用的单位必须一致，默认为mm，特殊单位需在画面上注明。

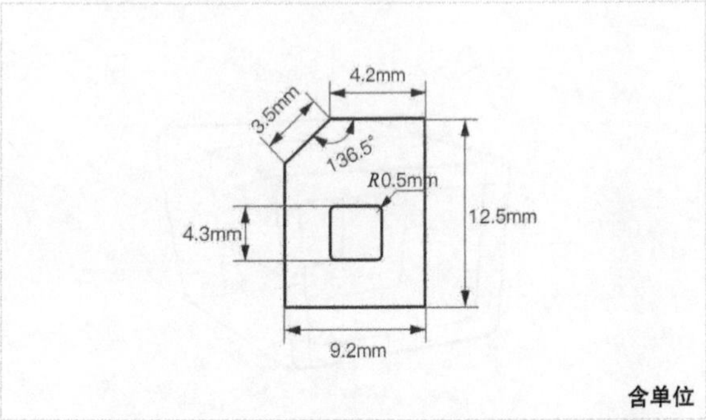

图2-37

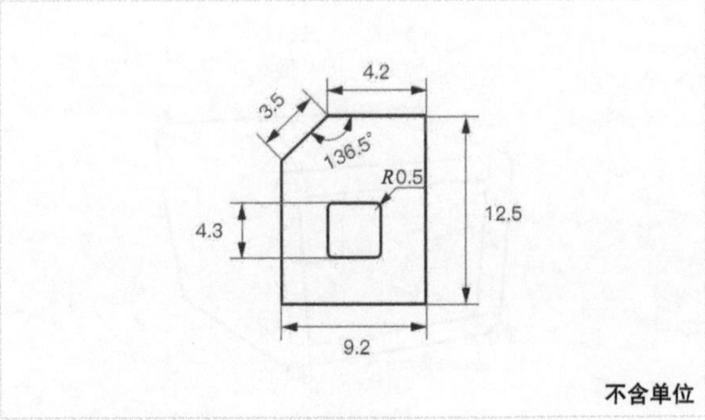

图2-38

尺寸标注的规范比较复杂，在实际标注中，以清晰、简洁为基本要求。在一个画面中，同一尺寸的结构一般只标注一次（如圆柱体顶面圆和底面圆的直径只标注一次），并标注在反映该结构最清晰的图形上。同种类型的尺寸标注要保持一致，如标注长度的方式，尺寸数据的书写方向、单位、字母大小写等都需要保持一致。

长度尺寸标注 由尺寸线、尺寸界线、尺寸箭头和尺寸文本等组成，如图2-39所示。尺寸线需平行于被标注的线段，即标注水平方向或垂直方向上的距离时，尺寸线需平行于水平方向或垂直方向，如图2-40所示。

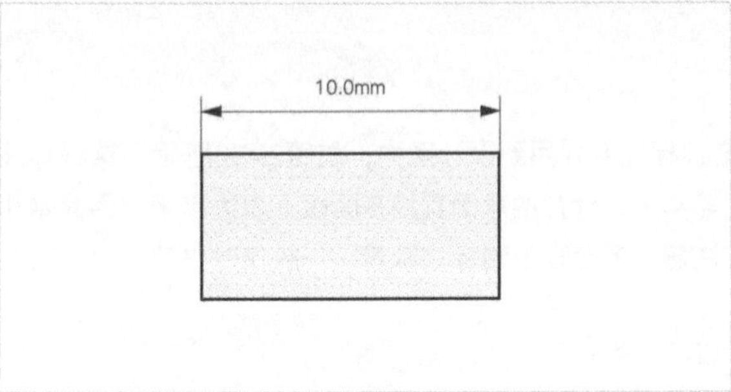

图2-39

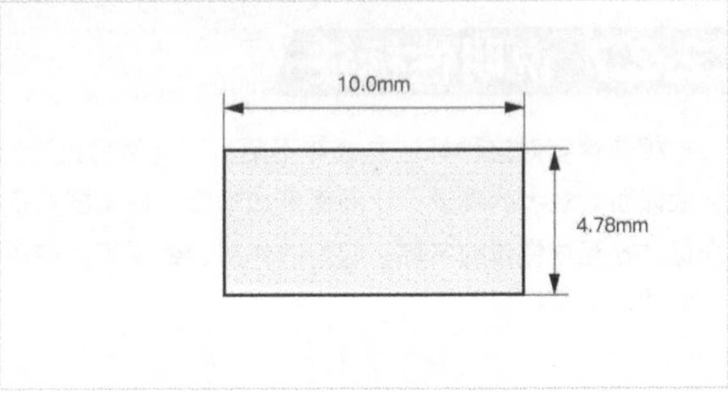

图2-40

角度尺寸标注 由尺寸弧线、角度延伸界线、尺寸箭头和尺寸文本等组成。角度尺寸文本在尺寸弧线中部位置，度数用符号"°"表示，如图2-41所示。

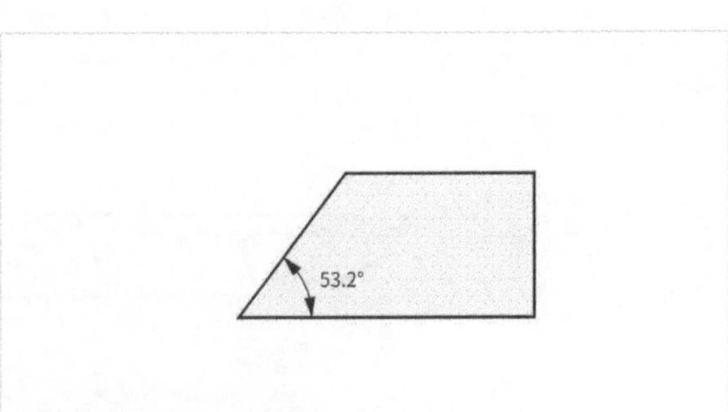

图2-41

直径尺寸标注 由尺寸斜线、尺寸直线、尺寸箭头和尺寸文本等组成。直径尺寸标注一般用来标注圆形，尺寸斜线与水平方向的夹角为45°，并从圆心延伸到圆外，在圆周与尺寸斜线相交的位置绘制尺寸箭头，尺寸斜线在圆外延伸后绘制一条水平的尺寸直线，直径符号为Φ，如图2-42所示。

半径尺寸标注 由尺寸斜线、尺寸直线、尺寸箭头和尺寸文本等组成，标注方法与直径尺寸标注一样，半径符号为R，如图2-43所示。该标注形式也用于标注倒角半径等。

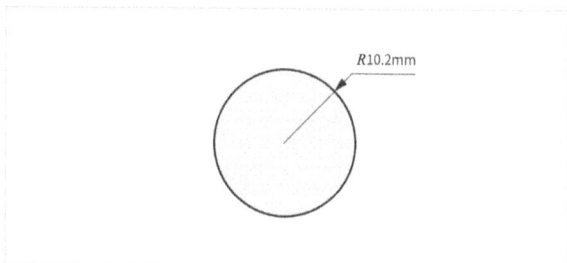

图2-42   图2-43

实战：绘制概念打印机草图

素材文件	无
实例文件	无
视频文件	实战：绘制概念打印机草图.mp4
学习目标	掌握产品的草图绘制方法

这是一个打印机的草图绘制实战，效果如图2-44所示。读者也可以将其作为一个作业，先考虑一下如何绘制，能否绘制得与效果图一模一样。详细的绘画过程请观看教学视频。

图2-44

01 在纸上绘制出打印机的透视结构线，如图2-45所示。

02 根据透视结构线绘制出打印机的外部轮廓，如图2-46所示。

图2-45   图2-46

03 勾勒出打印机的整体轮廓线，如图2-47所示。

图2-47

04 根据轮廓线勾勒出打印机的造型，如图2-48所示。

图2-48

05 绘制出打印机的细节结构，如图2-49所示。

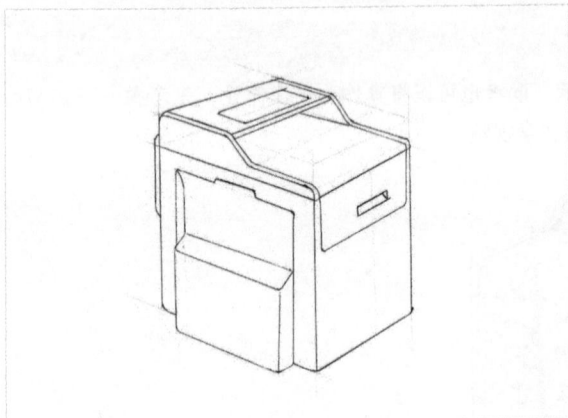

图2-49

06 使用排线绘制出打印机的阴影，表现出打印机的立体感和层次感，如图2-50所示。

图2-50

07 使用排线绘制出打印机的投影，如图2-51所示。

图2-51

08 完善打印机的细节和阴影部分，增强打印机的质感和立体感，如图2-52所示。

图2-52

第3章 Rhino 产品建模技术

■ 学习目的

    本章将介绍 Rhino 产品建模的常用功能和工具，介绍过程中会略过使用频次较少且操作烦琐的工具。希望读者不要被软件中一些相对复杂的操作限制了设计思维的发散，因为达到设计效果的途径有时不止一个。另外，Rhino 的建模是工具的综合运用，所以本章中的实战会涉及全章的知识，读者可以在学完本章后，再回头重做一遍，看看有什么提升。

■ 主要内容

    曲线建模技术、曲面建模技术、实体建模技术和建模优化工具等。

3.1 曲线建模

在工具栏中切换到"曲线工具"选项卡，如图3-1所示，此时顶部工具栏和左侧工具栏中都是用于曲线建模的工具，本节择其中的重点介绍。

图3-1

Rhino为了让大家能更方便地建模，将常用的建模工具都放在了"标准"选项卡中的左侧工具栏中，如图3-2所示。本章常用工具均在左侧工具栏。

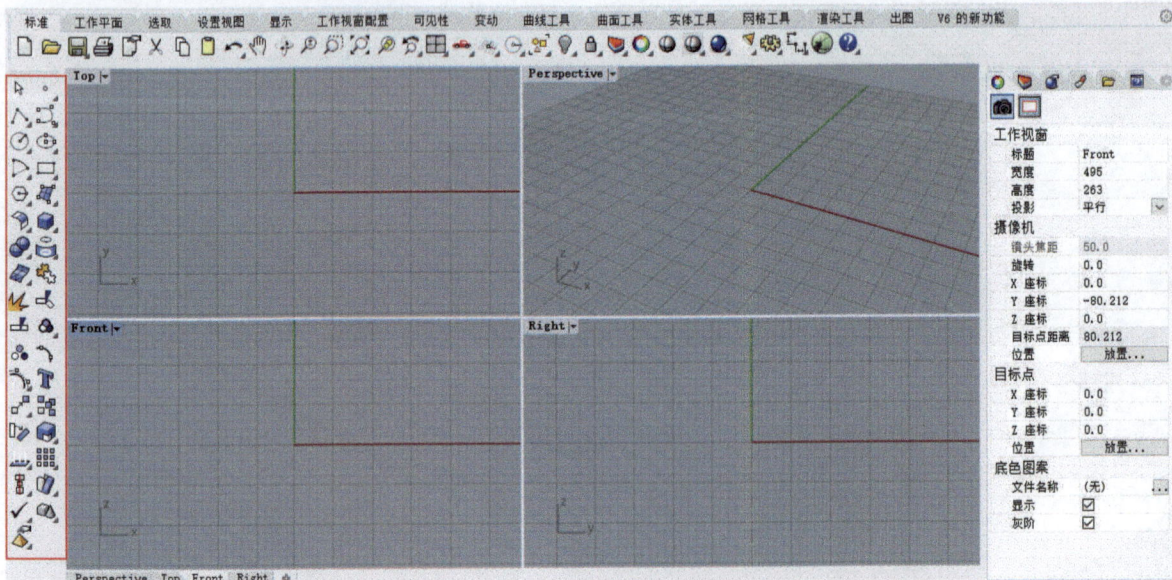

图3-2

本节介绍的曲线建模技术，主要包括直线、曲线、圆、矩形、多边形、曲线倒角和偏移曲线等内容。

3.1.1 直线

"多重直线"工具集 ∧ **作用** 绘制各种线段。

"多重直线"工具集 ∧ **位置** 在左侧工具栏中。

"多重直线"工具集 ∧ **操作** 单击左键设定端点。

在工具栏中，单击"多重直线"工具集 ∧ 的下拉按钮，如图3-3所示，弹出的列表中包含了多种绘制线段的工具，常用的有"多重直线"工具 ∧ 、"直线：从中点"工具 ∧ 、"直线：角度等分线"工具 ∧ 、"直线：指定角度"工具和"直线：与两条曲线正切"工具 ∧ 等，如图3-4所示。

图3-3　　图3-4

"多重直线"工具 ∧ 通过确定的端点，可以快速创建多重线段。在建模初期、分割线段、绘制辅助线等场景中该工具非常便于我们的操作。

01 单击"多重直线"工具 ∧ ，在顶视图移动鼠标指针，找到并通过单击确定初始端点位置，如图3-5所示。

02 拖曳鼠标指针，可以向各个方向拖出任意长度的线段，单击确定下一点，如图3-6所示。

图3-5

图3-6

03 继续拖曳鼠标指针，拖出下一条线段，单击确定端点，直到完成多重线段的绘制，如图3-7所示。

04 挤出实体 单击工具栏中的"立方体"工具集 ◙ 中的"挤出封闭的平面曲线"工具 ◙ ，选择此多重线段，如图3-8所示。

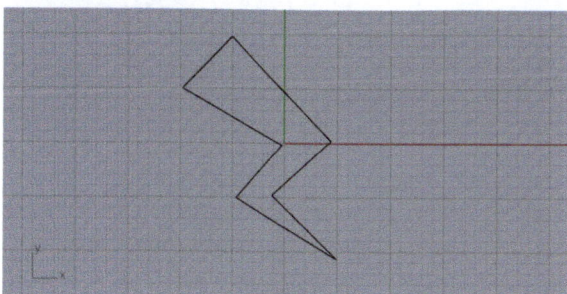

图3-7

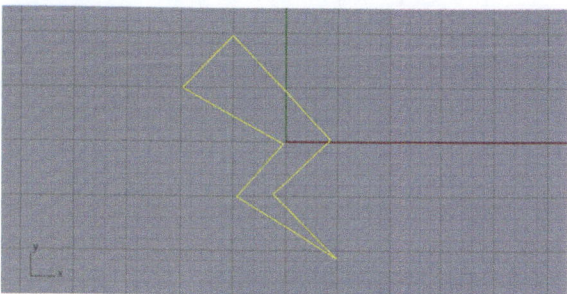

图3-8

05 按Enter键确认，在命令栏中输入挤出长度（5），如图3-9所示，闪电形状的实体模型如图3-10所示。

指令：_ExtrudeCrv
指令：_Pause
挤出长度 〈 11.424〉（方向(D) 两侧(B)=否 实体(S)=是 删除输入物件(L)=否 至边界(T) 分割正切点(P)=否 设定基准点(A) ）：Solid=Yes
挤出长度 〈 11.424〉（方向(D) 两侧(B)=否 实体(S)=是 删除输入物件(L)=否 至边界(T) 分割正切点(P)=否 设定基准点(A)）：5

图3-9

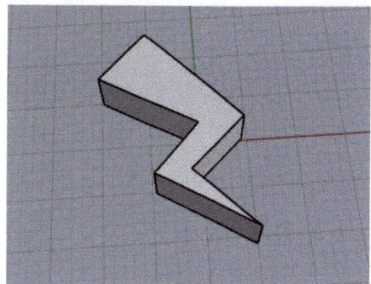

图3-10

"直线：从中点"工具 可以从线段中点创建向两端延伸的线段。

01 单击"直线：从中点"工具，在顶视图中单击确定中点位置，如图3-11所示。

02 移动鼠标指针，向任意方向拖出线段，则沿其相反方向也生成同等长度的线段。单击确定，绘制完成，如图 3-12所示。

图3-11

图3-12

"直线：角度等分线"工具 可以在有夹角的线段内绘制等分角的线段。

01 单击"直线：角度等分线"工具，选择矩形左下角作为角度等分线起点，如图3-13所示。

02 选择要等分的角度起点，如图3-14所示。

图3-13

图3-14

03 选择要等分的角度终点，如图3-15所示。

04 拖曳鼠标指针调整角度等分线的长度，使其与顶部边线相交，如图3-16所示。单击确定，绘制完成。这条线便是该矩形左、下两条线形成的角的等分线，如图3-17所示。

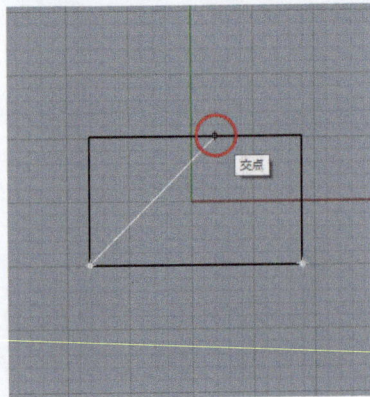

图3-15

图3-16

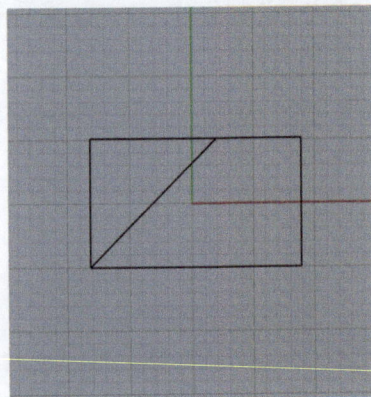

图3-17

"直线：指定角度"工具 主要用于绘制与基准线呈指定角度的线段，以及对某些线段、实体进行指定角度切割。下面以一个实例来说明该工具的操作方法。

01 选择基准线起点 选择"直线：指定角度"工具，选择矩形的左下角为基准线起点，如图3-18所示。

02 选择矩形的右下角为基准线终点，如图3-19所示。

图3-18

图3-19

03 在命令栏中输入预期角度（60），如图3-20所示。

指令：_Line
直线起点 (两侧(B) 法线(N) 指定角度(A) 与工作平面垂直(V) 四点(F) 角度等分线(I) 与曲线垂直(P) 与曲线正切(T) 延伸(X))：_Angled
基准线起点
基准线终点
角度：60

图3-20

04 拖曳鼠标指针调整该线段的长度，使其与顶部边线相交，如图3-21所示，并单击确定。

05 测量切割角度 使用测量工具里的"角度尺寸标注"工具，测量该线段与矩形下边线的夹角角度，确认为60°，如图3-22所示。

图3-21

图3-22

06 切割对象 选择"修剪"工具，然后选择绘制的线段，按Enter键确认，再选择左上角的线段作为被修剪的对象，如图3-23所示，完成切割，如图3-24所示。

07 此时，得到一个四边形，选择全部线段，单击"组合"工具，将线段组合成封闭的平面曲线，如图3-25所示。这样将有利于后续对线段进行实体挤出操作。

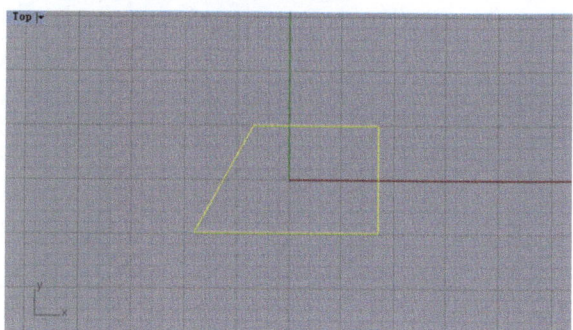

图3-23　　　　　　图3-24

图3-25

"**直线：与两条曲线正切**" **工具** \ 用于绘制两条曲线间的切线，也就是说该工具需要搭配两条曲线使用，常用于绘制两圆之间的切线。

01 绘制切线 选择"直线：与两条曲线正切"工具\，单击小圆形左部靠近切点处，将其作为第一曲线，再单击大圆形的左部靠近切点处，将其作为第二曲线，如图3-26所示。

02 单击小圆形右部靠近切点处，将其作为第一曲线，再单击大圆形的右部靠近切点处，将其作为第二曲线，如图3-27所示。

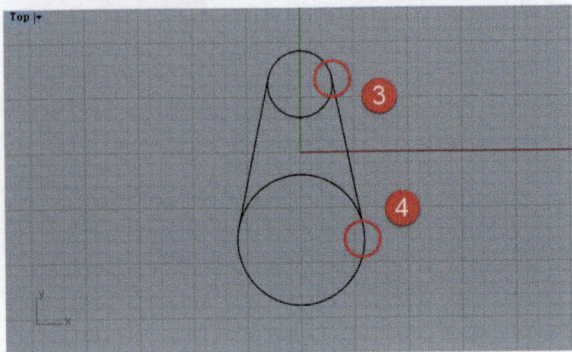

图3-26

图3-27

03 修剪多余曲线 选择"修剪"工具\，然后单击前面绘制的线条，作为切割用的图形，按Enter键确认，如图3-28所示。

04 单击小圆形的下半部分曲线段，再单击大圆形的上半部分曲线段，将它们作为被修剪的对象，并按Enter键确认，效果如图3-29所示。

图3-28

图3-29

05 选中全部线段，单击"组合"工具\，将线段组合成封闭的平面曲线，如图3-30所示。

06 旋转出壶体 单击"多重直线"工具\，连接曲线的上下端点，如图3-31所示。

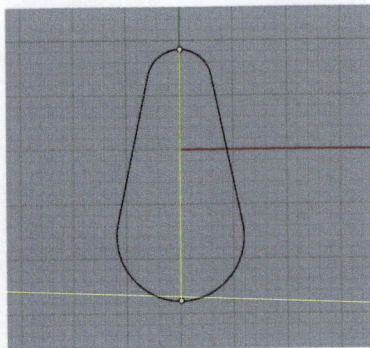

07 单击"指定三或四个角建立曲面"工具集\中的"旋转成形"工具\，选择前面绘制的线段作为旋转轴，按Enter键确认，如图3-32所示。

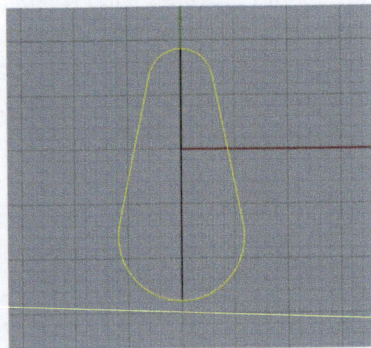

图3-30

图3-31

图3-32

08 选择线段与曲线相交的顶部交点作为旋转轴起点，如图3-33所示。

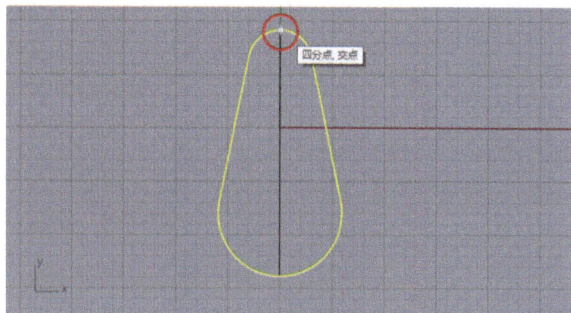

图3-33

09 选择线段与曲线相交的底部交点作为旋转轴终点，如图3-34所示。

图3-34

10 在命令栏输入旋转角度（360），得到壶体的雏形，如图3-35所示。

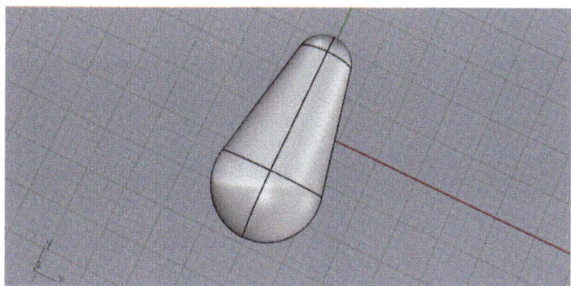

图3-35

11 **制作壶口** 选择"立方体：角对角、高度"工具集💿中的"圆柱形"工具💿，在前视图中单击壶体的中心点，拖曳鼠标指针，绘制出圆柱体底面直径，如图3-36所示。

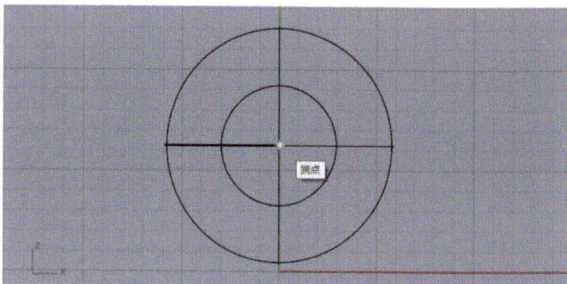

图3-36

12 在命令栏中输入高度数据或在顶视图中拉出高度，创建圆柱体，效果如图3-37所示。

图3-37

13 使用"实体工具"选项卡中的"边缘圆角"工具💿对圆柱体边缘设置上下对称的圆角，如图3-38所示。

图3-38

14 再次使用"圆柱形"工具，创建该油壶的油口，如图3-39所示。

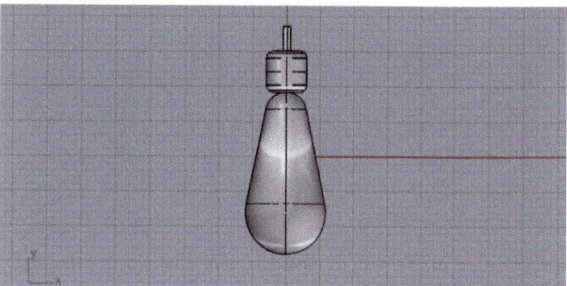

> **提示** 这一小节我们学习了线段的各种用法，在实际项目中，线段一直是辅助我们切割曲线、实体的好工具。善于利用线段，将对我们的建模大有裨益。

图3-39

3.1.2 曲线

"控制点曲线"工具集 **作用** 绘制各类平滑曲线。

"控制点曲线"工具集 **位置** 在左侧工具栏中。

"控制点曲线"工具集 **操作** 单击设定曲线的控制点。

在左侧工具栏中单击"控制点曲线"工具集的下拉按钮，如图3-40所示，弹出的列表中包含多种曲线工具，常用的有"控制点曲线"工具、"弹簧线"工具和"螺旋线"工具等，如图3-41所示。

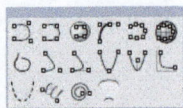

图3-40　　　　图3-41

"控制点曲线"工具 使用该工具绘制控制点，可以快速创建平滑曲线。这是一个非常常用的曲线工具。注意，绘制的点是曲线的控制点，而不是编辑点，它们不存在于曲线上。下面通过创建浮板实体来说明工具用法。

01 选择"多重直线"工具，在顶视图找到并单击确定初始顶点位置，按住Shift键的同时移动鼠标指针，拉出一条垂直线段作为辅助垂线，如图3-42所示。

02 选择"控制点曲线"工具，先选择辅助垂线的顶点，作为控制点曲线的起点，通过确定控制点绘制曲线，最后连接终点于辅助垂线的底点，如图3-43所示。

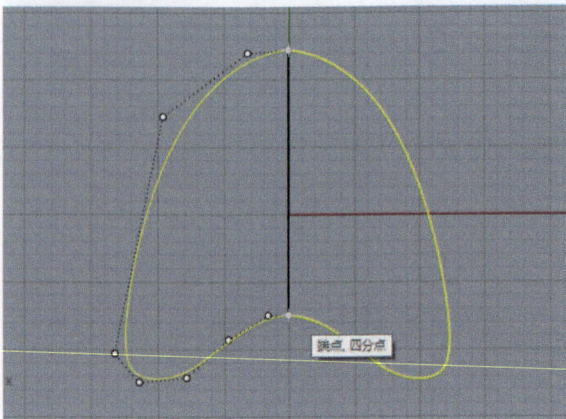

图3-42

图3-43

03 在工具栏中单击"移动"工具集，选择"镜像"工具，选择绘制的曲线作为要进行镜像操作的物件，按Enter键确认。选择辅助垂线的顶点，作为镜像的起点，选择辅助垂线的底点，作为镜像的终点，如图3-44所示。

04 删除中间的辅助垂线，全选两条控制点曲线，单击工具栏中的"组合"工具，合并两条曲线，如图3-45所示。

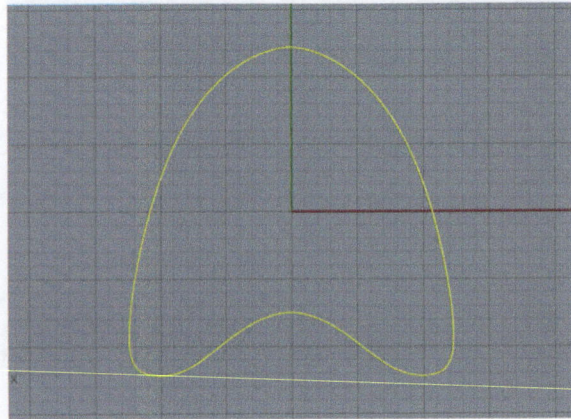

图3-44

图3-45

05 **挤出实体** 选择"立方体：角对角、高度"工具集■中的"挤出封闭的平面曲线"工具■，选择这条曲线，按Enter键确认，在命令栏输入挤出长度（2），效果如图3-46所示。

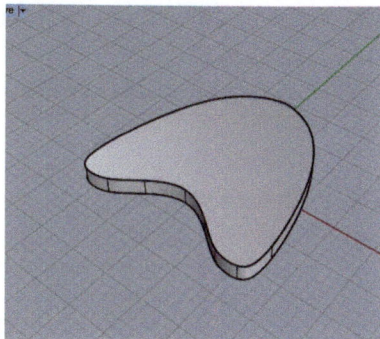

选取要挤出的曲线，按 Enter 完成
选取要挤出的曲线，按 Enter 完成
挤出长度 ＜ 2＞（方向(D) 两侧(B)=否 实体(S)=是 删除输入物件(L)=否 至边界(T) 分割正切点(P)=否 设定基准点(A)）: Solid= Yes
挤出长度 ＜ 2＞（方向(D) 两侧(B)=否 实体(S)=否 删除输入物件(L)=否 至边界(T) 分割正切点(P)=否 设定基准点(A)）: 2

图3-46

06 单击"布尔运算联集"工具集■中的"边缘圆角"工具■，输入圆角半径（0.6），按Enter键确认，如图3-47所示。

指令: _FilletEdge

选取要建立圆角的边缘（显示半径(S)=否 下一个半径(N)=0.6 连锁边缘(C) 面的边缘(F) 预览(P)=否 上次选取的边缘(R) 编辑(E)）: 0.6

图3-47

07 选择浮板两条锐利的边缘，并按Enter键确认，如图3-48所示。

图3-48

"弹簧线"工具■ 通过设置轴心、轴距、圈数和螺距，快速创建符合预期的弹簧线。下面通过创建弹簧来说明工具的用法。

01 **绘制弹簧线** 选择"弹簧线"工具■，在前视图单击，设置弹簧轴的起点，然后按住Shift键并向上拖曳鼠标指针，并单击确认，设置弹簧轴的终点，如图3-49所示。

02 横向拖曳鼠标指针，可以预览弹簧线样式，如图3-50所示。

图3-49

图3-50

03 在命令栏输入弹簧线的数据，设置圈数（5），按Enter键确认，继续输入半径数据（5），如图3-51所示。

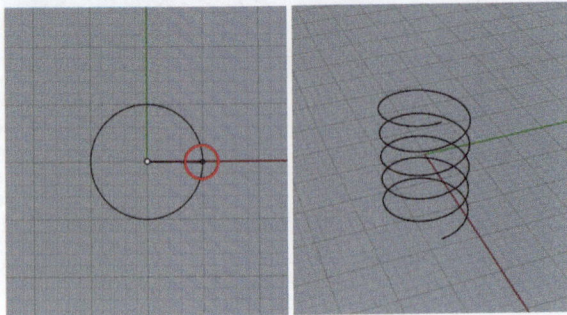

图3-51

04 这里需要设置弹簧线起始的位置，所以回到顶视图，在弹簧线外圈上确定起点，弹簧线如图3-52所示。

05 **制作实体** 选择"立方体：角对角、高度"工具集中的"圆管（平头盖）"工具，单击弹簧线，将其作为路径，如图3-53所示。

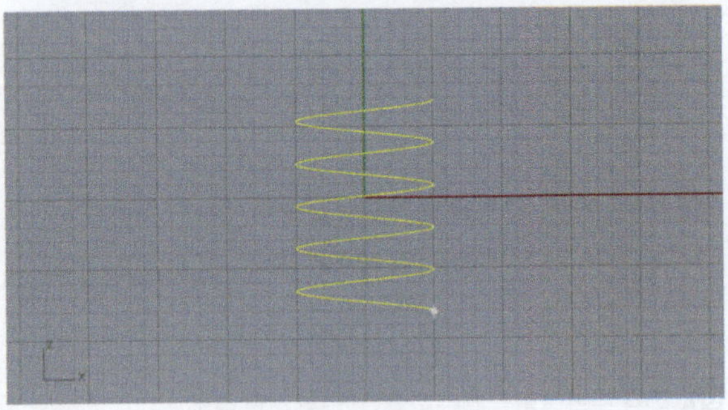

图3-52

图3-53

06 在命令栏输入起点半径数据（0.5），如图3-54所示。继续输入终点半径，让它和起点半径保持一致，如图3-55所示。这里可以设置半径的下一个点，也可以按Enter键不设置，如图3-56所示。最终实体模型如图3-57所示。

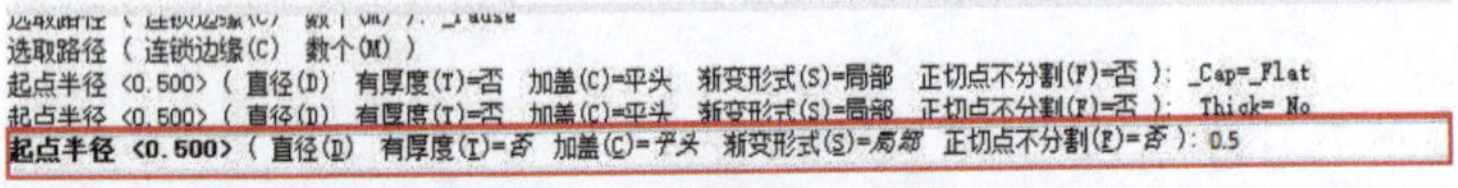

图3-54

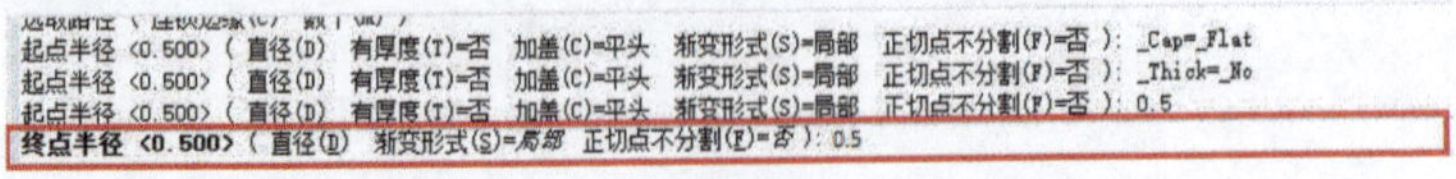

图3-55

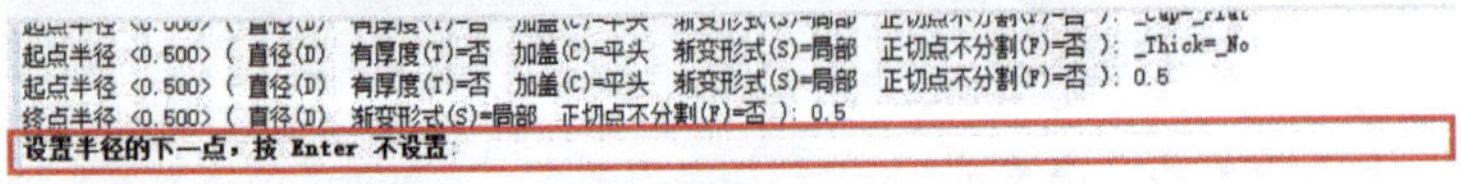

图3-56

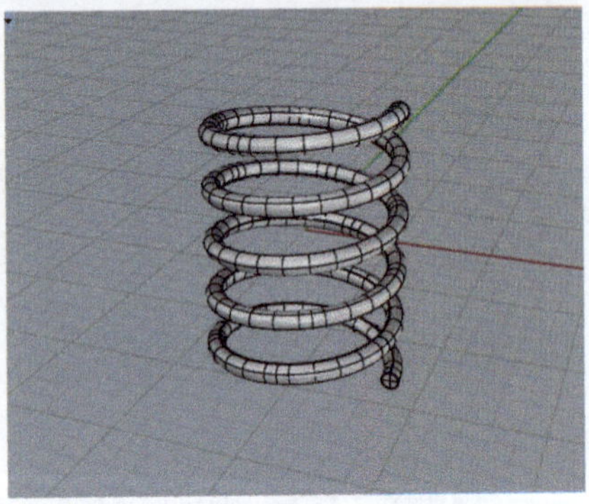

图3-57

"**螺旋线**"**工具** 通过确立轴线和顶面及底面的直径，可以快速绘制带有深度和角度的螺旋线。另外，也可以使用命令栏的"平坦"命令绘制同一平面上的螺旋线。

01 **绘制螺旋线** 选择"螺旋线"工具，在前视图中单击，设置螺旋轴的起点，然后按住Shift键并向上拖曳鼠标指针，最后单击，设置螺旋轴的终点，如图3-58所示。

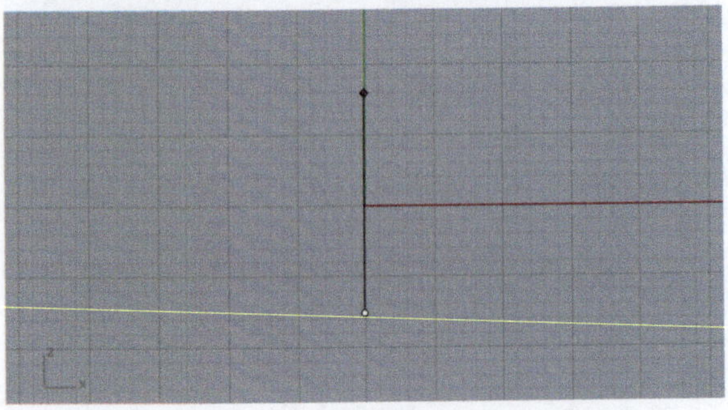

02 横向移动鼠标指针，设置螺旋线的顶面直径，单击确认，如图3-59所示。

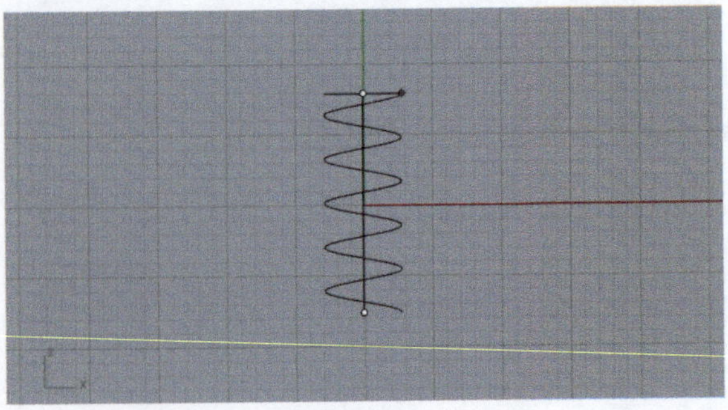

图3-58

图3-59

03 横向移动鼠标指针，设置螺旋线底面直径，单击确认，如图3-60所示。螺旋线如图3-61所示。

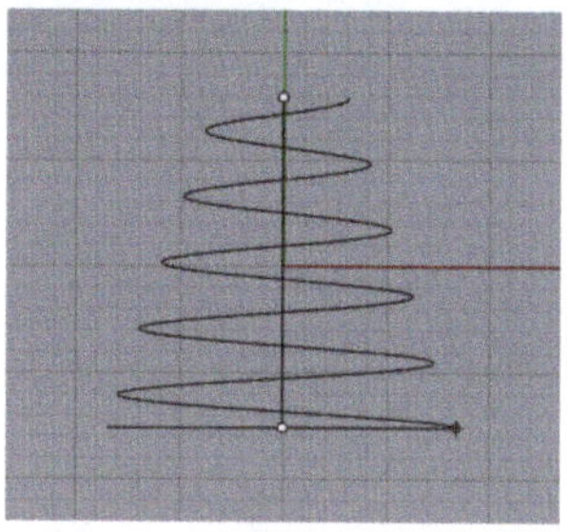

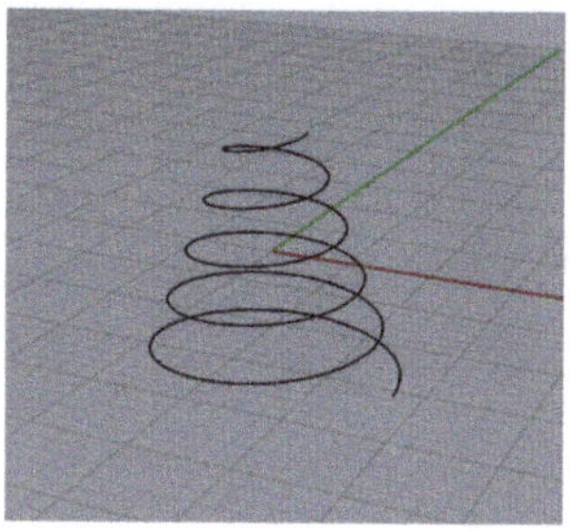

04 制作实体 选择"圆管（平头盖）"工具 🕭，单击螺旋线，将其作为路径，如图3-62所示。

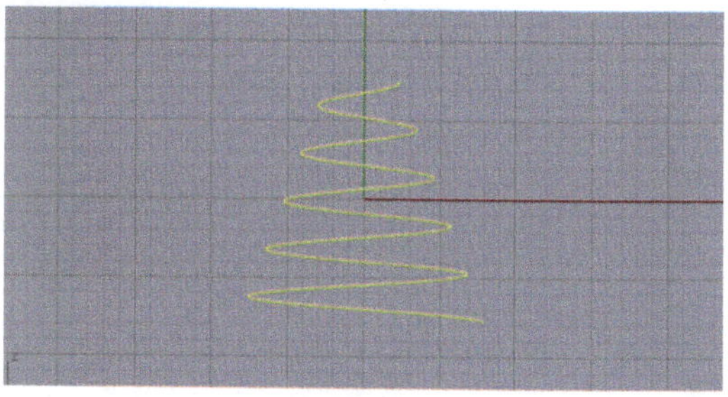

图3-60

图3-61

图3-62

05 在命令栏输入起点半径数据（0.5），如图3-63所示。继续输入终点半径，让它和起点半径保持一致，如图3-64所示。这里可以设置半径的下一个点，也可以按Enter键不设置，如图3-65所示。最终实体模型如图3-66所示。

图3-63

图3-64

图3-65

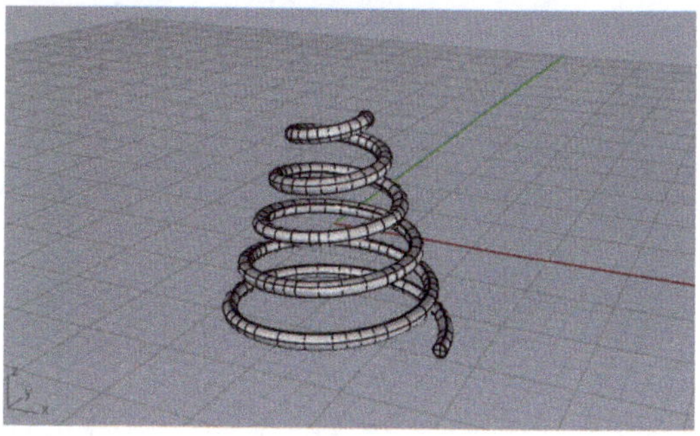

图3-66

提示 本节学习了曲线的各种用法。根据项目需要，灵活使用不同工具绘制想要的曲线，是一个产品设计师的基本功之一。例如螺旋线可以用来绘制一些涟漪状的凸起，也可以用来制作钻头上的螺纹等，其用法多样，希望读者不要限制自己的想象力。

实战：制作简易台灯

素材文件	无
实例文件	实例文件>CH03>实战：制作简易台灯.3dm
视频文件	实战：制作简易台灯.mp4
学习目标	掌握直线的用法和了解基本几何体的用法

简易台灯效果如图3-67所示。

图3-67

01 **制作灯罩** 选择"多重直线"工具 ∧，在前视图绘制灯罩的截面曲线，如图3-68所示。

02 选择"旋转成形"工具 ♥，选择中轴线作为旋转轴，如图3-69所示。

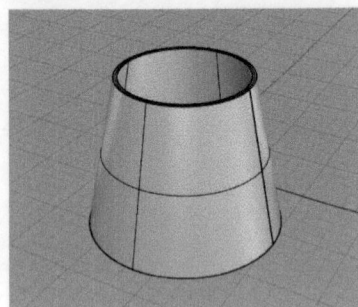

图3-68

图3-69

03 按Enter键确认，将截面曲线旋转成实体，得到灯罩，如图3-70所示。

04 **制作灯座** 选择"圆柱体"工具 ⬤，在顶视图绘制灯杆，如图3-71所示。调整圆柱体的位置，如图3-72所示。

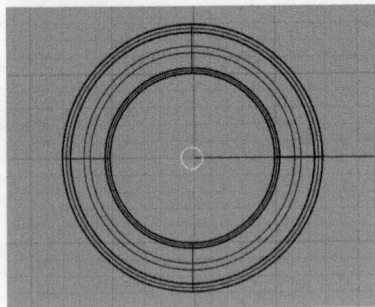

图3-70

图3-71

图3-72

05 使用"圆柱体"工具 ⬤绘制灯底座，位置关系如图3-73所示。使用"边缘圆角"工具 ⬤，对底座的上下平面进行圆角处理，如图3-74所示。

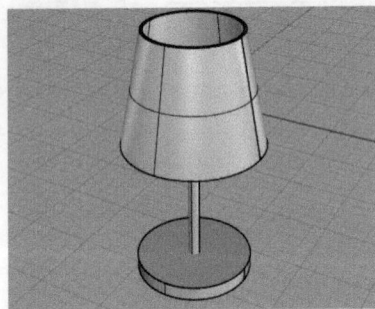

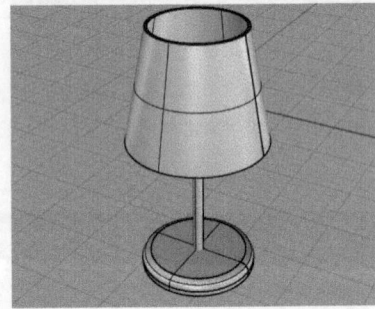

图3-73

图3-74

06 **制作灯罩内托环** 单击"立方体"工具集 ⬤中的"环状体"工具 ⬤，选择灯罩中心点作为环状体中心点，灯罩中部位置外半径作为环状体外边缘的半径，绘制环状体，如图3-75所示。

07 **制作内托环撑杆** 使用"圆柱体"工具 ⬤绘制撑杆，如图3-76所示。注意，这里尽量在前视图或右视图中绘制。

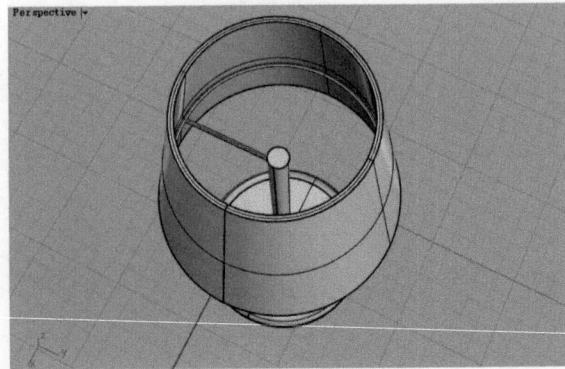

图3-75

图3-76

08 单击"环形阵列"工具，选择撑杆作为要阵列的物件，在命令栏输入阵列数（3），按Enter键确认，如图3-77所示。

09 再次使用"环状体"工具，绘制小托环，选择上述内托环中心点作为小托环中心点，设置合适的半径，如图3-78所示。

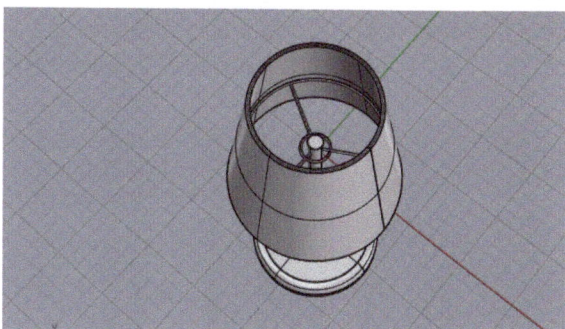

图3-77

图3-78

10 **制作拨杆开关** 单击"圆柱体"工具，在顶视图绘制底座上的小拨杆帽，效果如图3-79所示。

11 使用"边缘倒角"工具对圆柱体进行倒角处理，如图3-80所示。

12 单击"圆：中心点、半径"工具，在拨杆帽上绘制球体，调整它们之间的位置关系，如图3-81所示。

图3-79

图3-80

图3-81

13 使用"显示物件控制点"工具显示控制点，选择球体底部中心的控制点，将其垂直向下拖曳，如图3-82所示，效果如图3-83所示。台灯整体效果如图3-84所示。

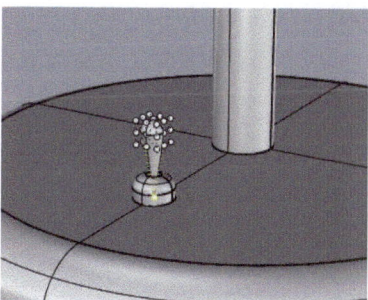

图3-82

图3-83

图3-84

3.1.3 圆

"圆：中心点、半径"工具集作用 通过各种限制条件绘制圆形曲线。

"圆：中心点、半径"工具集位置 在左侧工具栏中。

"圆：中心点、半径"工具集操作 单击设定圆中心点及半径等。

单击工具栏中"圆：中心点、半径"工具集的下拉按钮，如图3-85所示，弹出的列表中包含多种圆形绘制工具。常用的有"圆：中心点、半径"工具、"圆：直径"工具和"圆：可塑形"工具等，如图3-86所示。

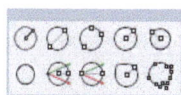

图3-85　　　　　图3-86

"圆：中心点、半径"工具 ⊘ 确定圆的中心点位置后拉出圆，是快速创建圆形的常用方式。下面介绍该工具的操作方法和将图形投影到曲面上的方法。

01 创建参照物 使用左侧工具栏中的"立方体：角对角、高度"工具集 ▣ 中的"圆柱体"工具 ▣ 绘制一个圆柱体作为参照物，如图3-87所示。

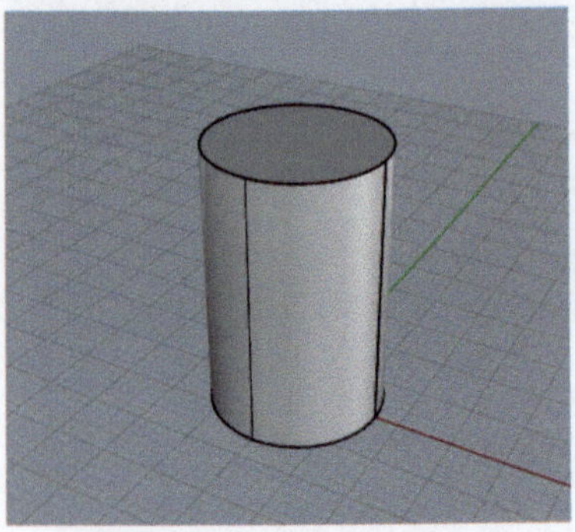

02 创建圆 选择"圆：中心点、半径"工具 ⊘，在前视图中的合适位置单击确定顶点位置，按住Shift键并拖曳鼠标指针拉出圆，并单击确认，如图3-88所示。

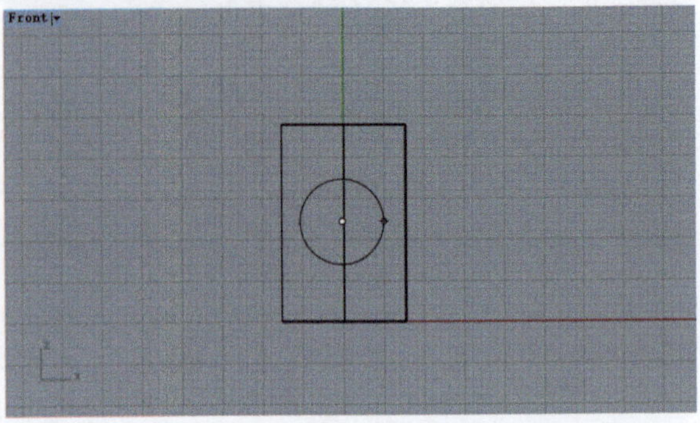

> **提示** 关于"圆柱体"工具 ▣ 的使用方法，请参考本章"3.3 实体建模"的内容。

图3-87

图3-88

03 移动圆位置 切换到顶视图，圆在该圆柱体的中心位置，如图3-89所示。选择曲线圆，按住Shift键的同时竖直向下移动圆，如图3-90所示。切换到透视视图，圆与圆柱体的位置关系如图3-91所示。

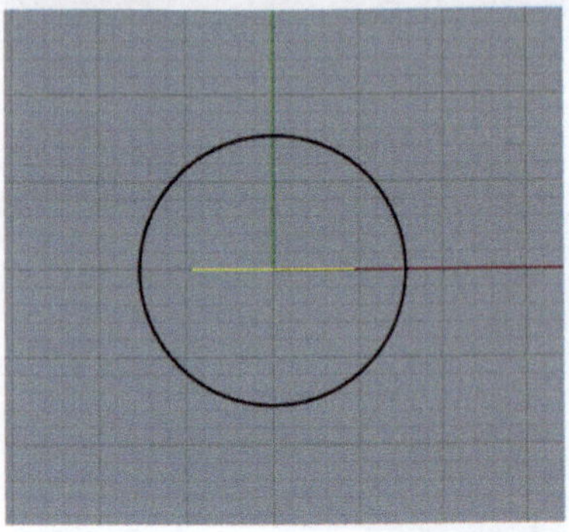

图3-89

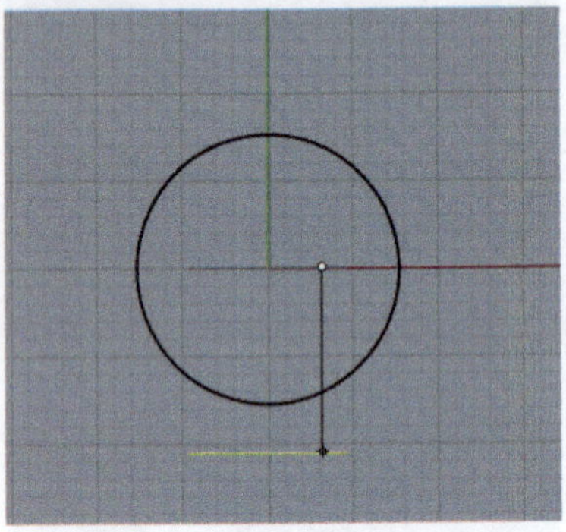

图3-90

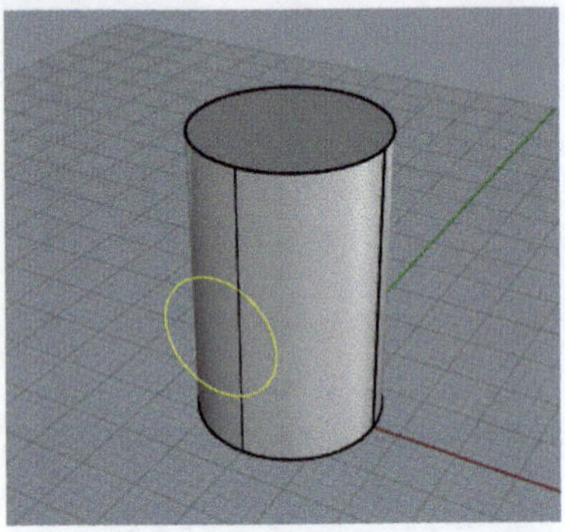

图3-91

04 投影到曲面 单击左侧工具栏中的"投影曲线"工具集 🖐 中的"投影曲线"工具 🖐，选择曲线圆作为要投影的曲线，按Enter键确认，如图3-92所示；然后选择圆柱体作为要投影到的多重曲面，按Enter键确认，如图3-93所示；投影后的曲线如图3-94所示。

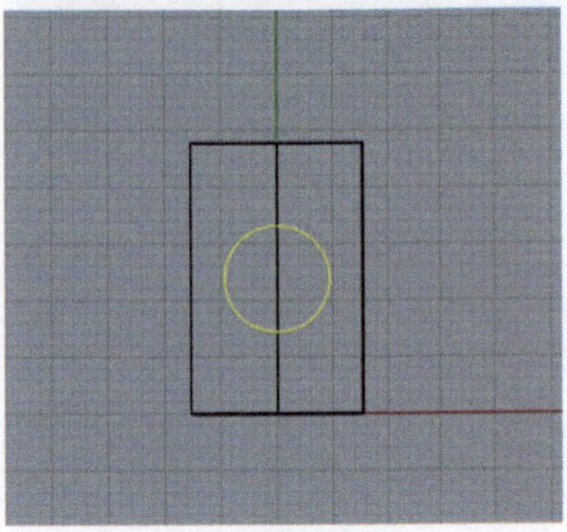

图3-92

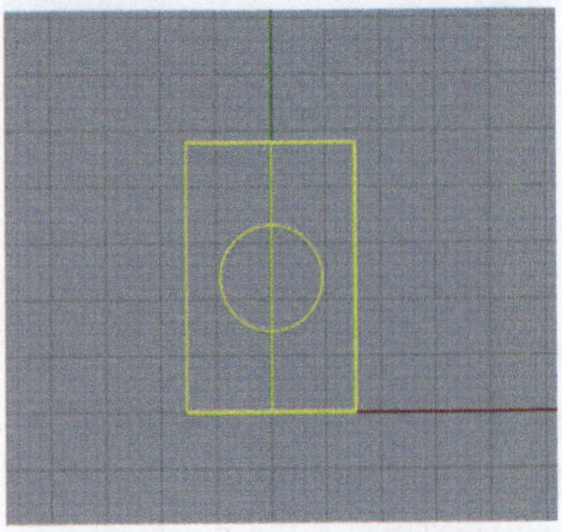

图3-93

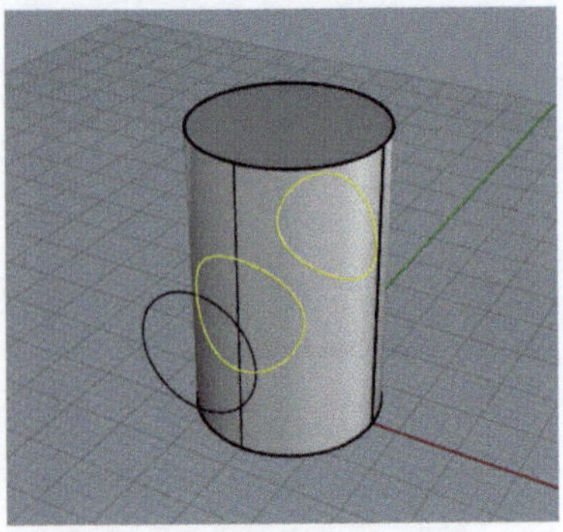

图3-94

05 建立曲面 将曲线圆选中，向前方拉出一定距离，方便后续操作，如图3-95所示。在使用"嵌面"工具 ◆ 前，需要在曲线中绘制一条垂直线段。选择"多重直线"工具 ∧，单击曲线圆顶部四分点，将其作为线段起点，然后单击曲线圆底部四分点，将其作为线段终点，并按Enter键确认，如图3-96所示。

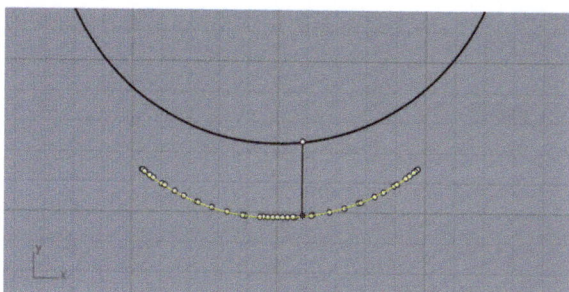

图3-95　　　　　　　　　　　　　　　　　　　　　图3-96

06 单击左侧工具栏"指定三或四个角建立曲面"工具集 中的"嵌面"工具 ，分别选择曲线圆和垂线作为要逼近的曲线点，按Enter键确认；在"嵌面曲面选项"对话框中单击"确定"按钮，如图3-97所示；得到的曲面如图3-98所示。

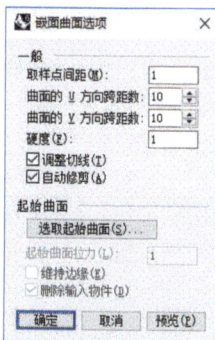

图3-97　　　　　　　　　　　　　　　　图3-98

> **提示** 这里出现了曲面的背面，如果要进行后续操作，就应该将曲面反转方向，否则模型建立会失败。另外，本书对话框中的参数含义，会在演示视频中进行讲解。有需要的读者可以观看视频，根据演示进行学习。

07 ▶ **反转曲面方向** 单击"分析方向"工具集 中的"反转方向"工具 ，选择前面新建的曲面，如图3-99所示，按Enter键确认，反转后的正确曲面如图3-100所示。

图3-99　　　　　　　　　　　　　　　　　　　　图3-100

08 ▶ **挤出实体** 单击"布尔运算联集"工具集 中的"挤出面"工具 ，选中曲面后，按Enter键确认，将其挤出，如图3-101所示（如果出现挤出方向错误的情况，则选择命令栏中的"方向（D）"选项，重新确定挤出方向），单击确认，挤出的实体如图3-102所示。

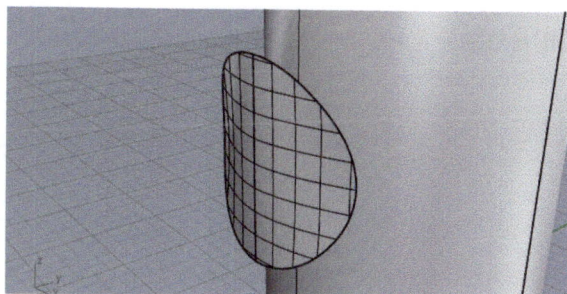

图3-101　　　　　　　　　　　　　　图3-102

> **提示** 图3-102所示的曲面实体常用于绘制一些小型电子产品的零部件，如电动牙刷的开关等。在实际操作中，需要设计更科学的曲面，用以贴合人体手指等。这些知识将在后面进行讲解。

"圆：直径"工具 ⊘ 通过确定一条直径上的两个点，可以生成圆。在参考限制的条件下，该工具能快速帮助设计师完成设计工作。

01 使用"矩形：角对角"工具 □ 绘制出矩形，如图3-103所示。

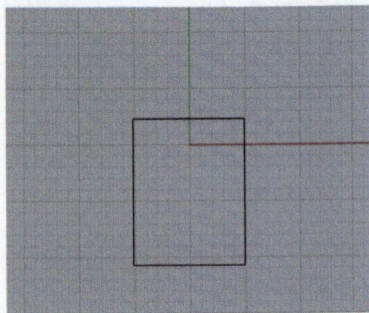

图3-103

> **提示** 关于"矩形：角对角"工具 □ 的操作方法和应用范围，大家可以参考"3.1.4 矩形"的内容。

02 **绘制圆** 单击"圆：直径"工具 ⊘，选择矩形的一个顶点作为圆直径的起点，选择矩形的另一个相邻顶点作为圆直径的终点，绘制的圆如图3-104所示。

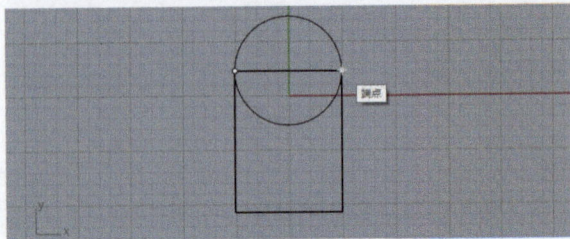

图3-104

03 **修剪线段** 单击"修剪"工具 ⊰，选择矩形作为修剪用图形，如图3-105所示；选择下半圆作为被修剪的对象，按Enter键确认修剪，效果如图3-106所示；再次使用修剪工具，用同样的方法将剩余残线修剪完毕，最终效果如图3-107所示。

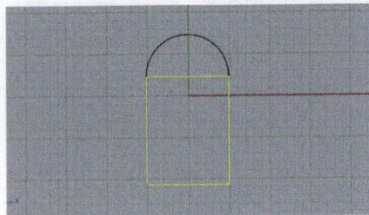

图3-105

图3-106

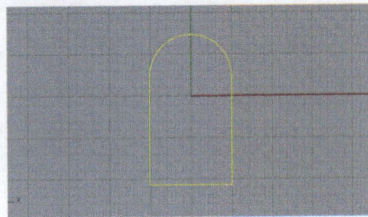

图3-107

"圆：可塑形的"工具 ⊘ 通过确定圆的中心点，快速绘制可控制编辑点的圆。下面以绘制鸡蛋为例来介绍该工具的用法。

01 **绘制圆** 使用"圆：可塑形"工具 ⊘ 绘制出圆，如图3-108所示。

02 **编辑圆形状** 选择该圆，会出现控制点，如图3-109所示。

03 框选顶部的两个点，按住Shift键的同时将它们竖直向上移动，如图3-110所示。

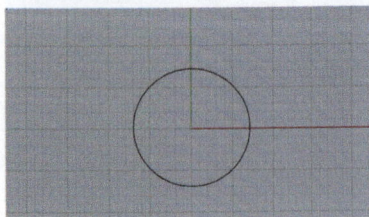

图3-108

图3-109

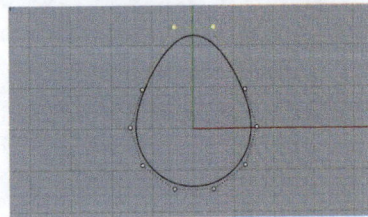

图3-110

04 选择"多重直线"工具 ∧，绘制曲线的中轴线，如图3-111所示。

05 **旋转实体** 单击"旋转成形"工具 ♥，选择曲线为旋转的对象，按Enter键确认，选择中轴线的顶点为旋转轴起点，选择底点为旋转轴终点，按Enter键确认，然后在命令栏选择"360度（U）"选项，按Enter键确认，效果如图3-112所示。

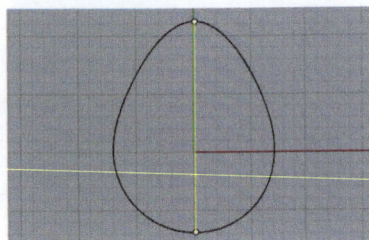

图3-111

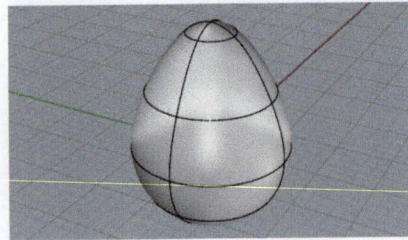

图3-112

> **提示** 关于"旋转成形"工具 ♥，在"3.1.1 直线"中制作油壶的操作中已经介绍过，这里不再赘述。

3.1.4 矩形

"矩形：角对角"工具集▫作用 绘制方角矩形和圆角矩形。

"矩形：角对角"工具集▫位置 在左侧工具栏中。

"矩形：角对角"工具集▫操作 见具体工具解析。

单击左侧工具栏中的"矩形：角对角"工具集▫的下拉按钮，如图3-113所示，弹出的列表中包含多种矩形的绘制工具。常用的有"矩形：角对角"工具▫和"矩形：圆角矩形"工具▫等，如图3-114所示。

图3-113 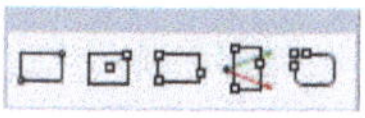　　图3-114

"矩形：角对角"工具▫ 通过确定矩形两个相邻顶点的位置快速绘制方角矩形。这是创建矩形的常用工具，矩形也是很多图形的基础图形。

单击"矩形：角对角"工具▫，在任一视图中单击确定矩形的起点，拉出矩形，单击确定矩形的终点，即可完成矩形的创建，如图3-115所示。

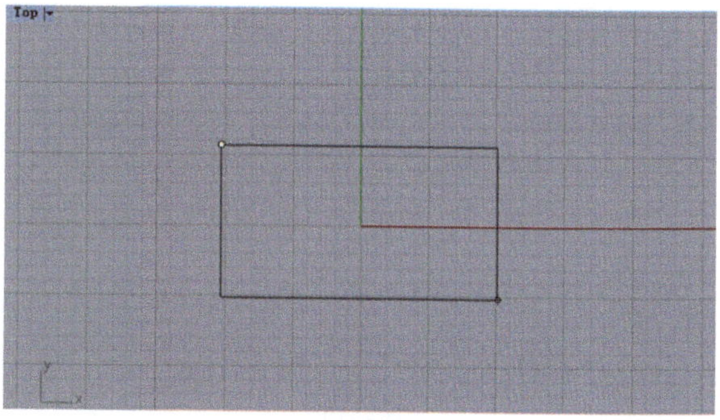

图3-115

"矩形：圆角"工具▫ 确定矩形大小并修改矩形为圆角。这是快速创建圆角矩形的常用工具，读者可以通过拖曳鼠标指针快速创建圆角，也可以通过输入数值创建圆角。

01 单击"矩形：圆角"工具▫，在任一视图单击确定矩形的起点，拖曳鼠标指针，单击确定矩形的终点，如图3-116所示。

02 继续拖曳鼠标指针，改变该矩形的角为圆角，如图3-117所示。

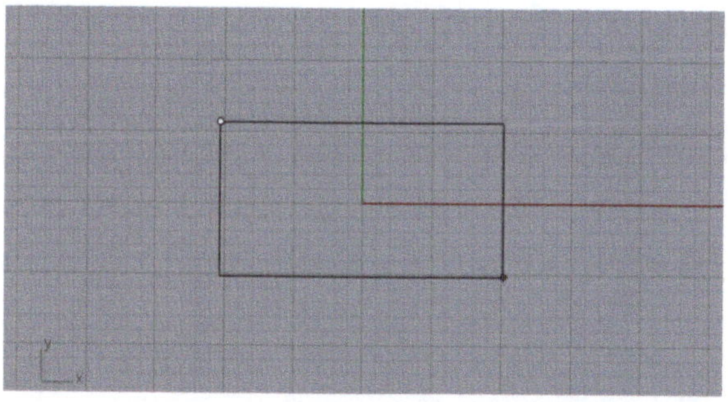

图3-116

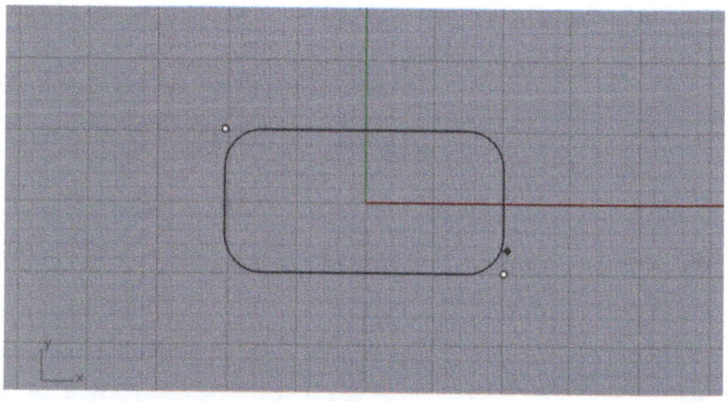

图3-117

提示 除了上述方法，还可以在命令栏输入圆角数据，确定该矩形的圆角大小，如图3-118所示，按Enter键确认，圆角矩形如图3-119所示。

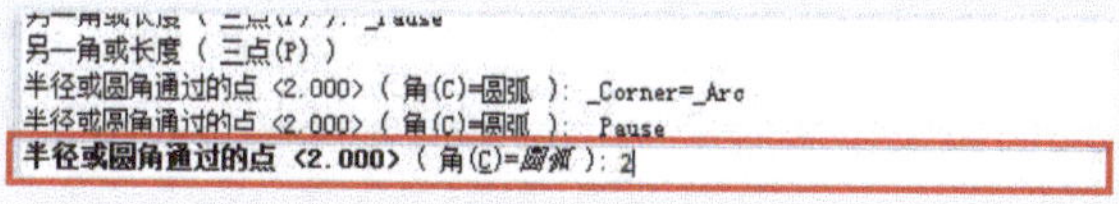

```
方一用弧长度（三点(P)）_Pause
另一角或长度（三点(P)）:
半径或圆角通过的点〈2.000〉（角(C)=圆弧）:_Corner=Arc
半径或圆角通过的点〈2.000〉（角(C)=圆弧）:_Pause
半径或圆角通过的点〈2.000〉（角(C)=圆弧）: 2
```

图3-118

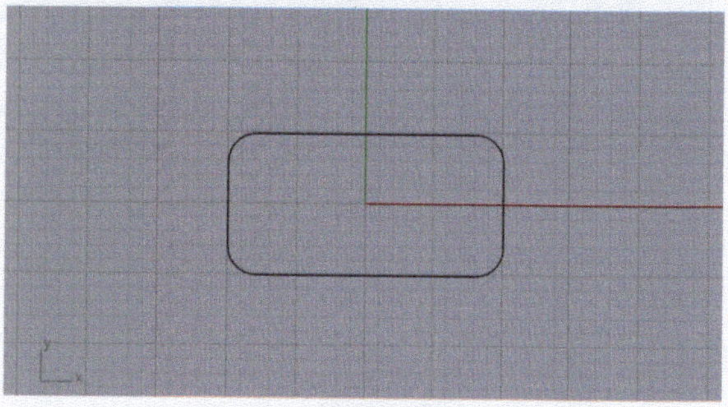

图3-119

3.1.5 多边形

"多边形：中心点、半径"工具集⊕作用 绘制可控边数的多边形。
"多边形：中心点、半径"工具集⊕位置 在左侧工具栏中。
"多边形：中心点、半径"工具集⊕操作 见具体工具介绍。

单击工具栏中的"多边形：中心点、半径"工具集⊕的下拉按钮，如图3-120所示，弹出的列表中包含各种绘制多边形的工具。常用的有"多边形：中心点、半径"工具⊕、"多边形：星形"工具，如图3-121所示。

图3-120 图3-121

"多边形：中心点、半径"工具⊕ 通过确定多边形的中心点和边数，绘制多边形。该工具常用于绘制六边形、十二边形等特殊图形。

01 创建六边形 单击"多边形：中心点、半径"工具⊕，此时命令栏会出现"内接多边形中心点"的一系列命令，如图3-122所示，选择"边数（N）=4"选项，输入6，如图3-123所示，并按Enter键确认。

指令：_Polygon
内接多边形中心点（边数(N)=4 模式(M)=内切 边(D) 星形(S) 垂直(V) 环绕曲线(A)）：

图3-122

指令：_Polygon
内接多边形中心点（边数(N)=4 模式(M)=内切 边(D) 星形(S) 垂直(V) 环绕曲线(A)）：边数
边数 <4>：6

图3-123

02 在任一视图单击确定多边形的中心点，拖曳鼠标指针拉出多边形，单击确定多边形的角的位置，得到的六边形如图3-124所示。

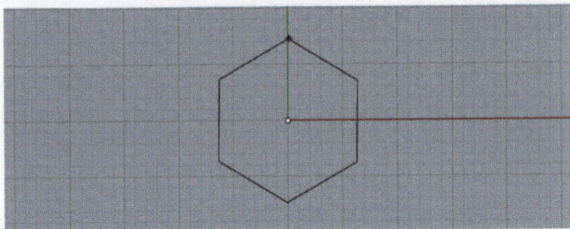

图3-124

"多边形：星形"工具 通过确定星形的中心点和边数，绘制星形。该工具常用于绘制四角星、五角星等特殊图形，这些图形适用于绘制儿童用品、工业垫片等物品。

01 创建五角星 单击"多边形：星形"工具，在命令栏选择"边数（N）=5"选项，输入5，如图3-125所示，并按Enter键确认。

指令：_Polygon
内接多边形中心点（边数(N)=6 模式(M)=内切 边(D) 星形(S) 垂直(V) 环绕曲线(A)）：_Star
星形中心点（边数(N)=5 垂直(V) 环绕曲线(A)）：5

图3-125

02 确定中心点位置，拖曳鼠标指针绘制出五边形，单击确定五边形的大小，如图3-126所示。

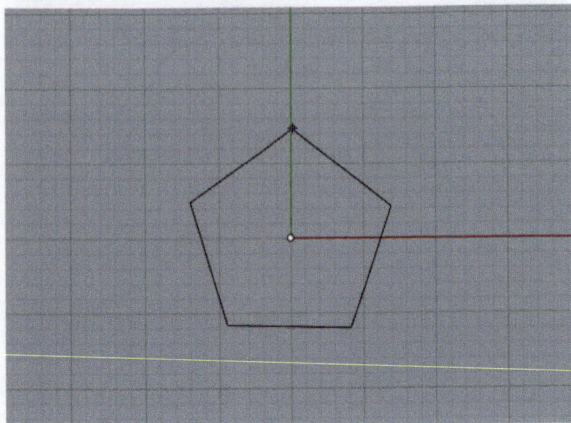

图3-126

03 继续拖曳鼠标指针，绘制第二半径（相当于向中心点内拖曳），单击确定，五角星如图3-127所示。

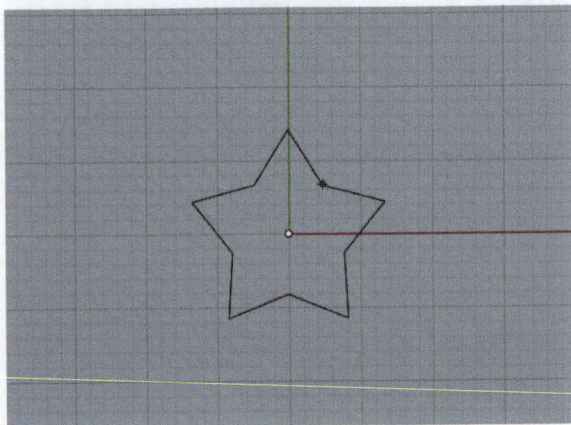

图3-127

3.1.6 曲线圆角/曲线斜角

"曲线圆角"工具⌐作用 为线段交点创建圆弧。

"曲线圆角"工具⌐位置 在"曲线工具"选项卡中的顶部工具栏中（第1个工具）。

"曲线圆角"工具⌐操作 在设置半径后选择线段交点创建圆弧。

单击"曲线圆角"工具⌐，命令栏会显示相关命令，如图3-128所示，此时可以设置圆弧的"半径"，然后依次选择两条相交的线段，对交点进行圆角处理，创建出圆弧，如图3-129所示。

```
指令: _Fillet
```
<table><tr><td>选取要建立圆角的第一条曲线（半径(R)=2 组合(J)=否 修剪(T)=是 圆弧延伸方式(E)=圆弧):</td></tr></table>

图3-128

图3-129

> **提示** 如需重复创建多个相同半径的曲线圆角，那么在选择工具时使用鼠标右键单击"曲线圆角" 工具⌐，即可触发该工具的重复执行功能，然后设置"半径"，依次对线段交点进行处理。

"曲线斜角"工具⌐作用 为线段交点创建有棱角的倒角。

"曲线斜角"工具⌐位置 在"曲线工具"选项卡中的顶部工具栏中（第2个工具）。

"曲线斜角"工具⌐操作 与"曲线圆角"工具⌐类似。

使用"曲线斜角"工具⌐创建有棱角的倒角时，需要在命令栏中通过"距离（D）"控制斜角的大小。"距离（D）"中的"2,2"为两个可控数值，如图3-130所示。两者相同表示斜角初始点（两条线段的最初交点）到两端距离一致；两者不同表示斜角初始点到两端距离不同。如图3-131所示，左边为"距离（D）=2,2"的效果，右边为"距离（D）=5,2"的效果。

```
指令: _Chamfer
```
<table><tr><td>选取要建立斜角的第一条曲线（距离(D)=2,2 组合(J)=否 修剪(T)=是 圆弧延伸方式(E)=圆弧):</td></tr></table>

图3-130

图3-131

3.1.7 偏移曲线

"偏移曲线"工具⌐作用 在曲线一侧生成新的曲线或将曲线缩放成新的封闭曲线。

"偏移曲线"工具⌐位置 在"曲线工具"选项卡中的顶部工具栏中。

"偏移曲线"工具⌐操作 选择对象，设定偏移距离和方向后生成新的曲线。

01 在一侧生成新曲线 单击"偏移曲线"工具⌐，命令栏如图3-132所示，设定好偏移距离，然后选择要进行偏移的曲线，移动鼠标指针可以预览偏移后的效果，如图3-133所示。

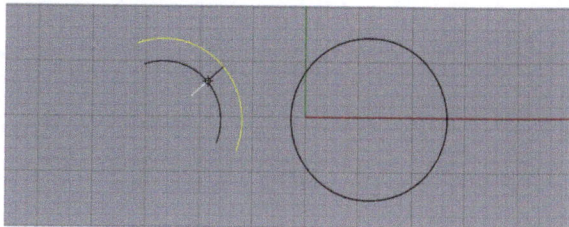

```
指令: _Offset
```
<table><tr><td>选取要偏移的曲线（距离(D)=2 松弛(L)=否 角(C)=锐角 通过点(T) 公差(O)=0.001 两侧(B) 与工作平面平行(I)=否 加盖(A)=无):</td></tr></table>

图3-132

图3-133

> **提示** 如果偏移距离不理想，可以在命令栏选择"距离（D）"选项后重新设定数值，按Enter键确认，得到偏移后的曲线。

02 缩放成新的封闭曲线 进行同样的命令栏操作，选择封闭曲线，向内拖曳鼠标指针，得到缩小后的封闭曲线（向内偏移），如图3-134所示；向外拖曳鼠标指针，得到放大后的封闭曲线（向外偏移），如图3-135所示。

图3-134

图3-135

实战：制作花艺水壶

素材文件	无
实例文件	实例文件>CH03>实战：制作花艺水壶.3dm
视频文件	实战：制作花艺水壶.mp4
学习目标	掌握曲线建模在产品设计中的应用

花艺水壶的效果如图3-136所示。

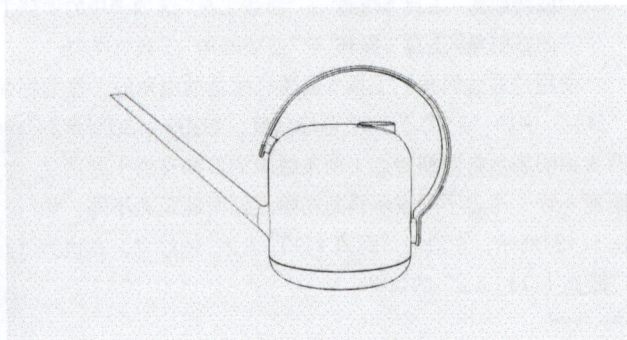

图3-136

01 制作壶体 单击"矩形：角对角"工具 ▢ ，在前视图绘制矩形，然后使用"曲线圆角"工具 ◝ 分别将上边角和下边角改为圆角。接着使用"旋转成形"工具 ☷ 将图形旋转成壶体，如图3-137所示。

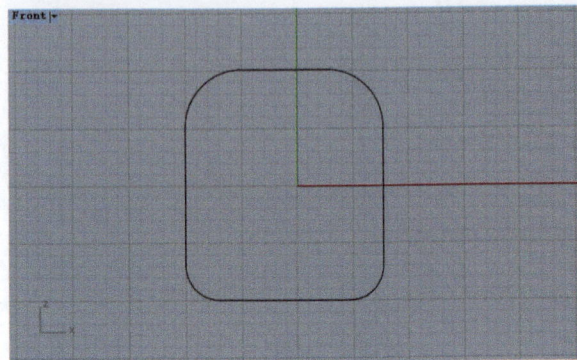

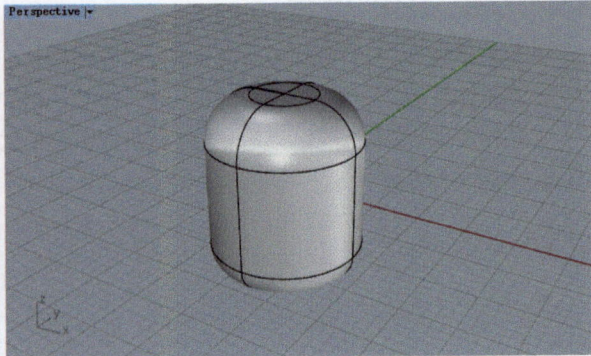

图3-137

提示 本例为了演示使用曲线建模制作产品模型的过程，势必会涉及没有介绍的相关工具，对软件操作不太熟练的读者，可以观看教学视频来了解工具的位置。另外，本章会陆续介绍这些工具。

02 制作壶口 单击"圆柱管"工具🔵，绘制圆柱管作为壶口，位置如图3-138所示；单击"布尔运算联集"工具🔵，在前视图选择壶体与壶口，进行联集运算，效果如图3-139所示。

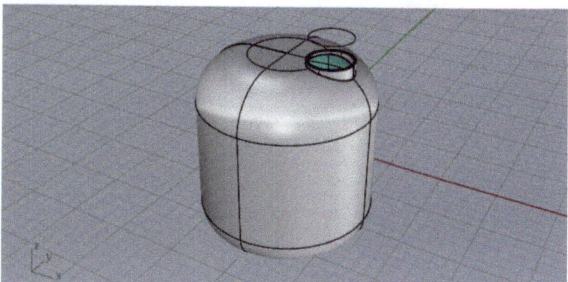

图3-138   图3-139

03 镂空壶口 单击"圆：中心点、半径"工具⊘，选择壶口中心点，绘制曲线圆，如图3-140所示；单击"分割"工具🔧，选择壶体作为要分割的物体，按Enter键确认，然后在顶视图中选择圆，按Enter键确认，接着删除分割后的壶口部分，如图3-141所示。

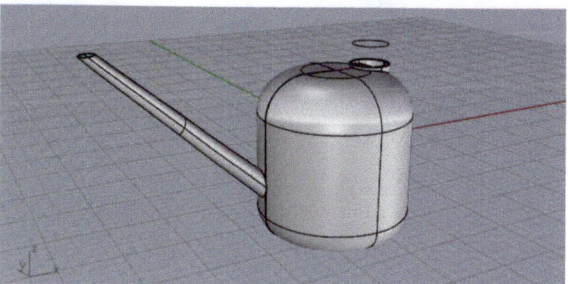

图3-140   图3-141

04 制作壶嘴 单击"多重直线"工具𐌂，在前视图绘制两条线段，如图3-142所示；单击"圆：直径"工具⊘，以刚才绘制的两条线段的顶端连线为直径绘制一个圆，然后在"指定三或四个角建立曲面"工具集中单击"双轨扫掠"工具🔧，选择两条线段作为路径，选择圆作为断面曲线，按Enter键确认，壶嘴效果如图3-143所示。

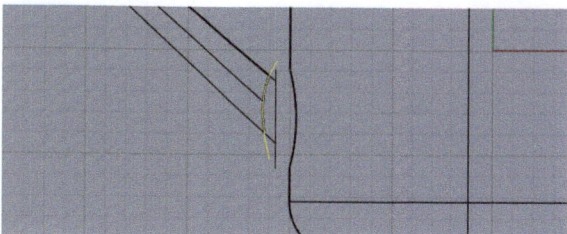

图3-142   图3-143

05 单击"圆：中心点、半径"工具⊘，以壶嘴底部的圆心为中心点绘制圆，使用"分割"工具🔧在壶体分割出曲面圆，然后删除分割出的曲面圆，如图3-144所示；单击"控制点曲线"工具🖊，在前视图绘制曲线，然后单击"分割"工具🔧，选择壶嘴作为要分割的对象，选择曲线作为分割用的图形，按Enter键确认分割，如图3-145所示。

图3-144   图3-145

06 单击"曲面圆角"工具集 中的"混接曲面"工具 ，在命令栏中选择"连锁边缘（C）"选项，如图3-146所示；选择分割后的壶嘴与壶体切口，按Enter键确认，并在"调整曲面混接"对话框中设置参数，如图3-147所示，壶嘴连接到壶体的效果如图3-148所示。

```
指令：_FilletSrf
选取要建立圆角的第一个曲面（半径(R)=0.100 延伸(E)=是 修剪(T)=是 ）
选取要建立圆角的第二个曲面（半径(R)=0.100 延伸(E)=是 修剪(T)=是 ）
指令：_BlendSrf
选取第一个边缘（ 连锁边缘(C) 编辑(g) ）：
```

图3-146

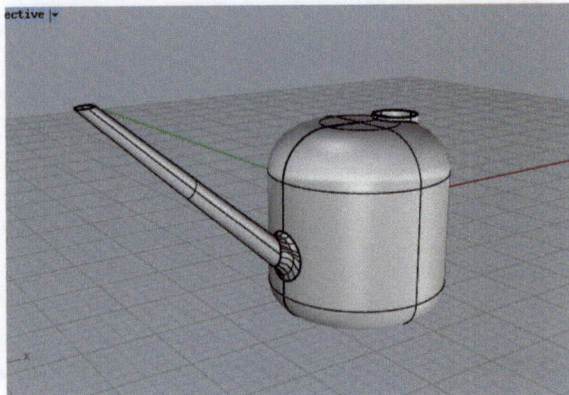

图3-147

图3-148

07 🔺 制作提手　单击"控制点曲线"工具 ，在前视图绘制提手曲线，如图3-149所示；单击"矩形：圆角"工具 ，在顶视图绘制圆角矩形，然后单击"立方体：角对角、高度"工具集 中的"挤出封闭的平面曲线"工具 ，挤出圆角矩形实体，如图3-150所示。

图3-149

图3-150

08 在"变动"选项卡中选择"沿曲线流动"工具 ，选择圆角矩形实体作为要流动的物体，在命令栏选择"延展（S）=是"选项，如图3-151所示；继续在命令栏选择"直线（L）"选项，如图3-152所示；选择圆角矩形两端顶点作为基准线，按Enter键确认，如图3-153所示；选择提手曲线作为目标曲线，生成的提手如图3-154所示。

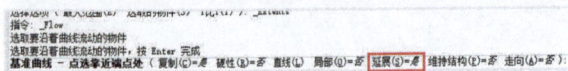

图3-151

图3-152

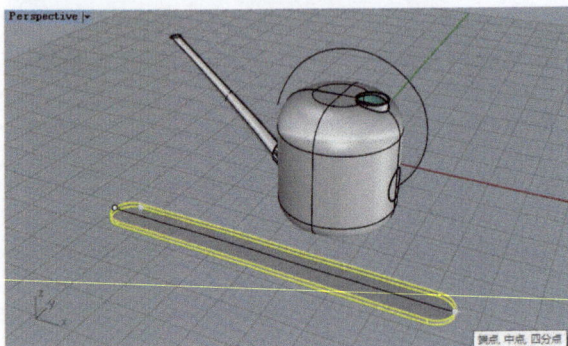

图3-153

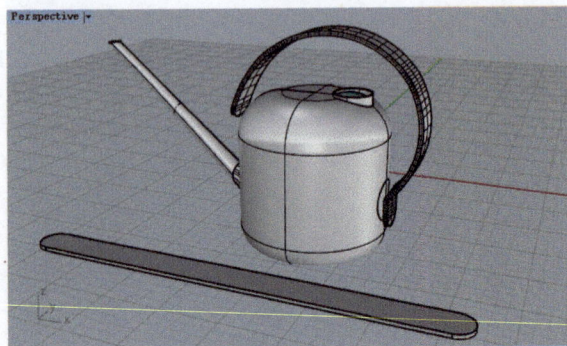

图3-154

09 制作连接件 单击"圆柱体"工具 🔘，在右视图中绘制两个圆柱体，将它们分别置于提手两端与壶体连接处作为连接件，使用"实体工具"选项卡中的"边缘圆角"工具 🔘 对各个物件的边缘进行圆角处理，效果如图3-155~图3-157所示。

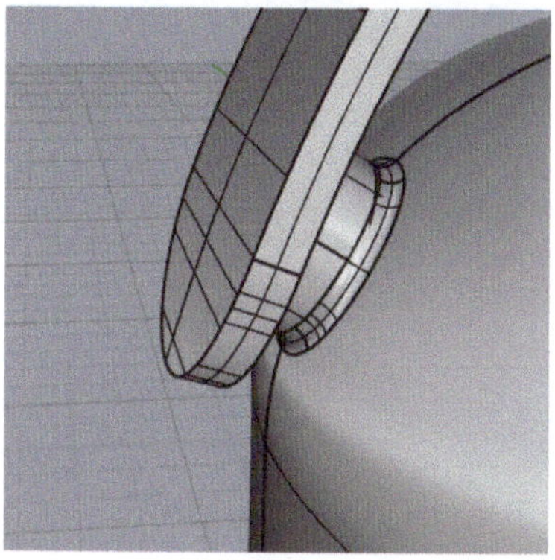

图3-155

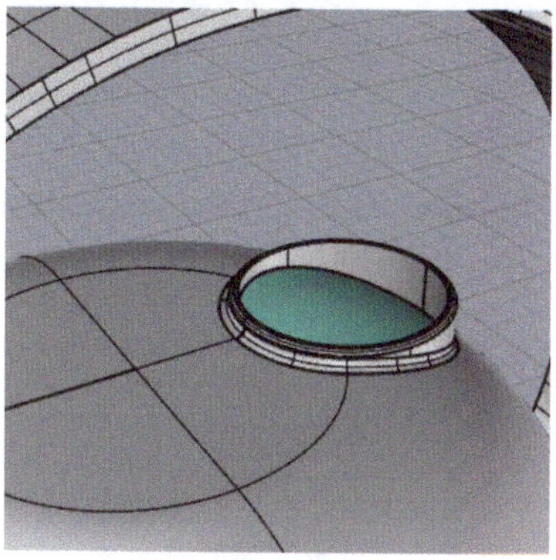

图3-156

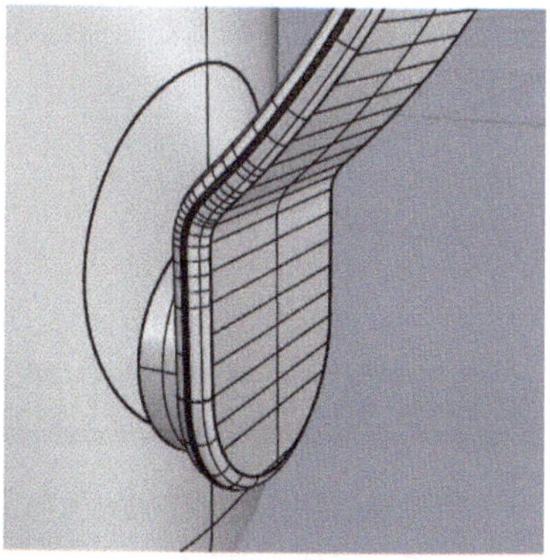

图3-157

10 单击"环状体"工具 🔘，选择壶体中心点，绘制环状体，位置关系如图3-158所示；单击"布尔运算差集"工具 🔘，对环状体进行差集运算，花艺水壶的模型如图3-159所示。

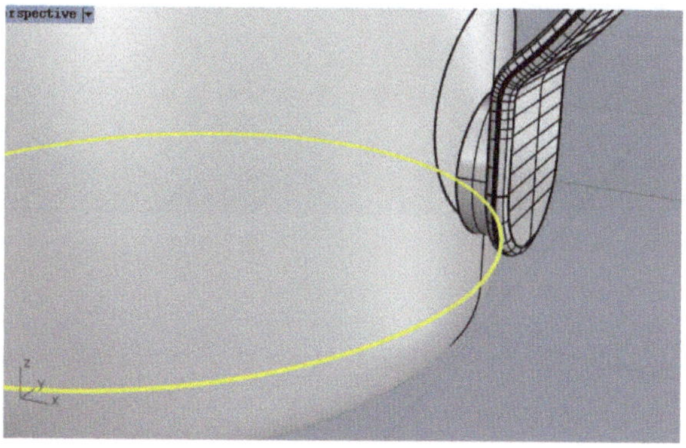

图3-158

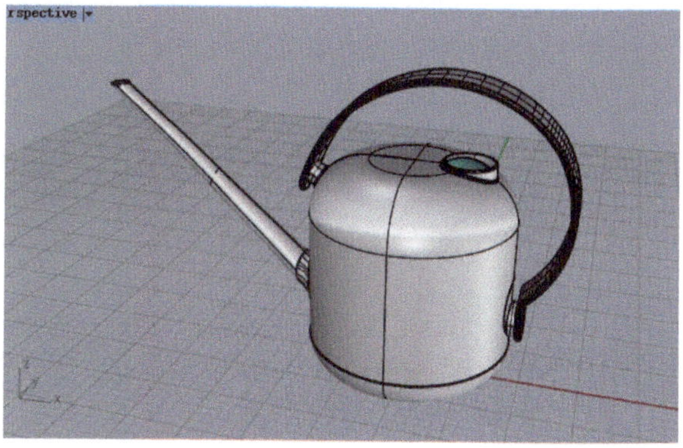

图3-159

3.1.8 投影曲线

"投影曲线"工具 🔘 作用 将曲线快速投影到曲面上，生成与曲面弧度贴合的新曲线。

"投影曲线"工具 🔘 位置 在左侧工具栏的"投影曲线"工具集 🔘 中。

"投影曲线"工具 🔘 操作 选择曲线，在投影的视图平面选择曲面。

单击"投影曲线"工具 🔘，选择要投影的曲线，按Enter键确认，然后在要进行投影的视图中选择曲面，按Enter键确认，投影效果如图3-160所示。

提示 投影过程将产生两条曲线，选择需要的进行操作即可。

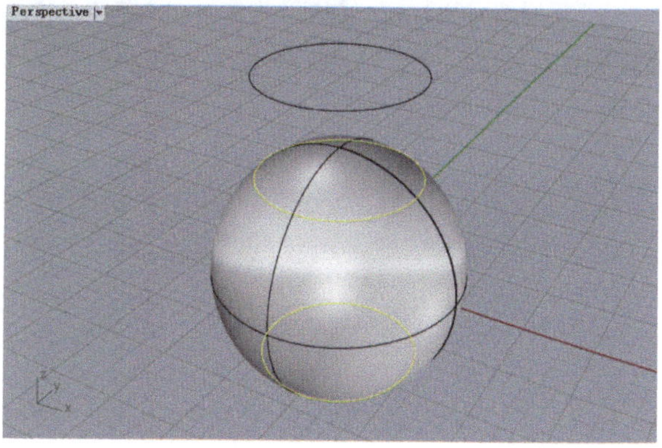

图3-160

在投影过程中，如果曲线超出了曲面的范围，如图3-161所示，那么投影生成的曲线会超出曲面的边缘，如图3-162所示。

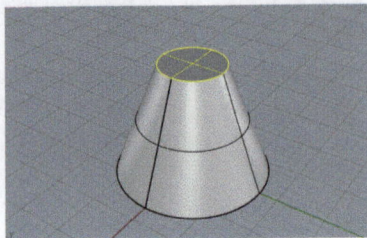
图3-161

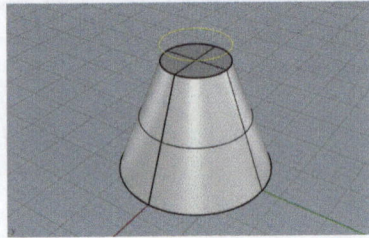
图3-162

3.1.9 复制面的边框

"复制面的边框"工具 作用 快速提取实体中单个曲面的边框线。

"复制面的边框"工具 位置 在左侧工具栏"投影曲线"工具集中。

"复制面的边框"工具 操作 选择实体，选择某一曲面，得到边框线。

单击"复制面的边框"工具，选择实体的一个曲面，如图3-163所示，按Enter键确认，得到边框线。为了方便观察，将边框线移出来，如图3-164所示。

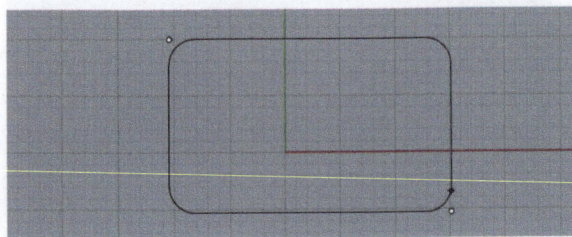
图3-163

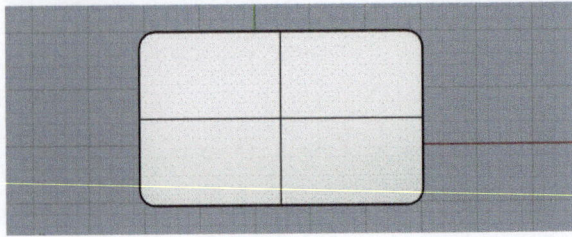
图3-164

3.2 曲面建模

本节主要介绍曲面建模技术，这是Rhino产品建模的重点，主要内容包含挤出、放样、嵌面、曲面圆角等。

3.2.1 挤出曲面

"挤出曲面"工具 作用 将曲面挤出为实体模型。

"挤出曲面"工具 位置 在"立方体：角对角、高度"工具集中。

"挤出曲面"工具 操作 选中曲面作为载体，将其挤出为实体模型。

01 创建封闭曲线 使用"矩形：圆角"工具绘制一个圆角矩形，如图3-165所示。

02 封盖曲线 单击"指定三或四个角建立曲面"工具集中的"以平面曲线建立曲面"工具，选择圆角矩形作为路径，按Enter键确认，如图3-166所示。

图3-165

图3-166

03 挤出曲面 单击"挤出曲面"工具 🖉，选择上一步生成的曲面，在命令栏输入挤出长度，如图3-167所示；按Enter键确认，实体模型如图3-168所示。

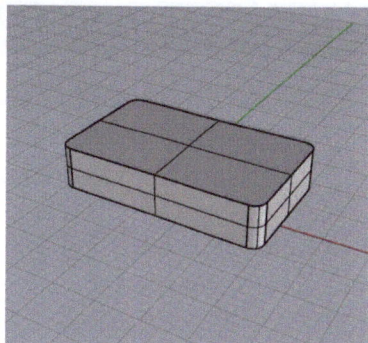

选取要挤出的曲面
选取要挤出的曲面，按 Enter 完成
挤出长度 < 5 > (方向(D) 两侧(B)=否 实体(S)=是 删除输入物件(L)=否 至边界(T) 分割正切点(F)=否 设定基准点(A)): _Solid=_Yes
挤出长度 < 5 > (方向(D) 两侧(B)=否 实体(S)=否 删除输入物件(L)=否 至边界(T) 分割正切点(F)=否 设定基准点(A)): 5

图3-167　　　　　　　　　　　　　　　　　　　　　　　图3-168

3.2.2　以平面曲线建立曲面

"以平面曲线建立曲面"工具 ⊙作用 为封闭曲线建立曲面，为平面上的边缘曲线建立曲面。

"以平面曲线建立曲面"工具 ⊙位置 在"指定三或四个角建立曲面"工具集 🖉 中。

"以平面曲线建立曲面"工具 ⊙操作 选择封闭的平面曲线作为基础，建立曲面。

01 为封闭曲线建立曲面 单击"以平面曲线建立曲面"工具 ⊙，选择封闭曲线，如图3-169所示；按Enter键建立曲面，如图3-170所示。

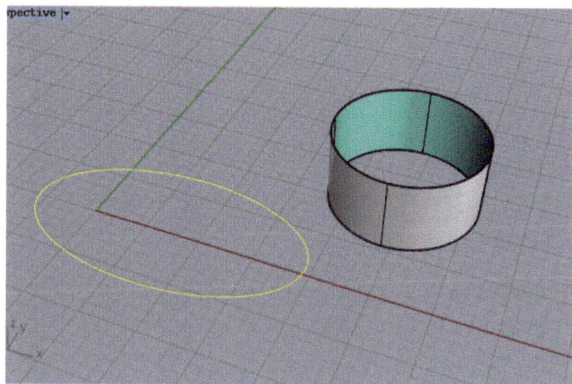
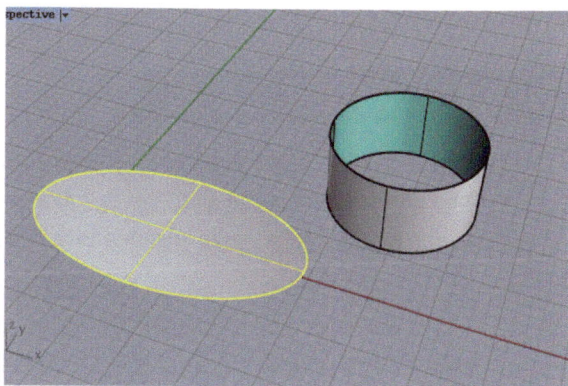

图3-169　　　　　　　　　　　　　　　　　　　　　　　图3-170

02 选择封闭的边缘曲线，如图3-171所示；按Enter键建立曲面，如图3-172所示。

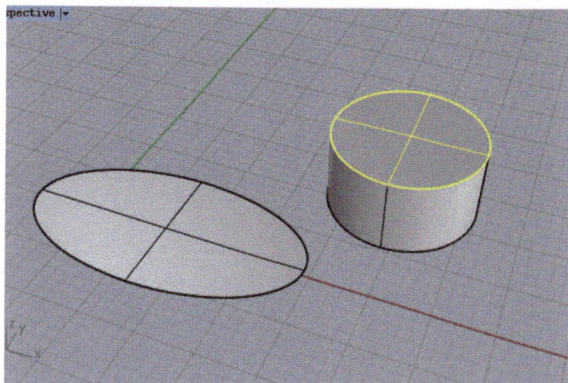

图3-171　　　　　　　　　　　　　　　　　　　　　　　图3-172

3.2.3 以二、三或四个边缘曲线建立曲面

"以二、三或四个边缘曲线建立曲面"工具 作用 为数条开放的边缘曲线建立曲面。

"以二、三或四个边缘曲线建立曲面"工具 位置 在"指定三或四个角建立曲面"工具集 中。

"以二、三或四个边缘曲线建立曲面"工具 操作 依次选择开放的边缘曲线作为基础，建立曲面。

使用"控制点曲线"工具 绘制4条相接的曲线，如图3-173所示；单击"以二、三或四个边缘曲线建立曲面"工具 ，选择所有曲线，按Enter键确认，生成的曲面如图3-174所示。

图3-173

图3-174

3.2.4 从网线建立曲面

"从网线建立曲面"工具 作用 为不同走向的U、V曲线建立曲面。

"从网线建立曲面"工具 位置 在"指定三或四个角建立曲面"工具集 中。

"从网线建立曲面"工具 操作 选取数条曲线，通过对话框建立曲面。

01 使用"控制点曲线"工具 绘制数条曲线，如图3-175所示。注意，一个方向的曲线必须跨越另一个方向的曲线，同方向的曲线不可以相互跨越。

02 选择"从网线建立曲面"工具 ，选择所有曲线，按Enter键确认，打开"以网线建立曲面"对话框，如图3-176所示；在透视视图中预览建立曲面后的效果，如图3-177所示；单击对话框中的"确定"按钮，建立的曲面如图3-178所示。

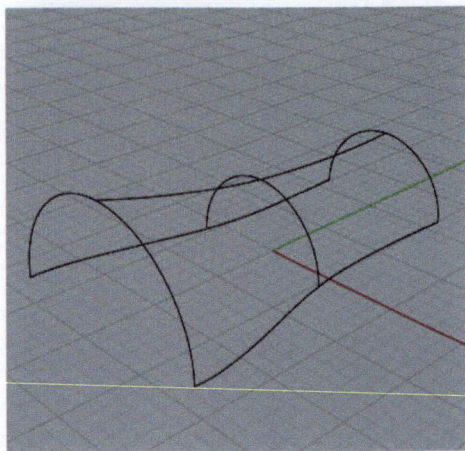

图3-175

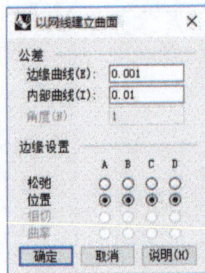

图3-176

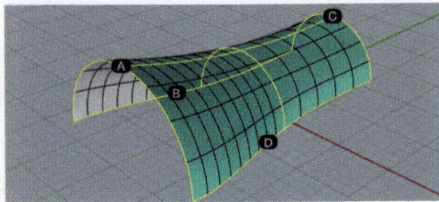

图3-177

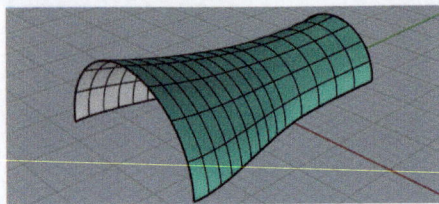

图3-178

实战：制作桌面小闹钟

素材文件　无

实例文件　实例文件>CH03>实战：制作桌面小闹钟.3dm

视频文件　实战：制作桌面小闹钟.mp4

学习目标　掌握挤出封闭的平面曲线的操作方法

桌面小闹钟的模型效果如图3-179所示。

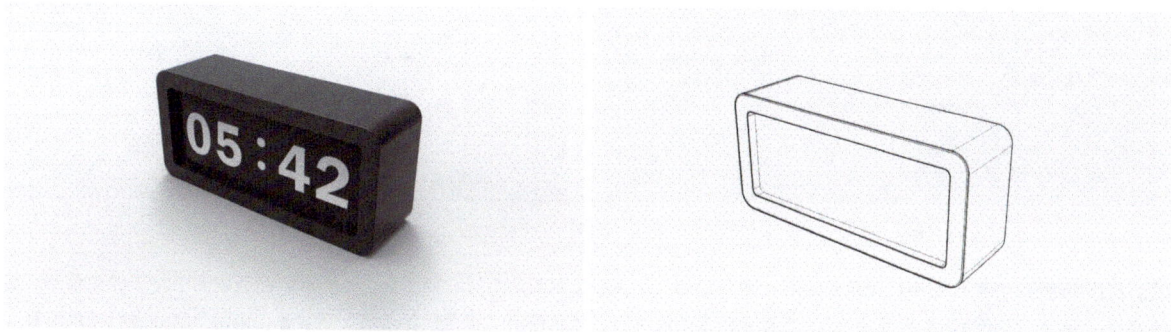

图3-179

01 制作闹钟主体 使用"矩形：圆角"工具▭绘制圆角矩形，单击"立方体：角对角、高度"工具集◿中的"挤出封闭的平面曲线" 工具◼，将曲线挤出为实体，如图3-180所示。

图3-180

> **提示** "挤出封闭的平面曲线"工具◼可以直接将封闭曲线挤出为实体，这个功能与"挤出曲面"工具◼类似，这里通过案例来介绍该工具在产品建模中的用途。同样，本例涉及的其他工具的操作方法，读者可以查阅本章相关内容，也可以观看视频。

02 单击"偏移曲线"工具⤴，将外面的曲线向内偏移，如图3-181所示；使用"曲线圆角"工具⌐，对该曲线分段进行圆角处理，如图3-182所示。

图3-181

图3-182

> **提示** 读者在此可能会疑惑为什么圆角矩形偏移出来的新图形是直角矩形。这是由于当圆角向内偏移距离较大，超过圆角缩放的最大值时，圆角就会变为直角。

03 使用"挤出封闭的平面曲线"工具⬚将前面新建的曲线挤出，如图3-183所示；使用"布尔运算差集"工具⬚，对两个实体进行差集运算，结果如图3-184所示。

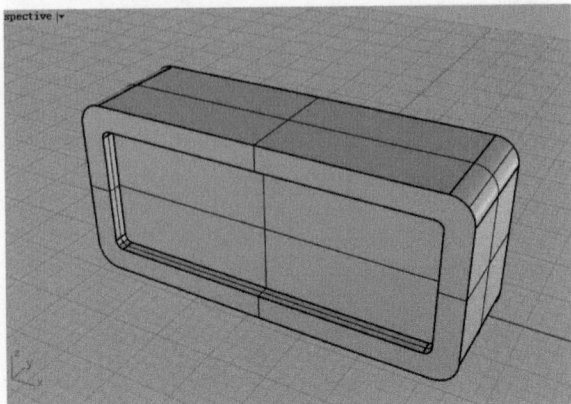

图3-183

图3-184

04 **制作电池仓** 在前视图中，使用"矩形：圆角矩形"工具⬚绘制圆角矩形，如图3-185所示；在顶视图中将该曲线移动至实体背后，使用"挤出封闭的平面曲线"工具⬚将该曲线挤出，然后使用"布尔运算差集"工具⬚，对两个实体进行差集运算，效果如图3-186所示。

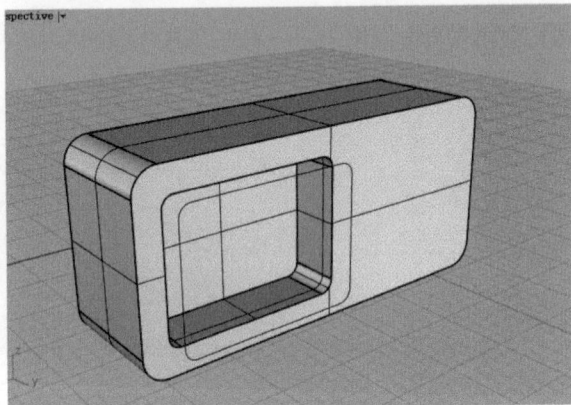

图3-185

图3-186

05 再次使用"挤出封闭的平面曲线"工具⬚，将上一步绘制的曲线挤出，如图3-187所示。

图3-187

06 使用"边缘圆角"工具⬚对挤出的实体进行边缘圆角处理，并将其移动到电池仓边缘，然后在前视图中使用"椭圆体：从中心点"工具⬚绘制椭圆体，位置如图3-188所示。

图3-188

07 单击"布尔运算差集"工具 ◎，选择闹钟主体作为要被减去的多重曲面，按Enter键确认，然后选择椭圆体作为用来减去其他物件的多重曲面，按Enter键确认，效果如图3-189所示。

08 **制作调节旋钮** 单击"圆柱体"工具 ◎，在前视图中绘制圆柱体，位置如图3-190所示；使用"边缘圆角"工具 ◎ 对其进行圆角处理，然后使用"复制"工具 ▒ 将其复制，旋钮效果如图3-191所示。

图3-189

图3-190

图3-191

09 **制作开关** 复制一个旋钮，使用"三轴缩放"工具 ◎ 将其缩放到合适的大小，并将其移动到电池仓盖旁，作为开关键，如图3-192所示。闹钟模型如图3-193和图3-194所示。

图3-192

图3-193

图3-194

3.2.5 放样

"放样"工具 ▨ 作用 通过多条断面曲线建立曲面。

"放样"工具 ▨ 位置 在"指定三或四个角建立曲面"工具集 ▨ 中。

"放样"工具 ▨ 操作 选取数条轮廓曲线，通过"放样选项"对话框建立曲面。

01 使用"控制点曲线"工具 ▨ 绘制数条封闭曲线，在顶视图和透视视图中的效果分别如图3-195和图3-196所示。

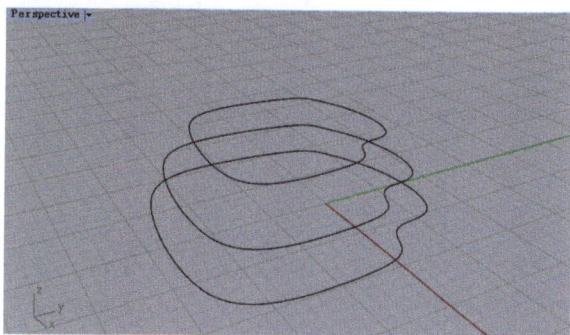

图3-195

图3-196

02 单击"放样"工具 ，依次选择所有曲线，按Enter键确认，视图中会显示曲线的接缝点，如图3-197所示；按Enter键确认，打开"放样选项"对话框，如图3-198所示；观察透视视图，如果符合预期，就单击"确定"按钮，效果如图3-199所示。

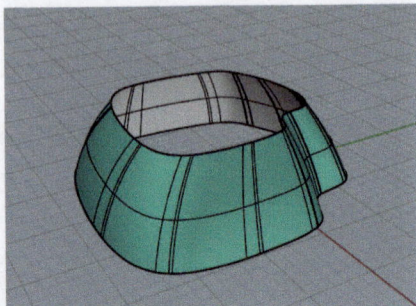

图3-197　　　　　　　　　　图3-198　　　　　　　　　　图3-199

3.2.6 嵌面

"嵌面"工具 作用 对曲线运算得到重建的近似面。

"嵌面"工具 位置 在"指定三或四个角建立曲面"工具集 中。

"嵌面"工具 操作 选取要逼近的曲线、曲面边缘等，通过"嵌面曲面选项"对话框建立曲面。

01 使用"圆柱体"工具 、"分割"工具 和"控制点曲线"工具 ，创建图3-200所示的物件。

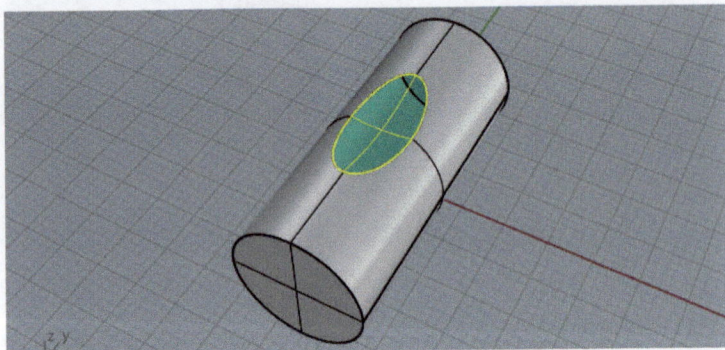

图3-200

02 单击"嵌面"工具 ，选择图3-200所示绿色部分的两条曲线和边缘曲线，按Enter键确认，打开"嵌面曲面选项"对话框；设置图3-201所示的参数，单击"预览"按钮，在透视视图中观察嵌面结果，如图3-202所示；如果符合预期，就单击"确定"按钮完成嵌面，如图3-203所示。

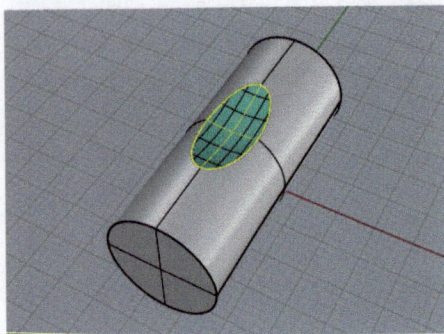
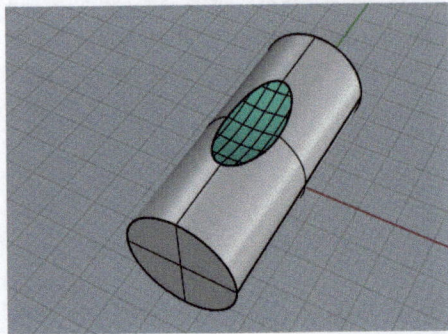

图3-201　　　　　　　　　　图3-202　　　　　　　　　　图3-203

3.2.7 直线挤出

"直线挤出"工具 🔲 **作用** 将曲线挤出，建立曲面。

"直线挤出"工具 🔲 **位置** 在"指定三或四个角建立曲面"工具集 🔲 中。

"直线挤出"工具 🔲 **操作** 选择曲线，挤出曲面。

01 使用"控制点曲线"工具 🔲 和"曲线圆角"工具 🔲 绘制"工"字形曲线，如图3-204所示。

02 单击"直线挤出"工具 🔲，选择曲线，按Enter键确认，拖曳挤出实体，如图3-205所示。

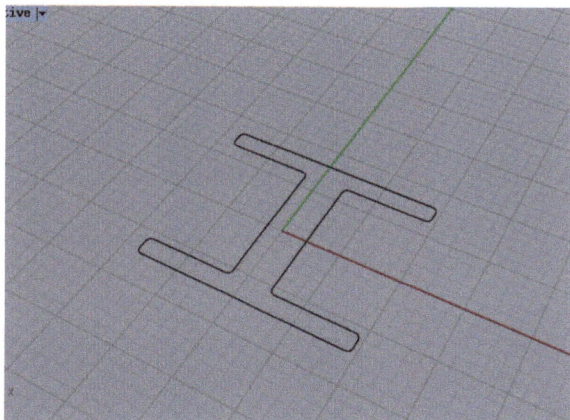

图3-204

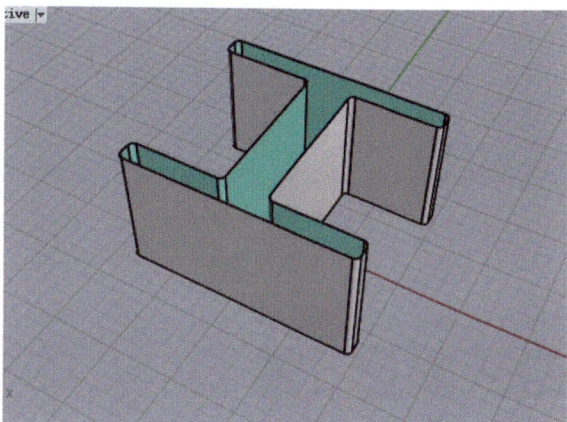

图3-205

3.2.8 单轨扫掠/双轨扫掠

"单轨扫掠"工具 🔲 **作用** 将一条或数条断面曲线沿单一路径扫掠出曲面。

"单轨扫掠"工具 🔲 **位置** 在"指定三或四个角建立曲面"工具集 🔲 中。

"单轨扫掠"工具 🔲 **操作** 选择路径，选择断面曲线，扫掠得到曲面。

01 单击"单轨扫掠"工具 🔲，依次选择路径曲线和断面曲线，按Enter键确认，观察断面曲线方向，确认无误后再次按Enter键，如图3-206所示。

02 打开"单轨扫掠选项"对话框，如图3-207所示；设置相关参数，单击"确定"按钮完成扫掠，如图3-208所示。

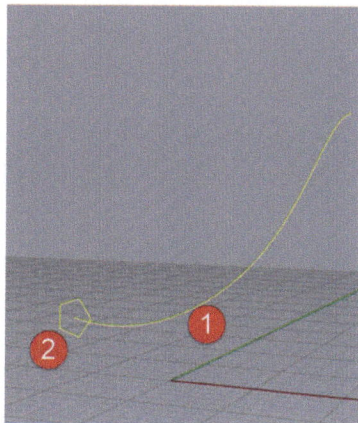

图3-206

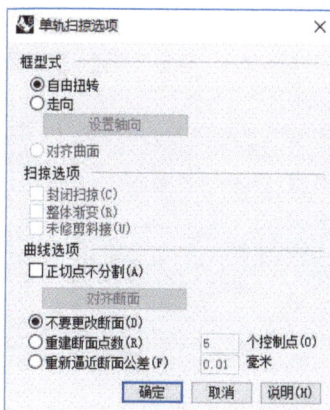

图3-207

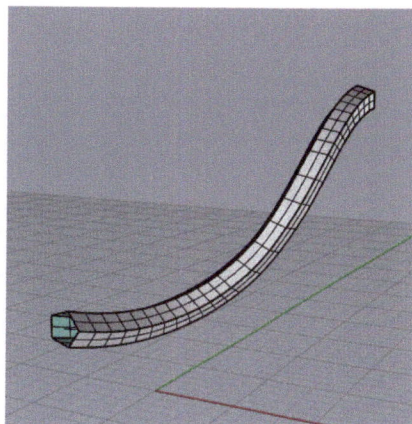

图3-208

"双轨扫掠"工具 作用 将一条或数条断面曲线沿着两条路径扫掠出曲面。

"双轨扫掠"工具 位置 在"指定三或四个角建立曲面"工具集 中。

单击"双轨扫掠"工具 ，依次选择两条路径曲线，然后选择断面曲线，按Enter键确认，观察断面曲线方向，确认无误后再次按Enter键确认，如图3-209所示。剩下的操作与"单轨扫掠"工具 相同，如图3-210所示。

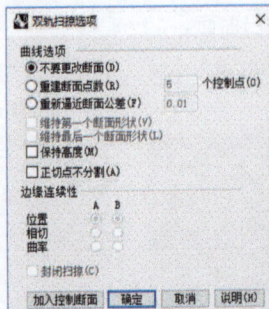
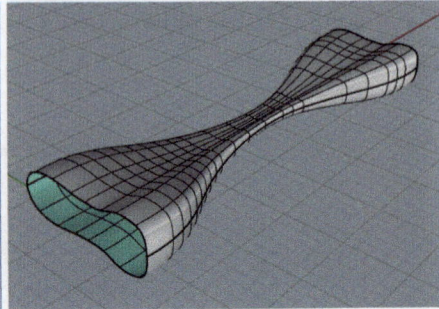

图3-209　　　　　　　　　　　　　　　　　图3-210

> **提示** "双轨扫掠"工具 比"单轨扫掠"工具 有更强的可操作性，可以创造更丰富的形态。

3.2.9 混接曲面

"混接曲面"工具 作用 混接两个曲面的边缘，创建出圆滑过渡的曲面。

"混接曲面"工具 位置 在"曲面圆角"工具集 中。

"混接曲面"工具 操作 选择两个曲面边缘，混接形成新的曲面。

01 单击"混接曲面"工具 ，依次选择要进行混接的曲面边缘，如图3-211所示。

图3-211

02 确认曲面接缝点无误，按Enter键确认，打开"调整曲面混接"对话框，如图3-212所示；此时可以在透视视图中预览混接效果，调整对话框中的两个滑块，直到混接效果达到预期，单击"确定"按钮，完成曲面混接，如图3-213所示；混接后曲面的正反面方向是不正确的，使用"反转方向"工具 将曲面反转，如图3-214所示。

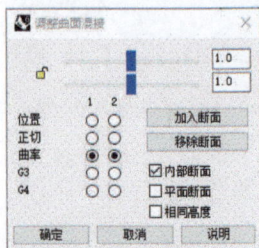
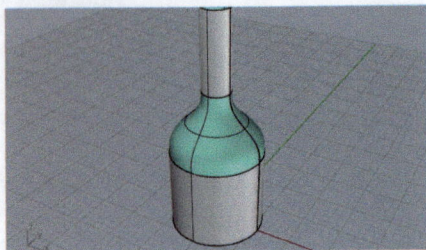
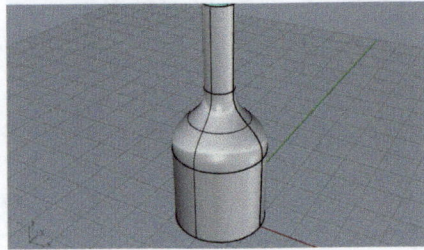

图3-212　　　　　　　　图3-213　　　　　　　　图3-214

> **提示** 在"调整曲面混接"对话框中，有"位置""正切""曲率"等多种混接连续性计算方式，读者可以通过调节滑块来调整混接效果。这个功能要多尝试，才能掌握其操作技巧。

实战：制作简易精油瓶

素材文件　无
实例文件　实例文件>CH03>实战：制作简易精油瓶.3dm
视频文件　实战：制作简易精油瓶.mp4
学习目标　掌握曲线建模的思路

精油瓶的模型效果如图3-215所示。

01 制作瓶体 单击"矩形：角对角"工具▢，在前视图中绘制矩形，如图3-216所示；使用"曲线圆角"工具↰对其右侧的上下顶点进行不同半径的圆角处理，如图3-217所示。

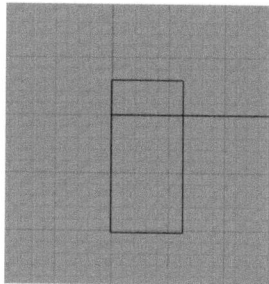
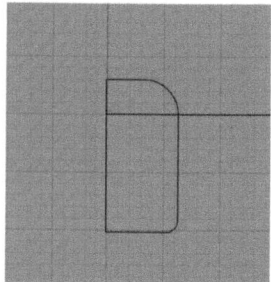

图3-215　　　　图3-216　　　　图3-217

02 使用"炸开"工具✄炸开曲线，删除左侧和底部的两条线段，使用"控制点曲线"工具✎绘制底部凹陷的曲线，如图3-218所示；单击"旋转成形"工具🖌，选择中轴线作为旋转轴，将该曲线旋转成瓶体，如图3-219所示。

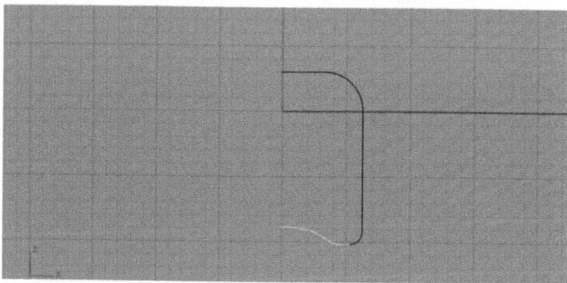
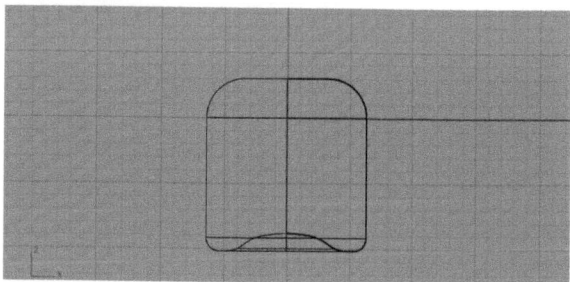

图3-218　　　　　　　　　　图3-219

03 制作瓶盖 单击"圆柱体"工具▣，在顶视图中以瓶体顶部中心点为圆柱体底部中心点，绘制圆柱体，然后在前视图中将其放置到瓶体上面，如图3-220所示；使用"圆柱体"工具▣在瓶盖与瓶体之间绘制圆柱体，将三者的中心位置居中对齐，如图3-221所示。

04 连接瓶盖和瓶体 单击"布尔运算联集"工具🗗，对底部瓶体与中部瓶口进行联集运算，然后使用"边缘圆角"工具▣对瓶盖边缘和瓶口接缝进行圆角处理，如图3-222所示。

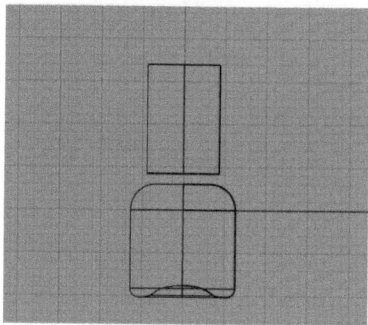
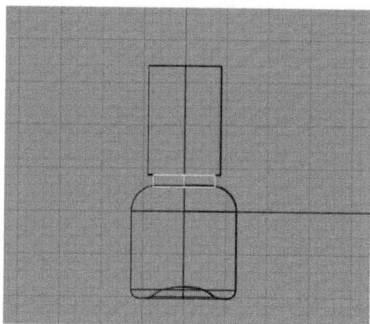
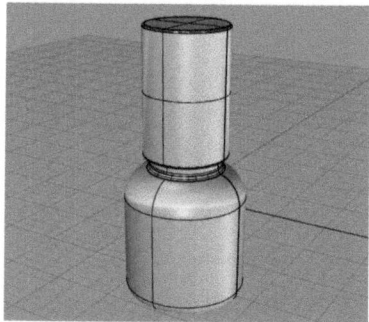

图3-220　　　　图3-221　　　　图3-222

3.2.10 偏移曲面

"偏移曲面"工具 **作用** 等距离偏移复制曲面或多重曲面。

"偏移曲面"工具 **位置** 在"曲面圆角"工具集中。

"偏移曲面"工具 **操作** 选择曲面，设置偏移方向和距离，偏移复制成新的曲面。

01 **复制曲面** 单击"偏移曲面"工具，选择一个曲面，按Enter键确认，白色箭头表示法线方向，如图3-223所示。

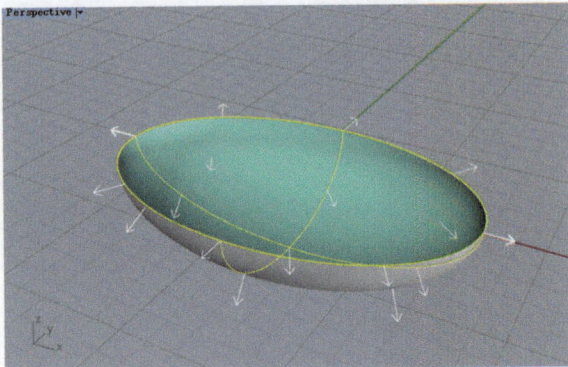

图3-223

02 单击命令栏中的"距离（D）"选项，输入0.2，设置"距离（D）=0.2"，如图3-224所示；按Enter键确认，偏移后的曲面如图3-225所示。

03 放大视角，发现曲面虽然偏移成功，但是整个物件不是实体，如图3-226所示。

指令：_OffsetSrf
正在复原 OffsetSrf
指令：_OffsetSrf
选取要反转方向的物体，按 Enter 完成（ 距离(D)=0.2 角(C)=圆角 实体(S)=否 松弛(L)=否 公差(T)=0.001 两侧(B)=否 全部反转(F) ）
指令：_OffsetSrf
选取要反转方向的物体，按 Enter 完成（ 距离(D)=0.2 角(C)=圆角 实体(S)=否 松弛(L)=否 公差(T)=0.001 两侧(B)=否 全部反转(F) ）：

图3-224

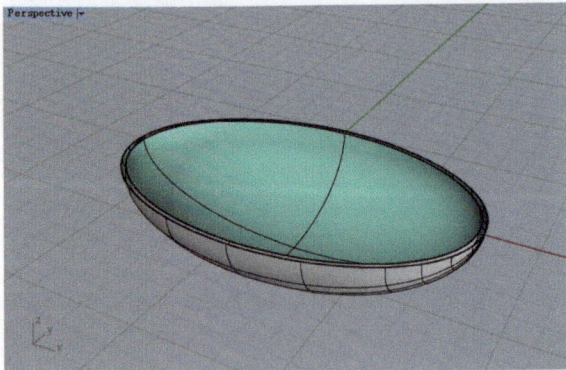

图3-225

图3-226

04 回到步骤02，在命令栏中设置"实体（S）=是"，如图3-227所示；按Enter键确认，如图3-228所示。

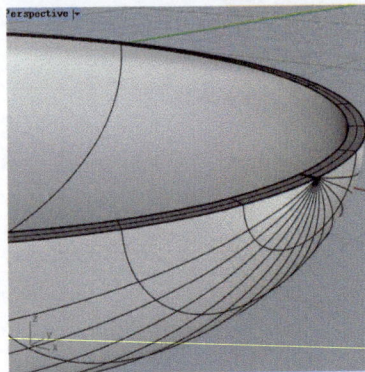

选择选项（ 最大范围(E) 选取的物件(S) 比(T) ）：_Extents
指令：_OffsetSrf
选取要偏移的曲面或多重曲面
选取要偏移的曲面或多重曲面，按 Enter 完成
选取要反转方向的物体，按 Enter 完成（ 距离(D)=0.2 角(C)=圆角 实体(S)=是 松弛(L)=否 公差(T)=0.001 两侧(B)=否 删除输入物件(I)=是 全部反转(F) ）：

图3-227

图3-228

3.2.11 重建曲面

"重建曲面"工具 作用 根据设定的阶数和控制点数重建曲面，让曲面更易于编辑；实体同理。

"重建曲面"工具 位置 在"曲面圆角"工具集 中。

"重建曲面"工具 操作 选择曲面，在"重建曲面"对话框中设置"点数"和"阶数"。

01 重建实体 单击"重建曲面"工具 ，选择实体球体，如图3-229所示；按Enter键确认，打开"重建曲面"对话框，设置重建后的点数和阶数，如图3-230所示。

02 单击"确定"按钮，得到重建曲面后的球体，如图3-231所示。

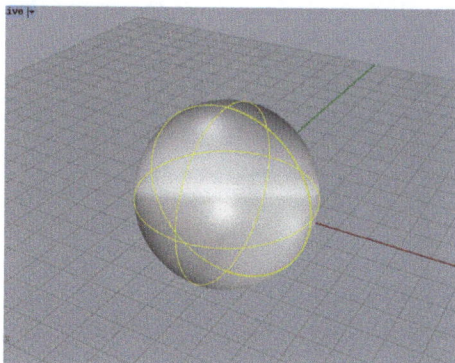

图3-229 图3-230

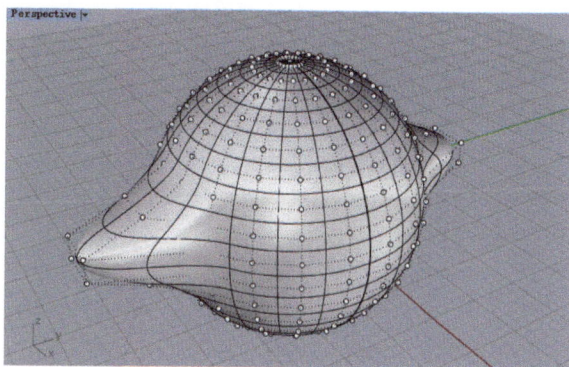

图3-231

03 重建曲面后的球体的U、V控制点数增加了，使用"显示物件控制点"工具 显示其控制点，如图3-232所示。

04 选择一些控制点，通过移动控制点对球体进行编辑，可以发现重建曲面后的物件的可编辑性提高了许多，如图3-233所示。

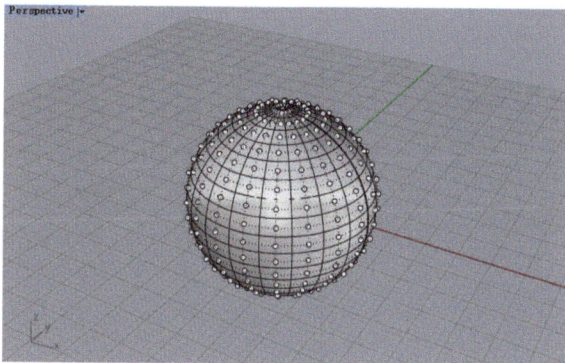

图3-232

图3-233

3.2.12 曲面圆角

"曲面圆角"工具 作用 在两个曲面之间建立半径固定的圆角曲面。

"曲面圆角"工具 位置 在"曲面圆角"工具集 中。

"曲面圆角"工具 操作 选择两个相接的曲面，设定半径大小，创建圆角。

单击"曲面圆角"工具 ，在命令栏输入圆角的半径，如图3-234所示，按Enter键确认；依次选择两个需要进行圆角操作的相接曲面，如图3-235所示，效果如图3-236所示。

指令: _Zoom
框选要缩放的范围（全部(A) 动态(D) 最大范围(E) 缩放比(F) 放大(I) 缩小(O) 选取的物件(S) 目标(T) 1比
选择选项（最大范围(E) 选取的物件(S) 1比1(T)）: _Extents
指令: FilletSrf
选取要建立圆角的第一个曲面（半径(R)=1.000 延伸(E)=是 修剪(T)=是）:

图3-234

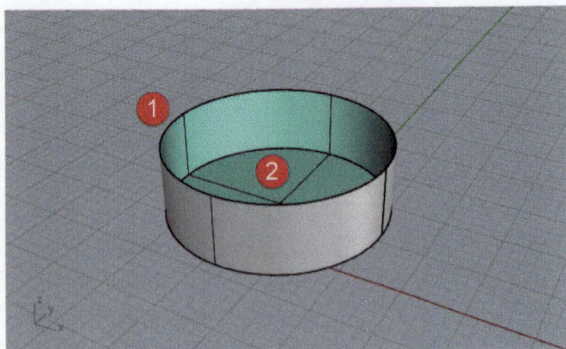

图3-235

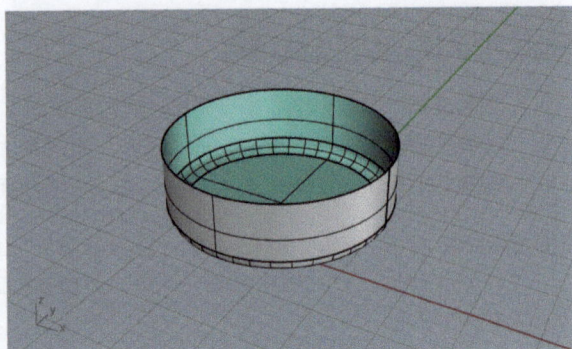

图3-236

> **提示** "曲面斜角"工具🔧的用法与"曲面圆角"工具🔧一样，这里不再赘述。

实战：制作牙膏

素材文件	无
实例文件	实例文件>CH03>实战：制作牙膏.3dm
视频文件	实战：制作牙膏.mp4
学习目标	掌握曲面建模的操作方法

牙膏的模型效果如图3-237所示。

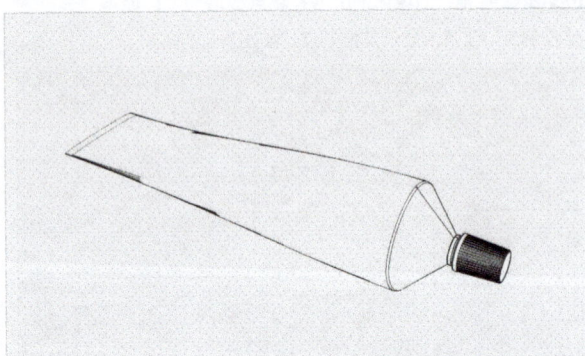

图3-237

01 制作牙膏管体 单击"圆：中心点、半径"工具⊙，在右视图中绘制圆，如图3-238所示；单击"直线挤出"工具🔧，将该曲线挤出，如图3-239所示。

图3-238

图3-239

02 单击"重建曲面"工具，选择圆管，在"重建曲面"对话框中设置"点数"，如图3-240所示；单击"确定"按钮，得到重建曲面后的圆管，然后单击"显示物件控制点"工具，显示该圆管的控制点，如图3-241所示。

图3-240

图3-241

03 在前视图中选择上下两组控制点，按住Shift键的同时将它们垂直移动，对圆管进行挤压处理，如图3-242所示，透视视图中的效果如图3-243所示。

图3-242

图3-243

04 选择末端小口的边缘，单击"直线挤出"工具挤出曲线，如图3-244所示；单击"以平面曲线建立曲面"工具，将边缘封口，如图3-245所示。

图3-244

图3-245

05 **制作牙膏管口** 单击"圆：中心点、半径"工具，以步骤01中圆的中心点为中心点绘制圆，如图3-246所示；圆的大小和位置如图3-247所示。

06 使用"直线挤出"工具挤出新绘制的曲线，如图3-248所示。

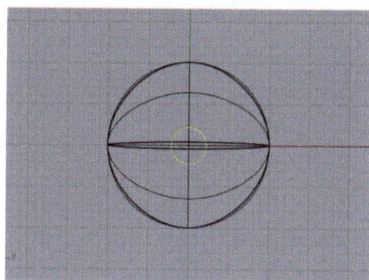

图3-246

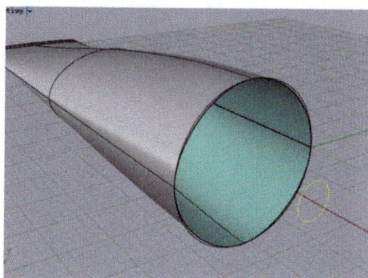

图3-247

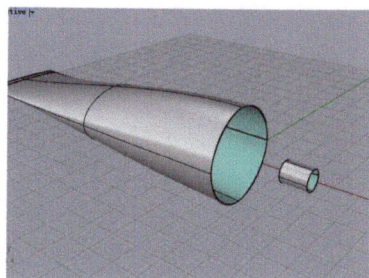

图3-248

07 使用"多重直线"工具 ∧ 在前视图中绘制图3-249所示的多重线段,单击"双轨扫掠"工具 ⬡,选择两个管口边缘作为路径,选择新绘制的多重线段作为断面曲线,如图3-250所示;按Enter键确认,曲面效果如图3-251所示。

08 单击"曲面圆角"工具 ⬡,对管体和新建的曲面边缘进行圆角处理,按Enter键确认,如图3-252所示。注意,如果出现正反面错误的情况,必须使用"反转方向"工具 ⬡ 反转曲面。

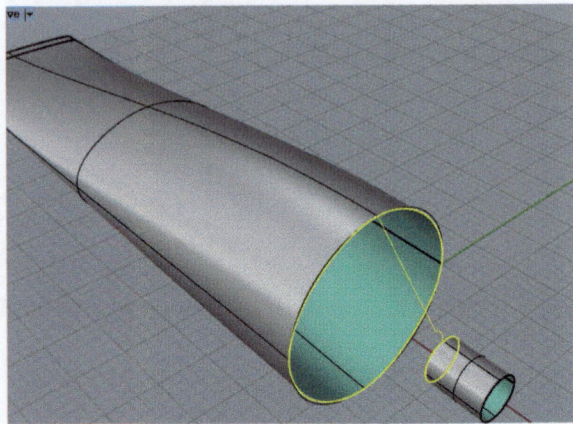

图3-249

图3-250

图3-251

图3-252

09 **制作牙膏盖帽** 单击"立方体:角对角、高度"工具集 ⬡ 中的"平顶锥体"工具 ⬡,绘制平顶锥体,大小和位置如图3-253所示;使用"边缘圆角"工具 ⬡ 对盖帽边缘进行圆角处理,如图3-254所示;整体模型效果如图3-255所示。

图3-253

图3-255

图3-254

10 **制作盖帽防滑纹** 在右视图中使用"控制点曲线"工具┗绘制图3-256所示的平面曲线；使用"立方体：角对角、高度"工具集❏中的"挤出封闭的平面曲线"工具❏挤出平面曲线，如图3-257所示。

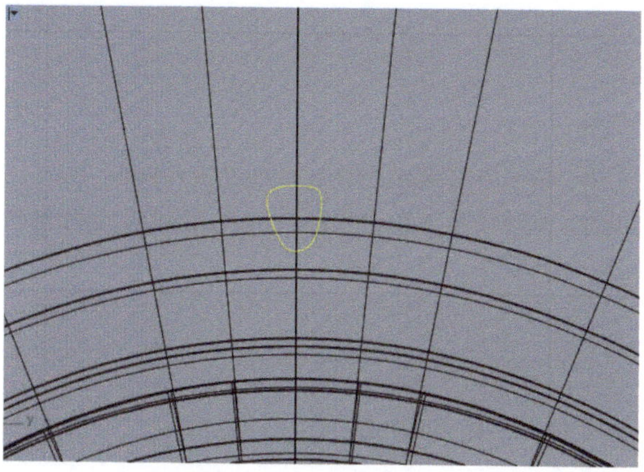

图3-256

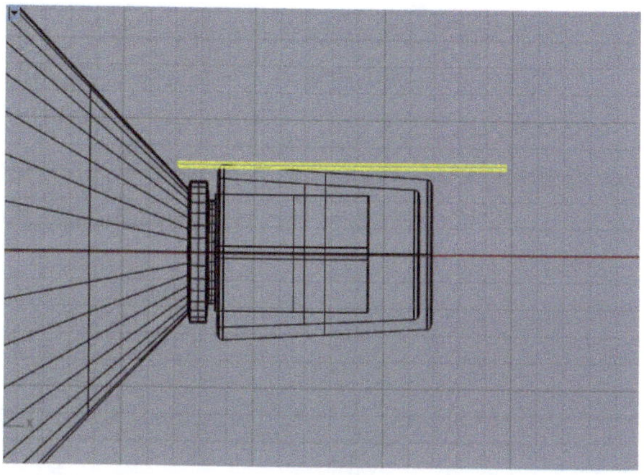

图3-257

11 使用"2D旋转/3D旋转"工具▷旋转新创建的对象，如图3-258所示。

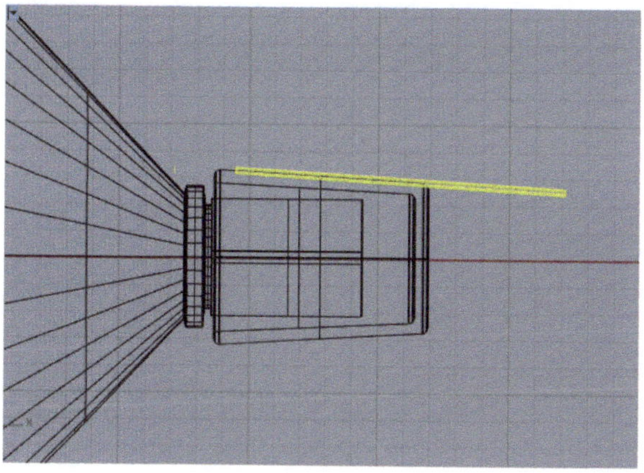

12 单击"矩形阵列"工具集▦中的"环形阵列"工具❂，选择盖帽圆心作为旋转中心，选择新建的对象作为阵列对象，在命令栏设置"阵列数"为44，如图3-259所示；按Enter键确认，效果如图3-260所示。

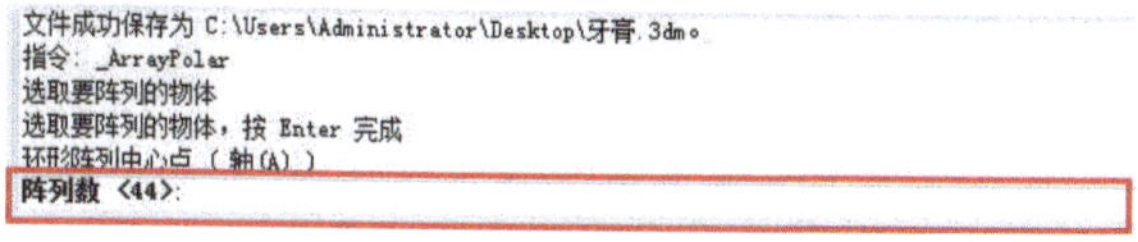

```
文件成功保存为 C:\Users\Administrator\Desktop\牙膏.3dm。
指令：_ArrayPolar
选取要阵列的物体
选取要阵列的物体，按 Enter 完成
环形阵列中心点（轴(A)）
阵列数〈44〉：
```

图3-259

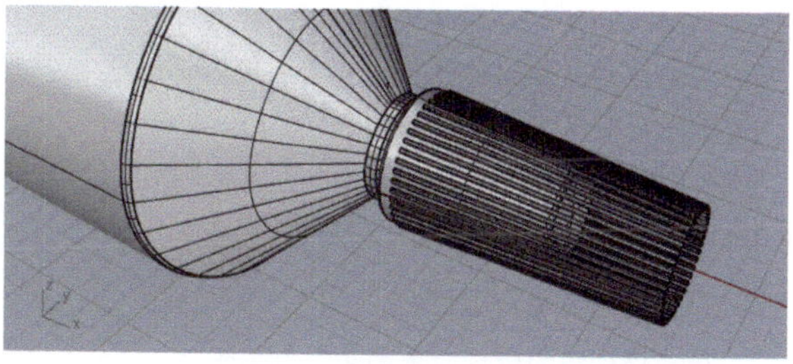

图3-258

图3-260

13 单击"布尔运算差集"工具◉，选择盖体，按Enter键确认；选择阵列后的所有物件，按Enter键确认，结果如图3-261所示；牙膏的模型效果如图3-262所示。

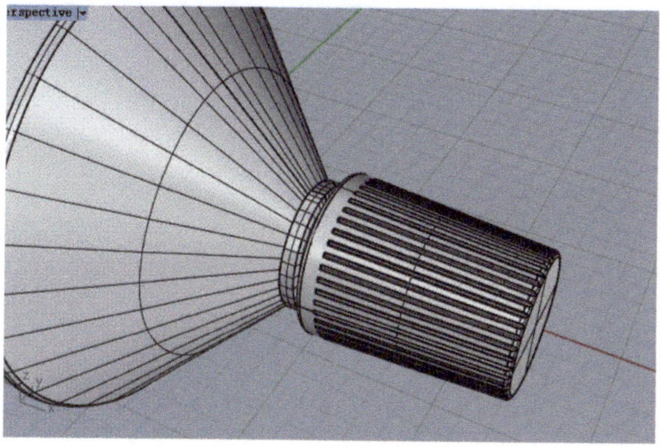

图3-261

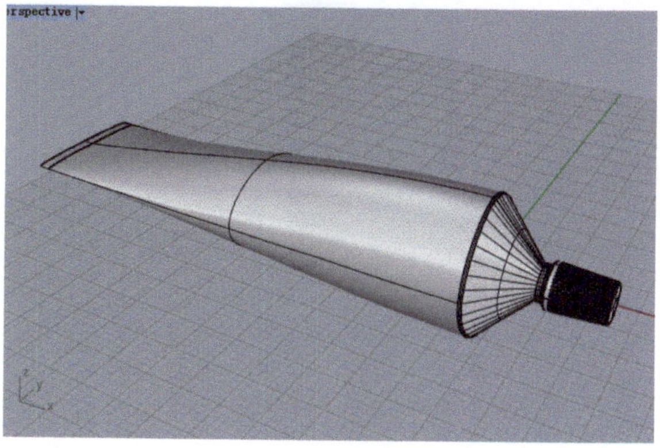

图3-262

3.2.13 反转方向

"反转方向"工具 作用 反转曲面的正反面。

"反转方向"工具 位置 在"分析方向"工具集中。

"反转方向"工具 操作 选择要进行反转的曲面,反转方向。

在建模过程中,需要时常注意建立的曲面的正反面是否正确,曲面方向错误会影响曲面的生成和编辑。另外,该工具无法反转封闭的曲面,因为封闭的曲面没有正反面的属性,如球体等。单击"反转方向"工具,选择要进行反转的曲面,按Enter键确认。曲面反转前后的效果分别如图3-263和图3-264所示。

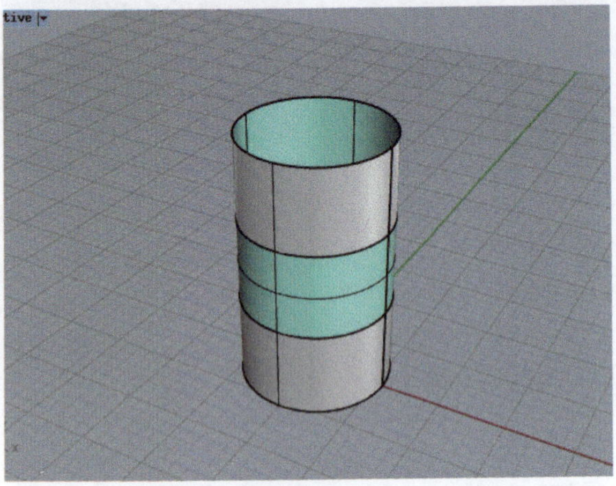

图3-263

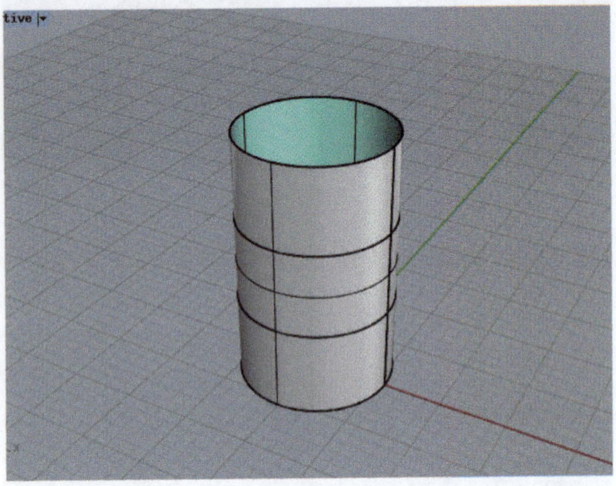

图3-264

实战:制作内六角螺丝钉

素材文件	无
实例文件	实例文件>CH03>实战:制作内六角螺丝钉.3dm
视频文件	实战:制作内六角螺丝钉.mp4
学习目标	掌握使用曲面建模创建工业模型的方法

六角螺丝钉的模型效果如图3-265所示。

图3-265

01 制作螺丝钉主体 单击"圆柱体"工具 ◉，在顶视图中绘制底面圆，如图3-266所示；然后拖曳出圆柱，如图3-267所示；整体效果如图3-268所示。

图3-266

图3-267

图3-268

02 绘制螺纹走向 单击"弹簧线"工具 ◢，在前视图中选择圆柱体顶面圆中心点作为轴的起点，选择圆柱体底面圆中心点作为轴的终点，如图3-269所示。

03 在命令栏设置"圈数"为8，使圆柱体上有8圈螺纹，如图3-270所示；选择圆柱体顶面的四分点，设置弹簧线的半径和起点，螺纹走向如图3-271所示。

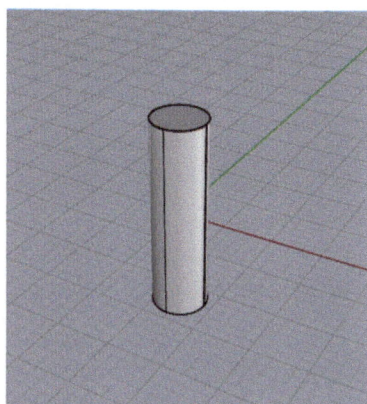

```
指令: _Helix
轴的起点（垂直(V) 环线曲线(A)）
轴的终点
半径和起点 <3.000>（直径(D) 模式(M)=圈数 圈数(T)=8 螺距(P)=2.48667 反向扭转(R)=否）：圈数
圈数 <8>: 8
```

图3-270

图3-271

图3-269

04 单击"多边形：中心点、半径"工具 ◉，在命令栏中设置"边数"为3，按Enter键确认，如图3-272所示；然后制作一个等边三角形，在前视图中选择弹簧线的起点作为三角形的中心点，按住Shift键的同时移动鼠标指针，将三角形调整至合适大小，如图3-273所示。

```
半径和起点 <3.000>（直径(D) 模式(M)=圈数 圈数(T)=6 螺距(P)=3.98187 反向扭转(R)=否）
指令: _Polygon
内接多边形中心点（边数(N)=6 模式(M)=内切 边(E) 星形(S) 垂直(V) 环线曲线(A)）：边数
边数 <5>: 3
```

图3-272

图3-273

05　制作螺纹　单击"矩形阵列"工具集▥中的"直线阵列"工具✐，设置"阵列数"为9（弹簧线圈数+1），如图3-274所示；然后选择三角形中心点为第一参考点，选择弹簧线的定点为第二参考点，按Enter键确认，如图3-275所示。

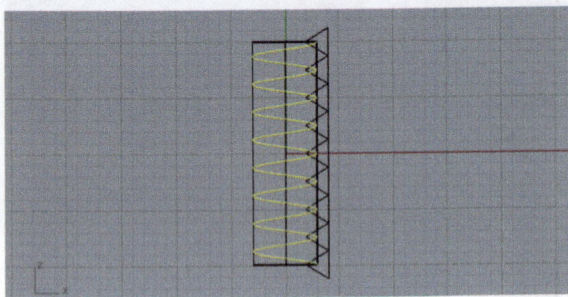

图3-274　　　　　　　　　　　　　　　　　　　图3-275

提示　这里不能直接使用一个三角形做单轨进行放样，否则容易出错。

06　单击"单轨扫掠"工具✐，选择弹簧线作为路径，如图3-276所示；选择所有的三角形作为断面曲线，如图3-277所示。

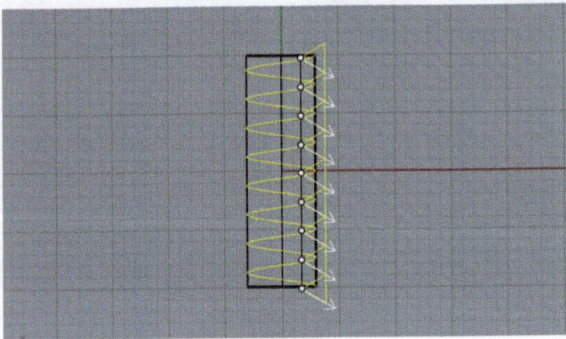

图3-276　　　　　　　　　　　　　　　　　　　图3-277

07　按Enter键确认，保证曲线接缝点的方向相同，如图3-278所示；按Enter键确认，打开"单轨扫掠选项"对话框，设置"框型式"为"走向"，如图3-279所示。

图3-278　　　　　　　　　　　　　　　　　　　图3-279

08　检查多重曲面的正反面是否错误，如果错误，就使用"反转方向"工具▥反转相关曲面；单击"布尔运算联集"工具集⚫中的"将平面洞加盖"工具⚫，选择多重曲面，按Enter键确认，如图3-280和图3-281所示。

09　单击"布尔运算差集"工具⚫，选择圆柱体作为被减去的多重曲，按Enter键确认，然后选择加盖后的多重曲面作为减去的多重曲面，按Enter键生成螺丝钉的螺纹，如图3-282所示。

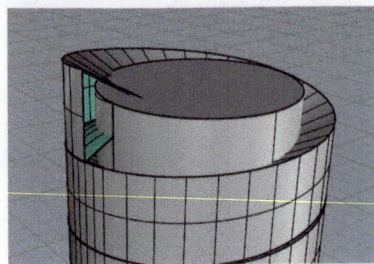

图3-280

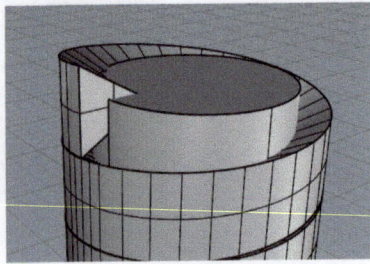

图3-281

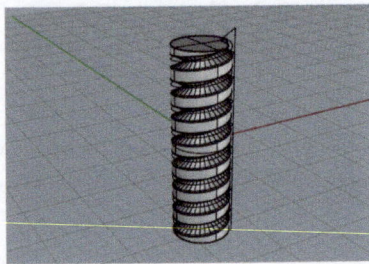

图3-282

10 **制作螺丝钉顶部** 单击"立方体：角对角、高度"工具集 🔲 中的"平顶椎体"工具 ♦ ，选择螺纹主体顶面作为椎体底面，单击确认，向上拖曳到合适的高度，单击确认，拉出顶部，如图3-283所示。

11 使用"边缘斜角"工具 ⬤ 对钉帽边缘进行倒角处理，如图3-284所示。

图3-283

图3-284

12 单击"多边形：中心点、半径"工具 ⬡ ，设置"边数"为6，如图3-285所示，在钉帽顶面绘制内六边形。

13 使用"挤出封闭的平面曲线"工具 ⬤ 挤出六边形曲面，如图3-286所示；单击"布尔运算差集"工具 ⬤ ，用钉帽减去六边形对象，如图3-287所示。

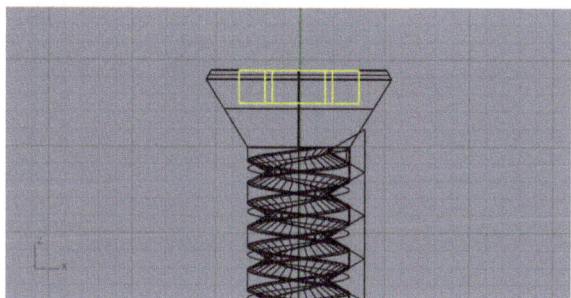

```
指令：_Polygon
内接多边形中心点（边数(N)=3 模式(M)=内切 边(E) 星形(S) 垂直(V) 环绕曲线(A)）：边数
边数 <3>: 6
内接多边形中心点（边数(N)=6 模式(M)=内切 边(E) 星形(S) 垂直(V) 环绕曲线(A)）：边数
边数 <6>: |
```

图3-285

图3-286

图3-287

14 使用"边缘圆角"工具 ⬤ 对钉帽的六边形边缘进行圆角处理，如图3-288所示，六角螺丝钉模型如图3-289所示。

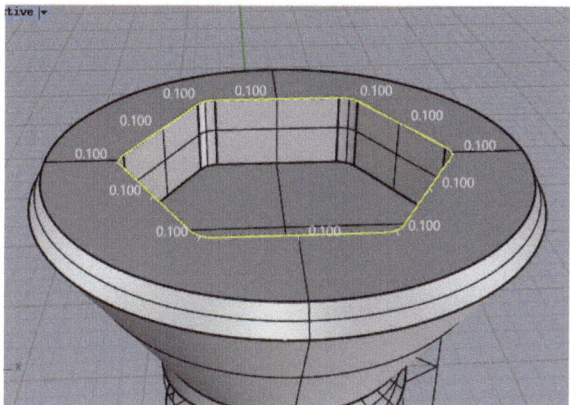

图3-288

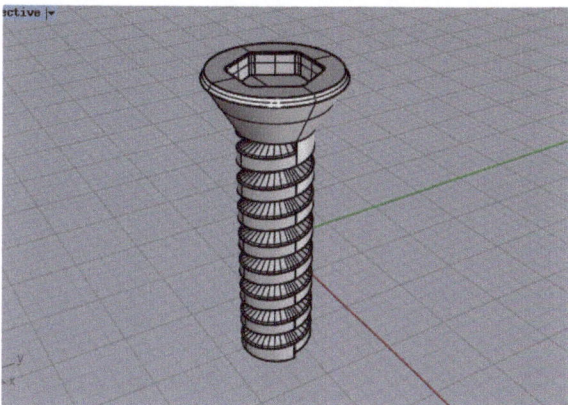

图3-289

3.2.14 旋转成形

"旋转成形"工具 📍 **作用** 用一条轮廓曲线绕着旋转轴旋转建立曲面。

"旋转成形"工具 📍 **位置** 在"指定三或四个角建立曲面"工具集🔧中。

"旋转成形"工具 📍 **操作** 选择轮廓曲线，选择旋转轴，旋转成形。

01 单击"控制点曲线"工具🔧，在前视图绘制曲线，如图3-290所示；单击"旋转成形"工具📍，选择该曲线作为要旋转的曲线，选择中心轴作为旋转轴，如图3-291所示。

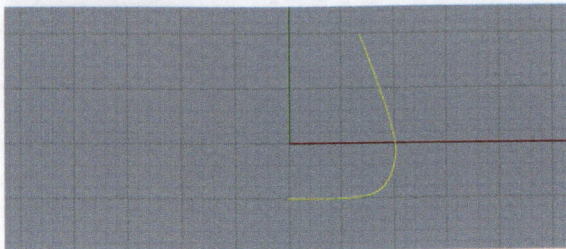

图3-290

图3-291

02 在顶视图中选择水平方向右侧位置作为旋转起点，绕轴心逆时针或顺时针拖曳鼠标指针，在透视视图中观察，效果如图3-292所示；完整旋转一周（360°）后，单击确定旋转终点，旋转成形的物件如图3-293所示。

图3-292

图3-293

实战：制作高脚杯

素材文件	素材文件>CH03>01.jpg
实例文件	实例文件>CH03>实战：制作高脚杯.3dm
视频文件	实战：制作高脚杯.mp4
学习目标	掌握使用"旋转成形"工具和绘制断面曲线的方法

高脚杯的模型效果如图3-294所示。

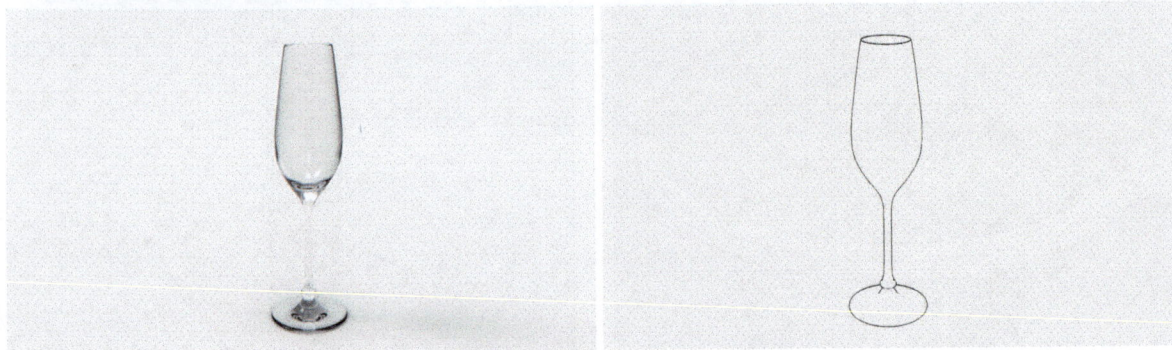

图3-294

01 将学习资源中的"素材文件>CH03>01.jpg"文件导入前视图，单击确定起点，拖曳鼠标指针将背景图调整到合适大小，如图3-295所示。

图3-295

02 单击"多重直线"工具∧，以高脚杯底面中心为起点绘制垂线，如图3-296所示。

图3-296

03 单击"控制点曲线"工具ᗡ，以高脚杯垂线底端为起点，紧贴参考图杯壁绘制曲线，如图3-297所示；整体断面曲线如图3-298所示。

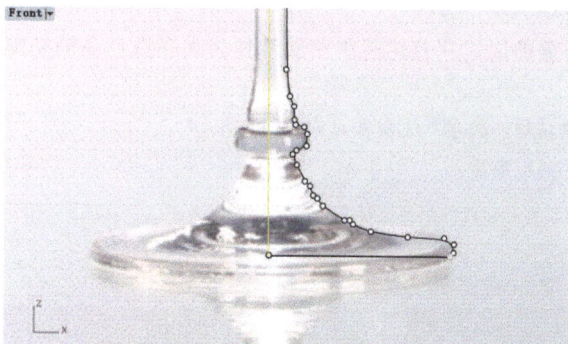

图3-297

图3-298

> **提示** 注意图片有透视，需要以底座中心为起点绘制一条直线；另外，在绘制高脚杯的一侧边缘时，要保持曲线平滑，否则后期渲染时会产生不美观的反射。

04 单击"旋转成形"工具♥，选择上述曲线作为要旋转的曲线，按Enter键确认，选择垂线的起点和终点，按Enter键确认，然后在命令栏选择"360度（U）"选项，如图3-299所示。

图3-299

05 制作完成，得到高脚杯模型，如图3-300所示，保存文件。同样的方法也可以用来制作碗具、斗状物体和各种杯具等。

图3-300

3.3 实体建模

"立方体：角对角、高度"工具集作用 建立预设实体物件。
"立方体：角对角、高度"工具集位置 在左侧工具栏中。
"立方体：角对角、高度"工具集操作 见具体工具的介绍。

在工具栏中，单击"立方体：角对角、高度"工具集的下拉按钮，如图3-301所示。弹出的列表中包含丰富的预设实体模型，常用的有"立方体：角对角、高度"工具、"圆柱体"工具、"球体：中心点、半径"工具、"圆柱管"工具、"环状体"工具、"圆管（平头盖）"工具、"圆管（圆头盖）"工具、"挤出封闭的平面曲线"工具和"挤出曲面"工具等，如图3-302所示。

图3-301　　图3-302

> **提示** "挤出曲面"工具在前面已经介绍过了，本节不再赘述。

3.3.1 创建立方体

"立方体：角对角、高度"工具作用 建立立方体多重曲面，立方体多重曲面常作为大多数产品的初始形态，如电脑机箱、打印机、投影仪等。
"立方体：角对角、高度"工具位置 在"立方体：角对角、高度"工具集中。
"立方体：角对角、高度"工具操作 确定底面矩形并拉出高度。

01 单击"立方体：角对角、高度"工具，在透视视图中单击确定矩形起点并拖曳鼠标指针拉出底面，单击确认，如图3-303所示。

02 向上拖曳鼠标指针，拉出立方体，预览到的效果如图3-304所示，单击确定高度，立方体模型如图3-305所示。

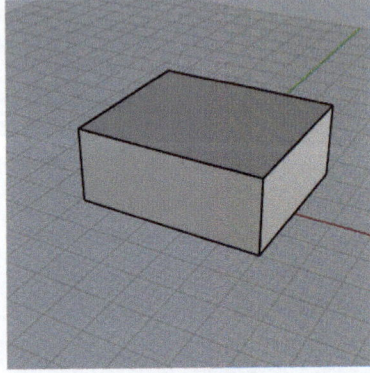

图3-303　　　　　　　　　图3-304　　　　　　　　　图3-305

3.3.2 创建圆柱体

"圆柱体"工具作用 建立圆柱体，将其作为笔、灯管等类似产品的初始对象。
"圆柱体"工具位置 在"立方体：角对角、高度"工具集中。
"圆柱体"工具操作 确定底面并拉出高度。

单击"圆柱体"工具，在透视视图中单击确定底面的中心点并拖曳鼠标指针拉出圆，如图3-306所示；单击确定半径后，向上拖曳鼠标指针，拉出圆柱体，如图3-307所示；单击确认，圆柱体模型如图3-308所示。

图3-306

图3-307

图3-308

3.3.3 创建球体

"**球体：中心点、半径**"**工具** 🔵 **作用** 创建球体，将其作为水壶、橄榄球和灯泡等形状近似球体的产品的初始对象。

"**球体：中心点、半径**"**工具** 🔵 **位置** 在"立方体：角对角、高度"工具集 🔲 中。

"**球体：中心点、半径**"**工具** 🔵 **操作** 确定球体中心点后拉出半径。

单击"球体：中心点、半径"工具 🔵，在透视视图中单击确定球体中心点，拖曳鼠标指针，如图3-309所示；单击确定半径，球体模型如图3-310所示。

图3-309

图3-310

提示 除了上述操作，还可以用"两点""三点""正切""环绕曲线""四点"或"逼近数个点"等方式来创建球体。

3.3.4 创建圆柱管

"**圆柱管**"**工具** 🔷 **作用** 创建管状模型。

"**圆柱管**"**工具** 🔷 **位置** 在"立方体：角对角、高度"工具集 🔲 中。

"**圆柱管**"**工具** 🔷 **操作** 设置空心圆半径，设置管壁厚度，设置高度。

01 单击"圆柱管"工具 🔷，在透视视图中单击确定底面圆的中心点，拖曳鼠标指针，如图3-311所示；单击确定空心圆半径，继续向内或向外拖曳鼠标指针，拉出圆柱管厚度，如图3-312所示，单击确定。

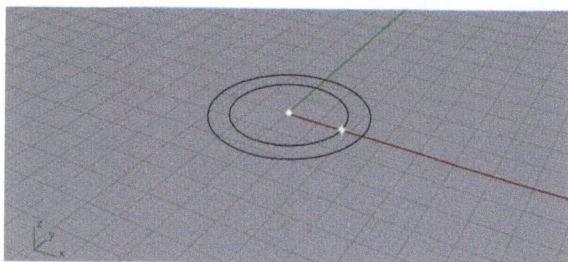

图3-311

图3-312

02 向上拖曳鼠标指针，拉出圆柱管，如图3-313所示；确认效果符合预期后，单击确认，圆柱管模型如图3-314所示。

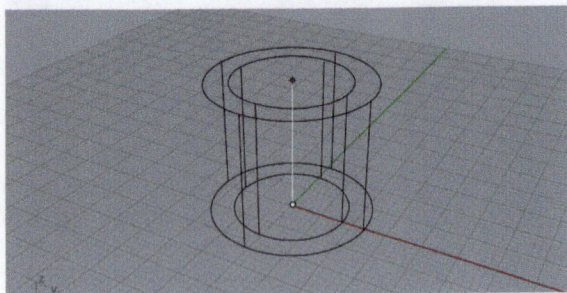

图3-313 图3-314

3.3.5 创建环状体

"环状体"工具◉作用 创建圆管环。

"环状体"工具◉位置 在"立方体：角对角、高度"工具集◎中。

"环状体"工具◉操作 指定基底圆形的中心点，指定半径，指定环状体断面的半径。

单击"环状体"工具◉，在透视图中单击确定环状体中心点，拉出圆的半径，如图3-315所示；单击确定，继续拖曳鼠标指针，拉出环状体断面的半径，如图3-316所示；单击确定，环状体模型如图3-317所示。

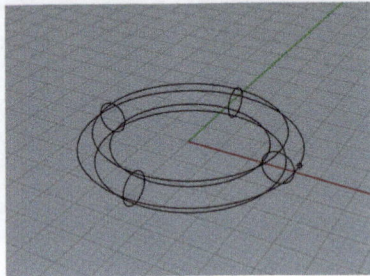 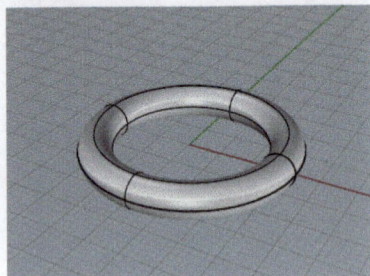

图3-315 图3-316 图3-317

3.3.6 创建圆管

"圆管（平头盖）"工具◉作用 创建带盖（封口）的圆管，将其作为扶手椅支撑杆、桌脚和各种线材管线等辅助部件的初始对象。

"圆管（平头盖）"工具◉位置 在"立方体：角对角、高度"工具集◎中。

"圆管（平头盖）"工具◉操作 选择一条曲线，指定起点半径和终点半径，在曲线上指定下一个半径或直接完成操作。

01 绘制路径曲线 使用"控制点曲线"工具绘制一条曲线，如图3-318所示。

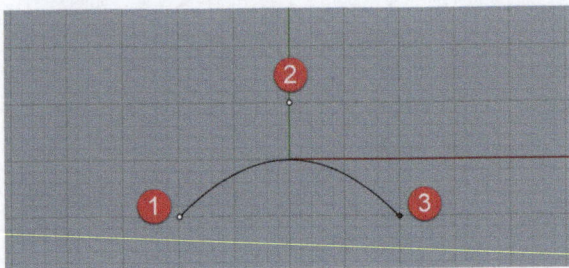

图3-318

02 设置起点封口半径 选择曲线作为路径，单击"圆管（平头盖）"工具🪣，起点的黑线是封口盖子的半径范围，如图3-319所示；拖曳鼠标指针可以调整黑线的长度，单击确认。

> **提示** 如果此时视图中未出现封口盖子的半径范围（黑线），那么可以按Enter键激活。另外，在操作的时候要多注意命令栏的提示。

图3-319

03 拖曳鼠标指针调整终点封口半径，如图3-320所示，单击确定。读者也可以在命令栏设置半径的下一点，如图3-321所示。若不设置，则按Enter键确认，圆管（平头盖）模型如图3-322所示。

图3-320

图3-321

图3-322

> **提示** "圆管（圆头盖）"工具🪣的使用方法与"圆管（平头盖）"工具🪣相同，这里不再赘述。读者在建模时根据需要选择不同的加盖方式即可。另外，在前期绘制曲线时应保证曲线平滑，避免因折线过多或角度太小造成穿模。

实战：制作简易衣架

素材文件	素材文件>CH03>02.jpg
实例文件	实例文件>CH03>实战：制作简易衣架.3dm
视频文件	实战：制作简易衣架.mp4
学习目标	掌握"圆管（圆头盖）"工具的使用方法

简易衣架的模型效果如图3-323所示。

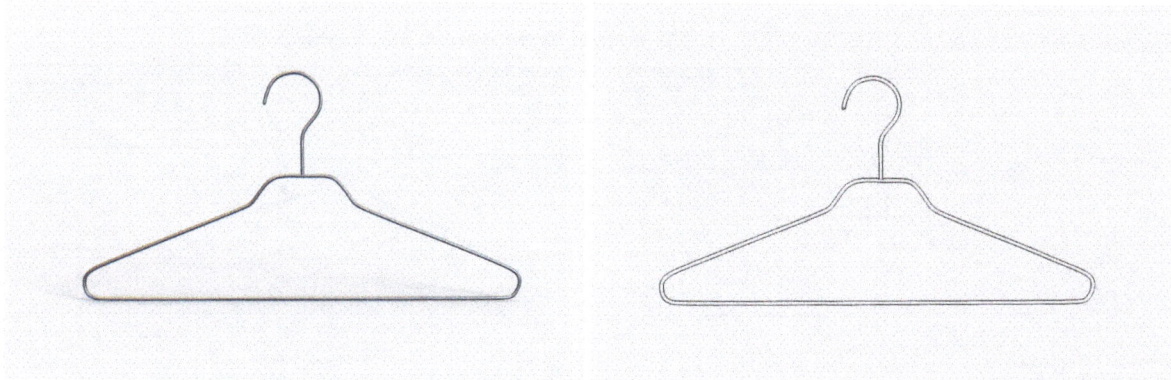

图3-323

01 将学习资源中的"素材文件>CH03>02.jpg"文件拖曳到前视
图，在"图像选项"对话框中选择"图像"选项，如图3-324所
示；单击确定图像起点，拖曳鼠标指针，拉出图片的放置区域，
如图3-325所示。

图3-324

图3-325

02 单击"控制点曲线"工具 ，在前视图中参考背景图片绘制出衣架的轮廓，如图3-326所示。这里可以将衣架挂钩和衣架框
体分开绘制，如图3-327所示。

图3-326

图3-327

03 单击"圆管（圆头盖）"工具 ，选择挂钩部分作为路
径，在命令栏设置圆管的"起点半径"为0.15，如图3-328所
示；直接按Enter键，使终点半径与起点半径一致，挂钩模型如
图3-329所示。

图3-328

图3-329

04 继续用同样的方法建立衣架框体部分的模型，如图3-330所示，最终衣架模型如图3-331所示。

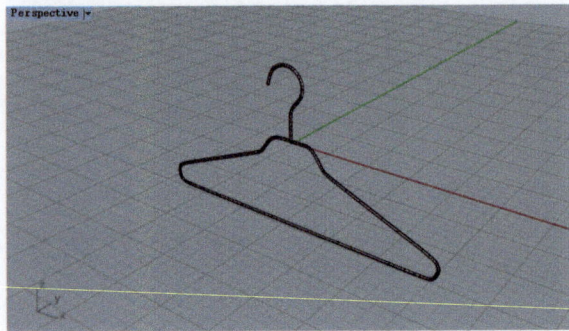

图3-330

图3-331

3.3.7 挤出封闭的平面曲线

"挤出封闭的平面曲线"工具🔲作用 将平面曲线挤出为实体。

"挤出封闭的平面曲线"工具🔲位置 在"立方体：角对角、高度"工具集🔲中。

"挤出封闭的平面曲线"工具🔲操作 选择封闭的平面曲线，挤出高度。

01 创建封闭曲线 使用"控制点曲线"工具🔲在顶视图中创建一条封闭曲线（起点和终点重合），如图3-332所示。

02 挤出实体 单击"挤出封闭的平面曲线"工具🔲，选择上一步创建的曲线作为路径，曲线进入选中状态，如图3-333所示。

图3-332

图3-333

03 按Enter键确认，在命令栏设置"挤出长度"为3，如图3-334所示，实体效果如图3-335所示。

```
选取要挤出的曲线
选取要挤出的曲线, 按 Enter 完成
挤出长度 < 3 >  ( 方向(D)  两侧(B)=否  实体(S)=是  删除输入物件(L)=否  至边界(T)  分割正切点(F)=否  设定基准点(A) ): _Solid=_Yes
挤出长度 < 3 >  ( 方向(D)  两侧(B)=否  实体(S)=是  删除输入物件(L)=否  至边界(T)  分割正切点(F)=否  设定基准点(A) ): 3
```

图3-334

图3-335

提示 在挤出的过程中，拖曳鼠标指针可以预览挤出效果，如果发现挤出方向与预期不符，可以在命令栏选择"方向（D）"选项，如图3-336所示；然后在视图中单击确定方向基准点，按住Shift键的同时拖曳鼠标指针，拉出基准线，单击确定第2点，两点组成的线的方向就是挤出方向，如图3-337和图3-338所示。

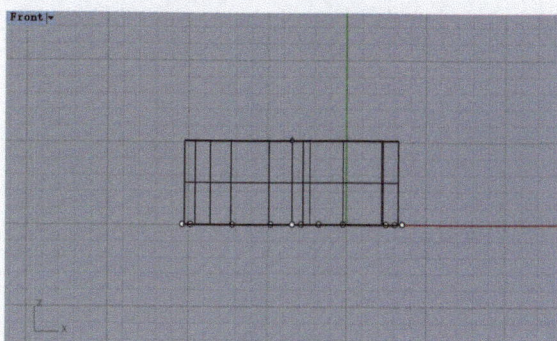

```
指令: _ExtrudeCrv
指令: _Pause
挤出长度 < 3 >  ( 方向(D)  两侧(B)=否  实体(S)=是  删除输入物件(L)=否  至边界(T)  分割正切点(F)=否  设定基准点(A) ): _Solid=_Yes
挤出长度 < 3 >  ( 方向(D)  两侧(B)=否  实体(S)=是  删除输入物件(L)=否  至边界(T)  分割正切点(F)=否  设定基准点(A) ): 1
```

图3-336

图3-337

图3-338

3.3.8 边缘斜角/边缘圆角

"**边缘斜角**" **工具** ● **作用** 将多重曲面的某一个边缘倒出锋利的斜角，常用于制作棱角分明的产品。

"**边缘斜角**" **工具** ● **位置** 在 "布尔运算联集" 工具集 ● 中。

"**边缘斜角**" **工具** ● **操作** 输入斜角值，选择边缘进行倒角。

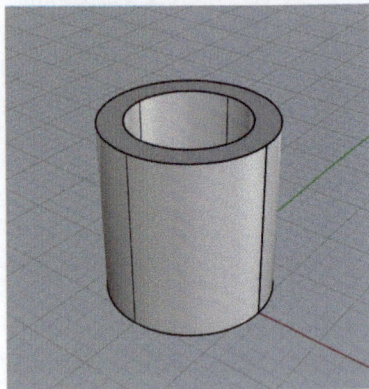

图3-339

01 创建倒角对象 使用 "圆柱管" 工具 ● 绘制一个圆柱管，如图3-339所示。

02 外部倒角 单击 "边缘斜角" 工具 ● ，在命令栏输入斜角数据，如图3-340所示；选择圆柱管顶面的外边缘，如图3-341所示；按两次Enter键确认，带斜角的圆柱管如图3-342所示。

```
正在叠度 ChamferEdge
指令: _ChamferEdge
选取要建立斜角的边缘（显示斜角距离(S)=是 下一个斜角距离(N)=1 连锁边缘(C) 面的边缘(F) 预览(P)=否 上次选取的边缘(N) 编辑(E)）
选取要建立斜角的边缘，按 Enter 完成（显示斜角距离(S)=是 下一个斜角距离(N)=1 连锁边缘(C) 面的边缘(F) 预览(P)=否 编辑(E)）
指令: _ChamferEdge
选取要建立斜角的边缘（显示斜角距离(S)=是 下一个斜角距离(N)=1 连锁边缘(C) 面的边缘(F) 预览(P)=否 上次选取的边缘(N) 编辑(E)）: 1
```

图3-340

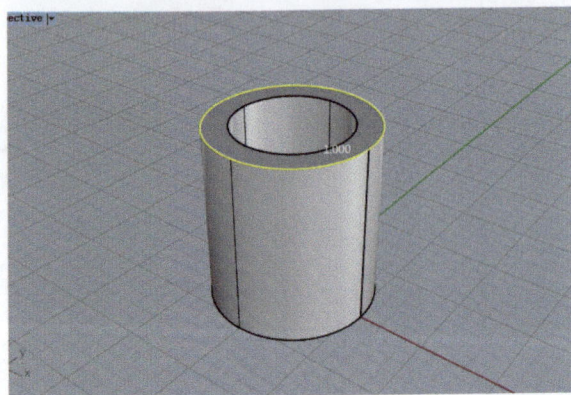

图3-341

图3-342

03 内部倒角 如果对圆柱管顶面的内边缘倒斜角，会产生不一样的结果。选择该圆柱管顶面的内边缘，如图3-343所示，执行与上一步相同的操作，模型效果如图3-344所示。

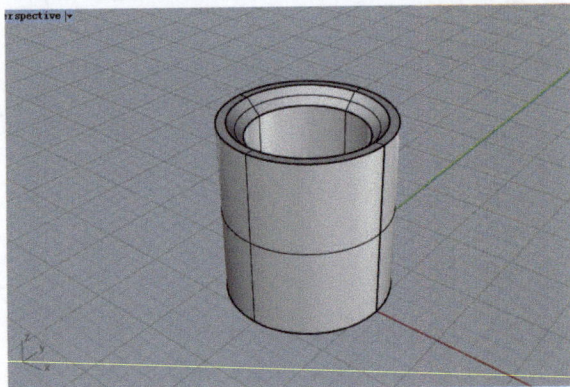

图3-343

图3-344

"边缘圆角"工具 🔘 **作用** 与"边缘斜角"工具 🔘 相比，"边缘圆角"工具 🔘 的使用频率更高，其主要用于制作边缘圆滑的物件。给模型增加圆角不仅更符合实际使用情况，在后期渲染中，合理的圆角还会反射更多的环境光，形成边缘高光，让模型更精致、更具有观赏性。

01 创建圆角对象 使用"立方体：角对角、高度" 工具 🔘 创建一个立方体模型，如图3-345所示。

02 外部圆角 单击"边缘圆角"工具 🔘，在命令栏输入圆角的半径数据，如图3-346所示；选择立方体的4个竖边，如图3-347所示；按两次Enter键确认，圆角效果如图3-348所示。

图3-345

```
工作中... 按 Esc 取消
正在建立网格... 按 Esc 取消
指令: _Undo
正在复原 FilletEdge
指令:   FilletEdge
选取要建立圆角的边缘（显示半径(S)=否  下一个半径(N)=1  连锁边缘(C)  面的边缘(E)  预览(P)=否  上次选取的边缘(U)  编辑(E)）: 1
```

图3-346

图3-347

图3-348

03 内部圆角 创建一个立方体和一个圆柱体，使其部分重叠，如图3-349所示；单击"布尔运算差集"工具 🔘，选择圆柱体，按Enter键确认，然后选择立方体，按Enter键确认，差集运算后的模型如图3-350所示。

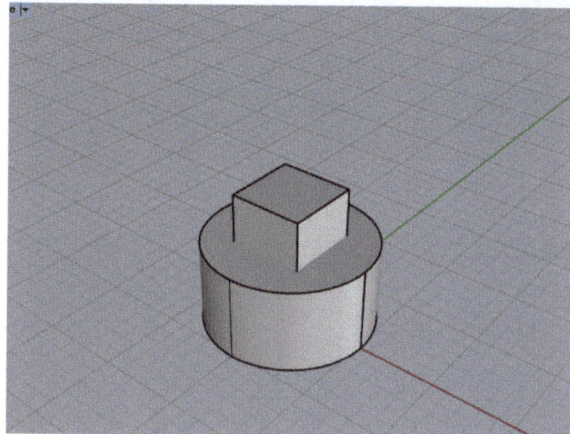

图3-349

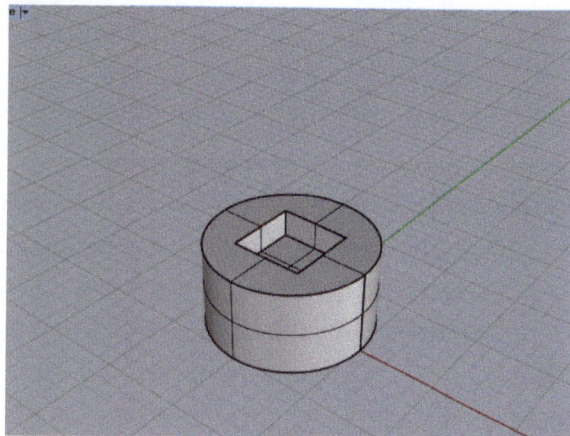

图3-350

04 单击"边缘圆角"工具，在命令栏输入圆角的半径数据，按Enter键确认，如图3-351所示；选中凹槽内的4条竖边，如图3-352所示；按Enter键确认，效果如图3-353所示。

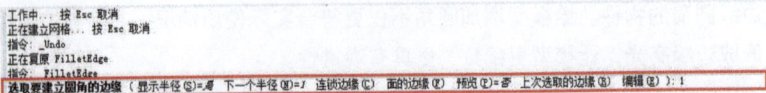

工作中… 按 Esc 取消
正在建立网格… 按 Esc 取消
指令: _Undo
正在复原 FilletEdge
指令: _FilletEdge
选取要建立圆角的边缘（显示半径(S)=4 下一个半径(N)=1 连锁边缘(C) 面的边缘(E) 预览(P)=否 上次选取的边缘(R) 编辑(E) ）: 1

图3-351

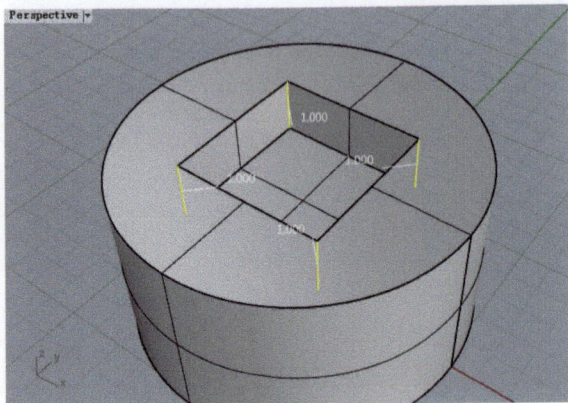

图3-352

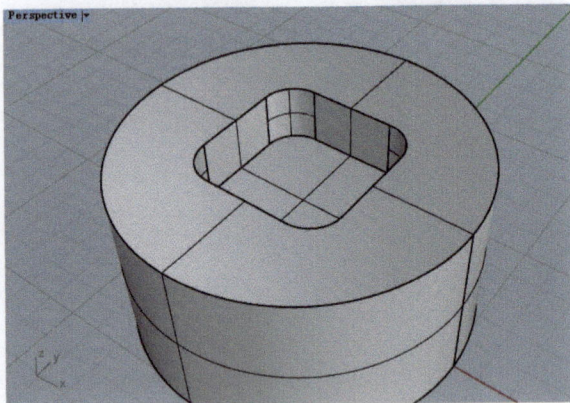

图3-353

提示 在对模型进行倒斜角或圆角处理时，会出现失败的情况，即破角，如图3-354所示。倒角失败的原因有很多，例如没有整体选取边缘、倒角过大甚至超过模型最大弯折角度、两个倒角重合等。

要避免出现破角的问题，就需要在建模过程中有实体和整体倒角的概念，尽量做到整体倒角。另外，在分步倒角的时候，要遵循"先大后小"（先倒大角，再倒小角）的原则，且倒角半径不能超过倒角物体的最小夹角之间的距离，正确的倒角效果如图3-355所示。

图3-354

图3-355

3.3.9 抽离曲面/将平面洞加盖

"抽离曲面"工具 作用 复制或分离多重曲面中的特定曲面。

"抽离曲面"工具 位置 在"布尔运算联集"工具集 中。

"抽离曲面"工具 操作 选中多重曲面中的一个曲面，按Enter键确认抽离。

01 使用"立方体：角对角、高度"工具 绘制一个正方体，如图3-356所示。

02 单击"抽离曲面"工具 ，选择立方体的顶面，如图3-357所示；按Enter键确认，该曲面即被单独抽离出来，该立方体也由实体转换为多重曲面，如图3-358所示；移动该曲面，如图3-359所示。

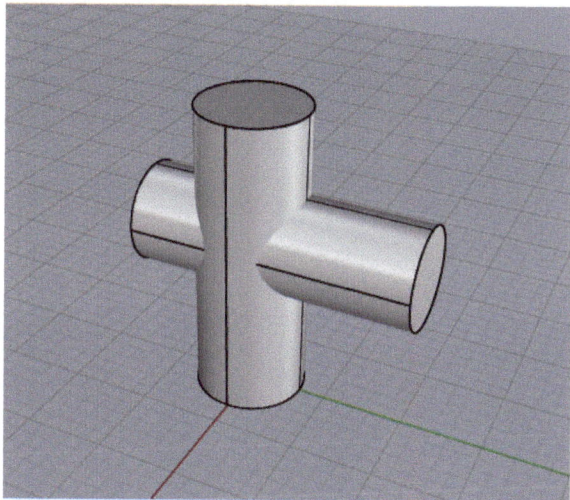

图3-356　　　　　　图3-357　　　　　　图3-358　　　　　　图3-359

"将平面洞加盖"工具 ⚙ 和**"抽离曲面"工具** ⬚ 是两个功能完全相反的工具。

01 使用"圆柱体"工具 📦 分别绘制两个不同方向的圆柱体，如图3-360所示；单击"布尔运算联集"工具 🔵，将两个圆柱体合并为一个实体，如图3-361所示；单击"炸开"工具 💥，选择实体，按Enter键确认，将其炸开，如图3-362所示。

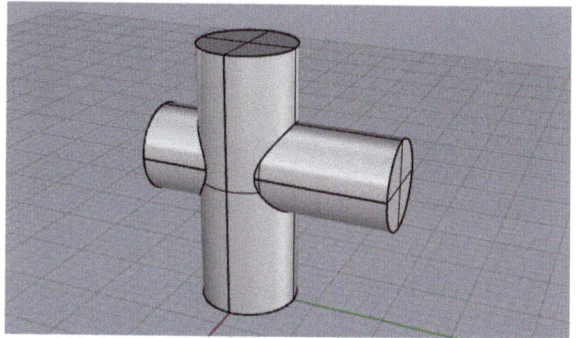

图3-361

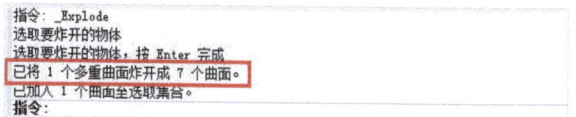

图3-360

```
指令: _Explode
选取要炸开的物体
选取要炸开的物体, 按 Enter 完成
已将 1 个多重曲面炸开成 7 个曲面。
已加入 1 个曲面至选取集合。
指令:
```

图3-362

02 将顶面圆删除，移动其他曲面，保留演示用的圆柱体部分，如图3-363所示；单击"将平面洞加盖"工具 ⚙，选择圆柱体部分，按Enter键确认，只有顶部的圆被加盖，侧面的不规则曲面则没有加盖，如图3-364所示。这是因为"将平面洞加盖"工具仅对平面上的洞有效。

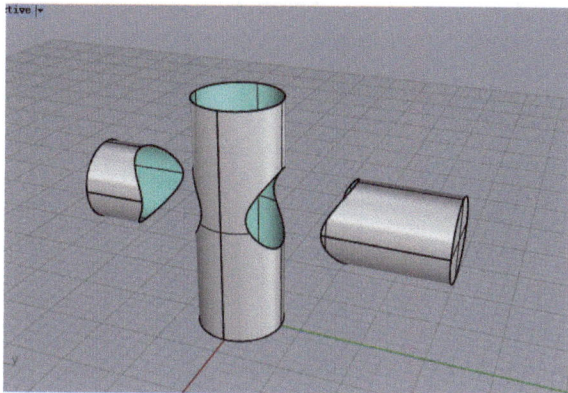

图3-363

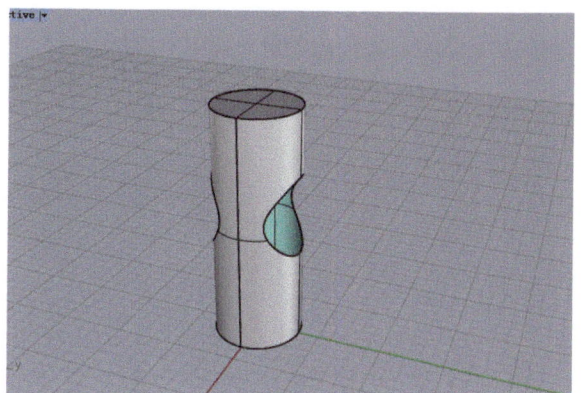

图3-364

3.3.10 布尔运算联集/布尔运算差集

"布尔运算联集"工具 作用 减去选取的多重曲面交集部分，并将非交集的部分组合成为一个多重曲面。

"布尔运算差集"工具 作用 以一组多重曲面减去另一组多重曲面和它的交集部分。

"布尔运算联集"工具 /"布尔运算差集"工具 位置 在"布尔运算联集"工具集 中。

"布尔运算联集"工具 /"布尔运算差集"工具 操作 参考制作充电台模型的具体操作步骤。

01 创建底座 使用"矩形：圆角矩形"工具 在顶视图中绘制一个圆角矩形，如图3-365所示；使用"挤出封闭的平面曲线"工具 为矩形挤出高度，如图3-366所示。

图3-365	图3-366

02 创建充电槽 使用"圆柱体"工具 在顶视图中绘制一个圆柱体，并将圆柱体调整至合适的位置，如图3-367所示。

03 单击"布尔运算差集"工具 ，选择底部的圆角方体作为被减去的多重曲面，按Enter键确认，如图3-368所示；选择顶部的圆柱体作为要减去的多重曲面，如图3-369所示；按Enter键确认，差集处理后的实体如图3-370所示。

图3-367	图3-368

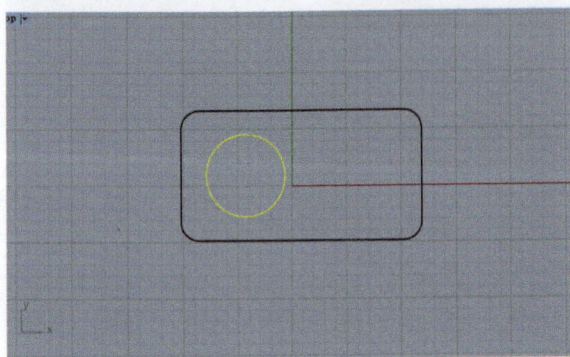

图3-369

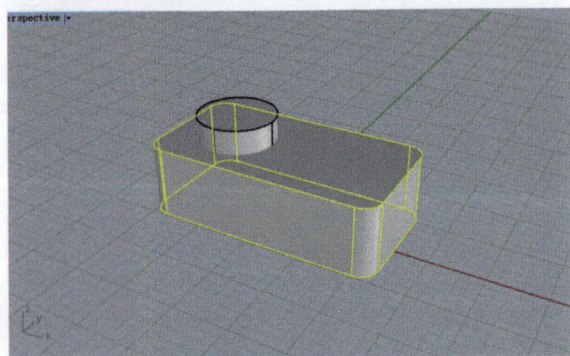

图3-370

04 **创建充电桩** 单击"立方体：角对角、高度"工具集📦中的"平顶锥体"工具🔺，选择该充电槽底面的圆心作为锥体的底面中心，拖曳鼠标指针，拉出锥体的底面圆，如图3-371所示。

05 切换到右视图，拖曳鼠标指针，单击确定锥体高度，如图3-372所示；继续拖曳鼠标指针，拉出锥体顶面圆的直径，使其比底面圆的直径略小，如图3-373所示；在透视视图中检查其与充电槽的位置关系，如图3-374所示。

图3-371

图3-372

图3-373

图3-374

06 单击"布尔运算联集"工具💠，选中底座和平顶锥体，如图3-375所示；按Enter键确认，得到联集后的实体如图3-376所示。

图3-375

图3-376

07 使用"布尔运算联集"工具💠处理过的实体，可以直接进行编辑。单击"边缘圆角"工具⚫，选择锥体底面圆的边缘，如图3-377所示；在命令栏中输入圆角数据，按Enter键确认，得到圆滑的边缘，最终充电台模型如图3-378所示。

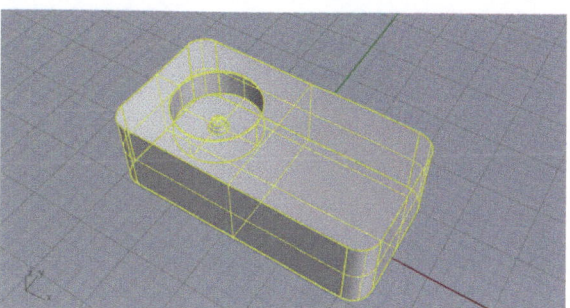

图3-377

图3-378

实战：制作便携酒壶

素材文件	无
实例文件	实例文件>CH03>实战：制作便携酒壶.3dm
视频文件	实战：制作便携酒壶.mp4
学习目标	掌握实体建模的综合运用技法

便携酒壶的模型效果如图3-379所示。

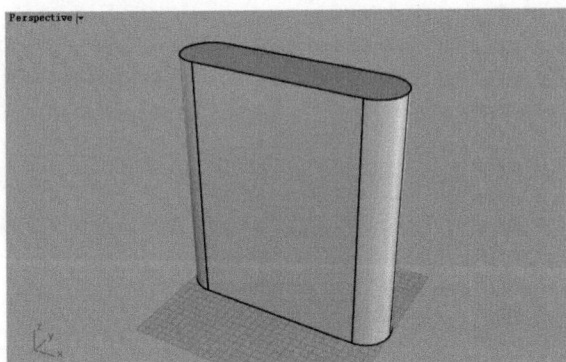

图3-379

01 制作壶体 使用"圆角矩形"工具 ▢ 在顶视图中绘制圆角矩形，如图3-380所示；单击"挤出封闭的平面曲线"工具 ▣，将该曲线挤出，如图3-381所示。

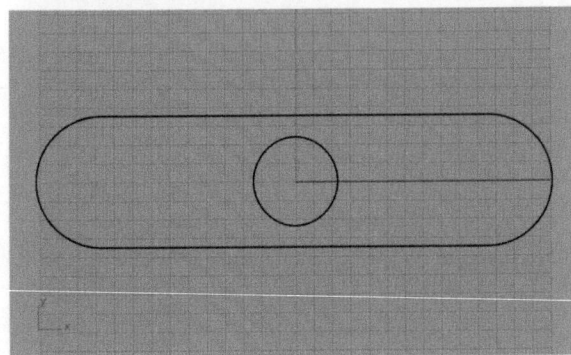

图3-380

图3-381

02 制作壶嘴 使用"圆柱体"工具 ▣ 在顶视图中绘制圆柱体，如图3-382所示；调整圆柱体位置到挤出的壶体上，其在透视视图中的位置如图3-383所示。

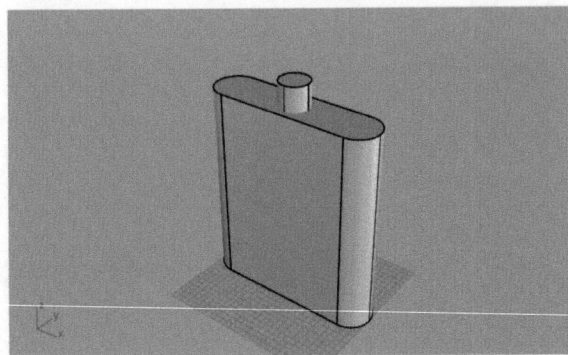

图3-382

图3-383

03 **制作壶盖** 使用"圆柱管"工具 █ 在圆柱体上绘制管状体，如图3-384所示；使用"圆柱体"工具 █ 在管状体上绘制圆柱体，如图3-385所示。

图3-384

图3-385

04 使用"控制点曲线"工具 █ ，在右视图中选择壶盖顶部四分点作为曲线起点，在顶部中心上方位置单击得到第二点，选取顶部圆上与四分点相对的点作为终点，如图3-386所示，其在透视视图中的位置如图3-387所示。

图3-386

图3-387

05 单击"旋转成形"工具 █ ，对上一步绘制的曲线进行旋转成形操作，如图3-388所示；使用"圆柱管"工具 █ 绘制壶盖底部隔挡，如图3-389所示。

06 **制作壶盖和壶体间的连接件** 使用"圆柱管"工具 █ 绘制壶盖套环，如图3-390所示。

图3-388

图3-389

图3-390

07 使用"立方体：角对角、高度"工具 █ 在壶盖和壶体之间绘制连接件，并调整位置，如图3-391所示。

08 这里出现了连接件和套环之间形状不匹配的情况。复制一个套环，单击"布尔运算差集" █ 工具，用立方体减去复制的套环，使连接件与套环无缝衔接，如图3-392所示。

09 **制作连接件转轴** 单击"圆柱体"工具 █ ，绘制一个高度与连接件宽度匹配的圆柱体，并调整其位置，如图3-393所示。

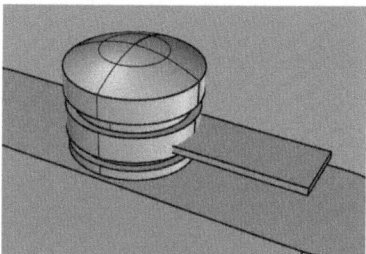

图3-391

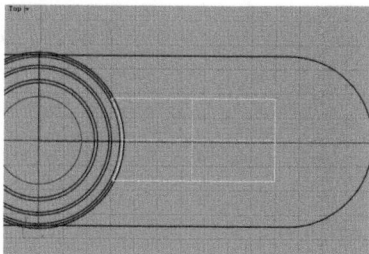

图3-392

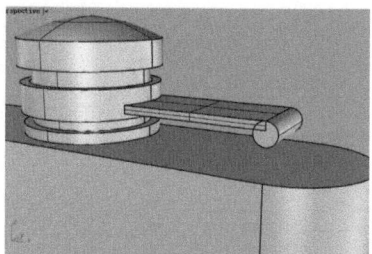

图3-393

10 使用"立方体：角对角、高度"工具 绘制转轴与壶体的连接件，如图3-394所示；在前视图中调整连接件和壶盖、壶体之间的位置关系，如图3-395所示，在透视视图中的效果如图3-396所示。

图3-394

图3-395

图3-396

11 **制作壶体弯曲造型** 单击"变动"选项卡中的"弯曲"工具 ，在顶视图中选择壶体作为要弯曲的物件，按Enter键确认，选择壶体左部顶点作为骨干起点，选择右部顶点作为骨干终点，如图3-397所示；拖曳鼠标指针，弯曲壶体，如图3-398所示。

图3-397

图3-398

12 通过"旋转"工具 和"移动"工具 ，将壶体移动到合适的位置，如图3-399所示。通过"旋转"工具 ，将连接件旋转至合适位置，如图3-400所示。

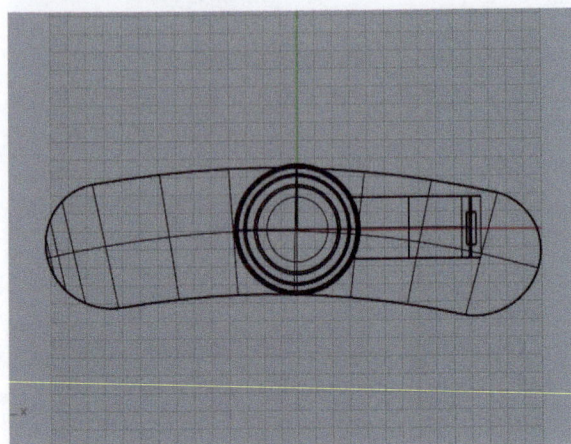

图3-399

图3-400

13 边缘细节处理 使用"边缘圆角"工具 ● 和"边缘斜角"工具 ● 处理壶盖、壶体、连接件的边缘，如图3-401所示，模型效果如图3-402所示。

图3-401

图3-402

3.3.11 布尔运算交集/布尔运算分割

"布尔运算交集"工具 ● 作用 减去两组多重曲面的非交集部分。

"布尔运算交集"工具 ● 位置 在"布尔运算联集"工具集 ● 中。

"布尔运算交集"工具 ● 操作 选中一组相交物件，按Enter键确认。

选中相交的两个实体，如图3-403所示，单击"布尔运算交集"工具 ● ，按Enter键确认，两个实体相交的部分被保留，如图3-404所示。

图3-403

图3-404

"布尔运算分割"工具 ● 作用 从A物件中分离出A物件与B物件相交的部分，并以相交部分创建另一个物件。

单击"布尔运算分割"工具 ● ，选择圆柱体作为要分割的物件，如图3-405所示；按Enter键确认，然后选择球体作为分割用物件，如图3-406所示；按Enter键确认分割，如图3-407所示。

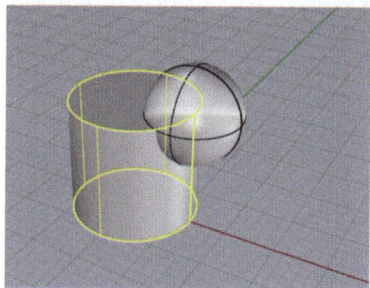

图3-405

图3-406

图3-407

提示 为了便于观察，这里移动了球体的位置。

3.3.12 将面移动/挤出面

"将面移动"工具 ✍ **作用** 移动多重曲面的面，使相邻的曲面伴随调整。

"挤出面"工具 ◈ **作用** 以多重曲面的某一个面为基准挤出实体。

"将面移动"工具 ✍ **/"挤出面"工具** ◈ **位置** 在"布尔运算联集"工具集◈中。

"将面移动"工具 ✍ **/"挤出面"工具** ◈ **操作** 见具体操作步骤。

01 这里仍以3.3.8小节的物件为例。单击"将面移动"工具✍，选择矩形孔的底面，按Enter键确认，如图3-408所示；在右视图中选择曲面中点作为移动的起点，如图3-409所示。

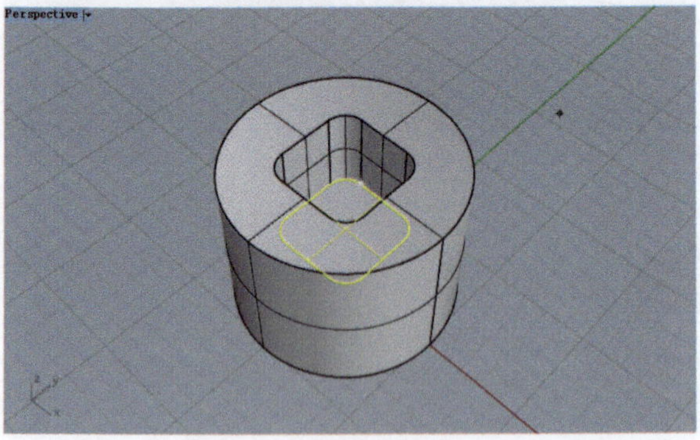

图3-408

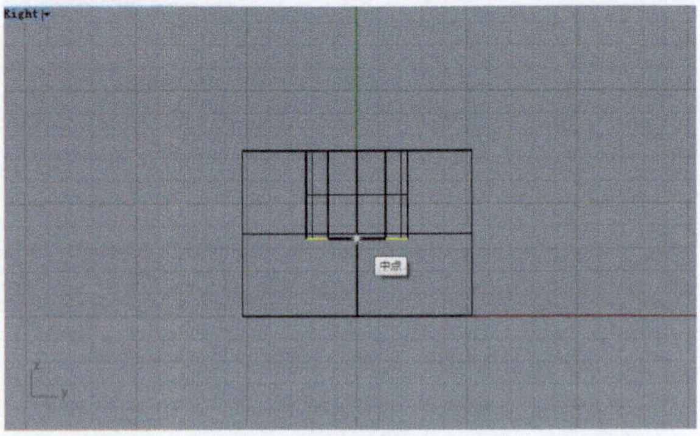

图3-409

02 按住Shift键，垂直向上移动曲面，单击确认移动的终点，如图3-410所示，移动底面后的效果如图3-411所示。

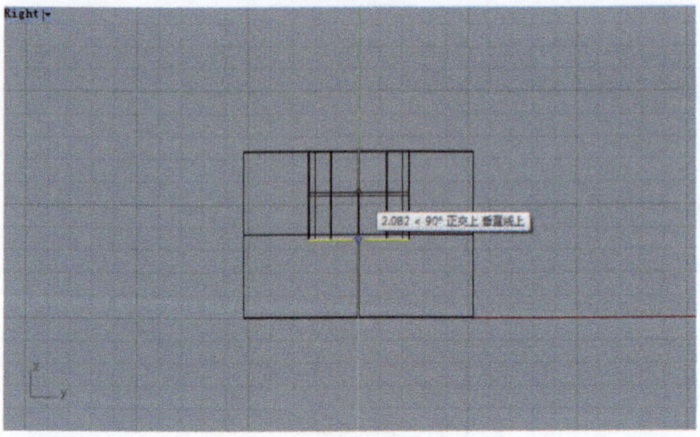

图3-410

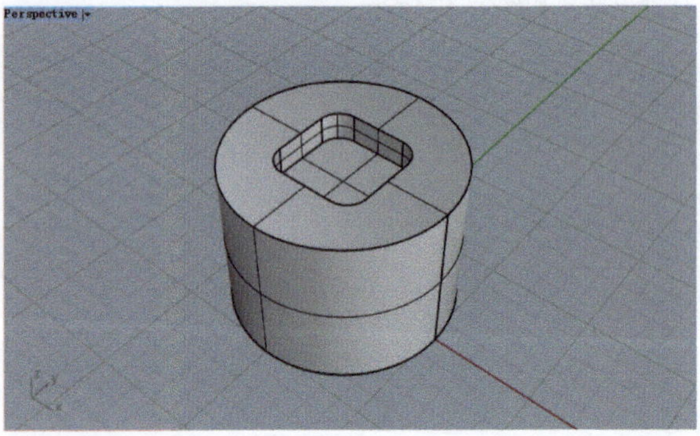

图3-411

03 这里用一个例子展示"将面移动"工具✍和"挤出面"工具◈的区别。使用"平顶锥体"工具◈创建一个平顶锥体，如图3-412所示；单击"将面移动"工具✍，选择平顶锥体的顶面，按Enter键确认，如图3-413所示。

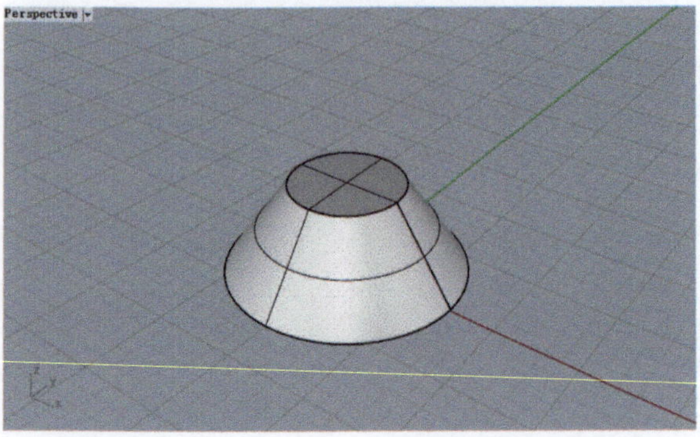

图3-412

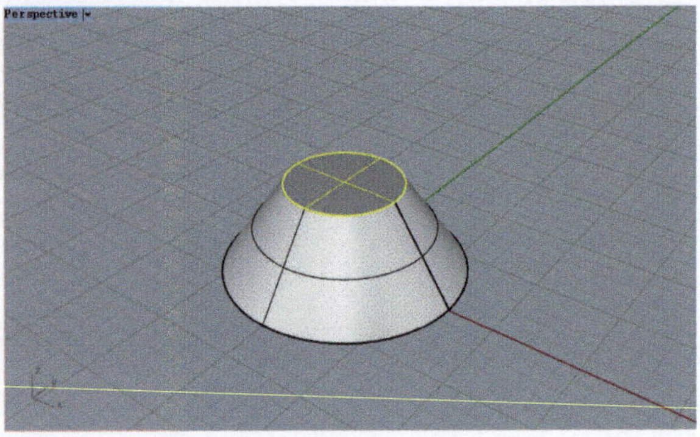

图3-413

04 选择平顶锥体顶面中点作为移动起点，在右视图中按住Shift键并向下拖曳鼠标指针，如图3-414所示；单击确定移动终点，移动顶面后的效果如图3-415所示。

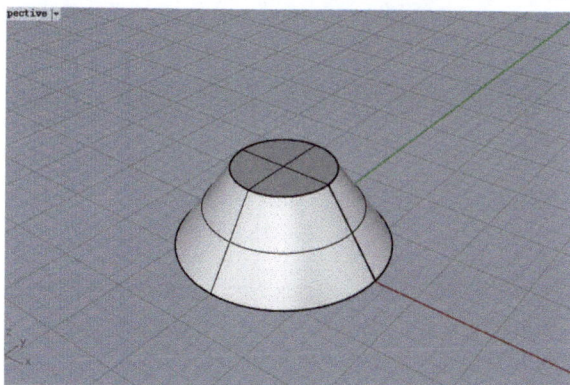

图3-414

图3-415

> **提示** 此时，整个模型都被压扁了，这是"将面移动"工具📌的作用，即改变物体形状。

05 如果使用"挤出面"工具📌，将会得到完全不一样的结果。单击"平顶锥体"工具📌，创建一个平顶锥体，如图3-416所示；单击"挤出面"工具📌，选择平顶锥体的顶面，按Enter键确认，如图3-417所示。

图3-416

图3-417

06 选择平顶锥体顶面中点作为移动起点，在右视图中按住Shift键并向下拖曳鼠标指针，如图3-418所示；单击确定移动终点，移动顶面后的效果如图3-419所示。

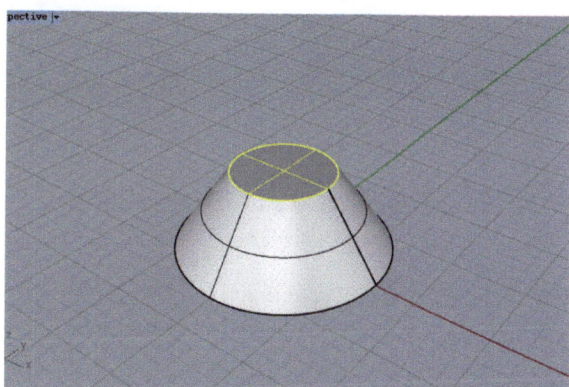

图3-418

图3-419

> **提示** 此时，模型的外形轮廓没有改变，但内部被顶面"挤出"了一个洞。

3.3.13 线切割

"线切割"工具 ⊘ **作用** 对物体进行垂直方向的切割。

"线切割"工具 ⊘ **位置** 在"布尔运算联集"工具集 ⊘ 中。

"线切割"工具 ⊘ **操作** 选取封闭或开放的曲线，切割多重曲面。

01 使用"立方体：角对角、高度"工具 ⊘ 绘制作为切割料的模型，如图3-420所示；单击"控制点曲线"工具 ⟁，在顶视图中绘制作为切割参考的曲线，如图3-421所示。

> **提示** 如果这里绘制的是封闭曲线，那么在后续操作中会减少一次对切割厚度的选择。

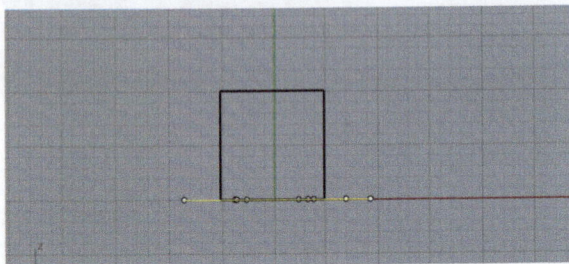

图3-420

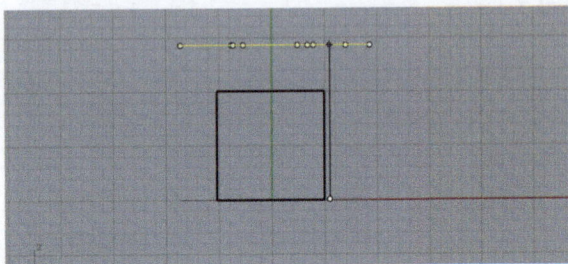

图3-421

02 绘制的曲线默认是贴于地面的，从前视图中可以看出其与立方体的位置关系，如图3-422所示。因为要从上往下切割，所以移动曲线到立方体的上方，如图3-423所示。

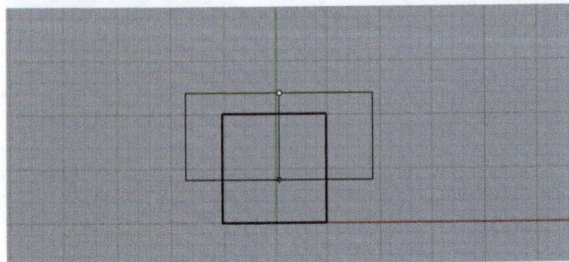

图3-422

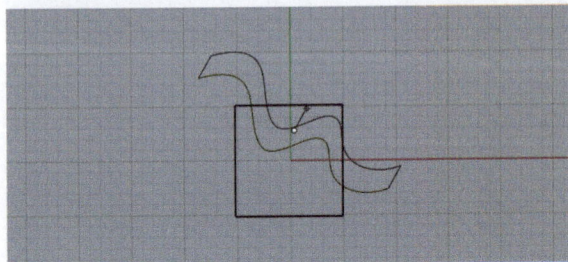

图3-423

03 单击"线切割"工具 ⊘，选择曲线作为切割用曲线，选择立方体作为切割对象，按Enter键确认，在前视图中向下拖曳鼠标指针，拉出切割深度，如图3-424所示；在顶视图中拖曳鼠标指针，沿曲线垂直线拉出第二切割深度（厚度），如图3-425所示。

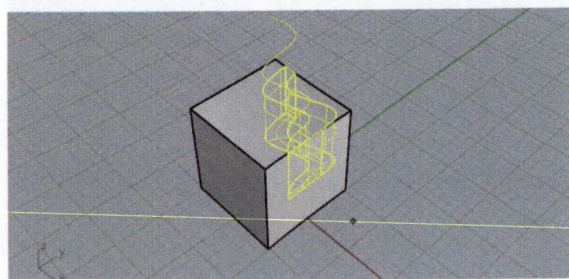

图3-424

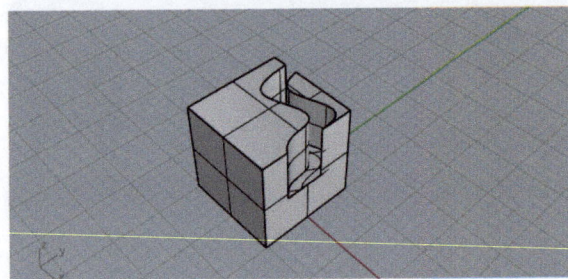

图3-425

04 按Enter键确定第二切割深度，此时会出现预览效果，如图3-426所示；按Enter键确认，切割后的模型如图3-427所示。

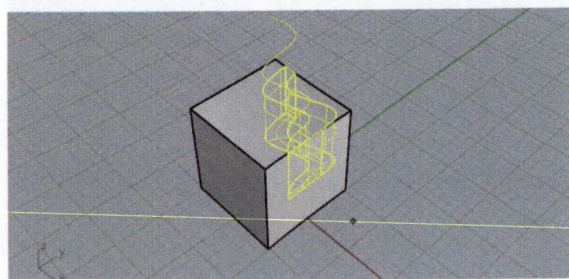

图3-426

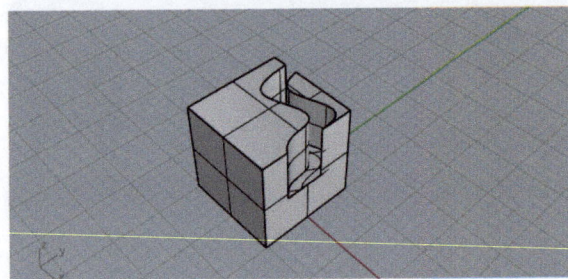

图3-427

3.4 建模辅助工具

本节将介绍辅助建模工具，这些工具的使用频率非常高，贯穿了产品建模的整个流程。学会合理地使用这些工具，可以让建模工作事半功倍。

3.4.1 修剪/分割

"修剪"工具⊿**作用** 使用一个物件修剪另一个物件。

"修剪"工具⊿**位置** 在左侧工具栏中。

"修剪"工具⊿**操作** 选取切割用物件，选择另一个物件作为被修剪的物件。

01 单击"修剪"工具⊿，选择切割用物件（单条曲线或多条曲线均可），如图3-428所示；按Enter键确认，选择被修剪的物件，如图3-429所示；曲线被修剪，按Enter键确认，如图3-430所示。

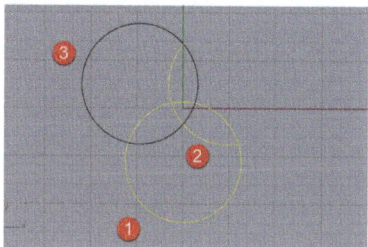

图3-428

图3-429

图3-430

02 重复前面的操作，按图3-431和图3-432的顺序修剪，修剪后的曲线图形如图3-433所示。

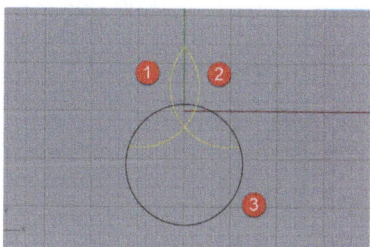

图3-431

图3-432

图3-433

"分割"工具⊿**作用** 和"修剪"工具⊿的作用类似。"修剪"工具⊿常用于修剪曲线，"分割"工具⊿常用于分割多重曲面等。

单击"分割"工具⊿，选择要进行分割的物件，按Enter键确认，选择切割用物件，如图3-434所示；按Enter键确认，球体曲面被分割后的效果如图3-435所示。

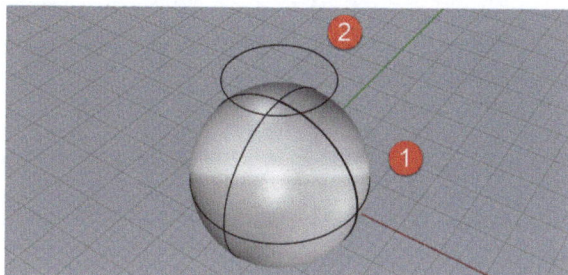

图3-434

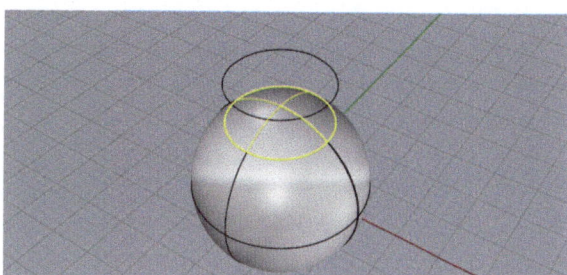

图3-435

3.4.2 复制

"复制"工具❖**作用** 复制选取的物件。

"复制"工具❖**位置** 在左侧工具栏中。

"复制"工具❖**操作** 选取物件，指定复制起点和目标点。

01 复制物件 选取物件，然后单击"复制"工具❖，单击复制的起点，拖曳鼠标指针，在透视视图中可以预览物件复制后的所在位置，如图3-436所示。如果符合预期，那么单击确定目标点，完成复制；另外，可以再次拖曳鼠标指针，继续进行复制，如图3-437所示；按Enter键结束复制，如图3-438所示。

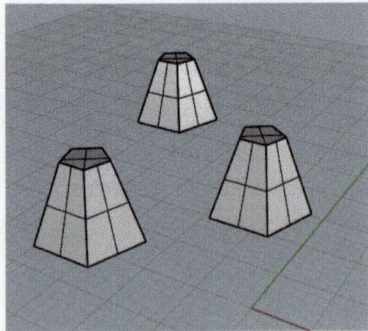

图3-436

图3-437

图3-438

提示 按快捷键Ctrl+C可以复制，按快捷键Ctrl+V可以在原位粘贴复制的物件。

02 执行同样的复制操作 如果要以同样的距离复制物件，那么可以在进行第2次复制前，在命令栏中选择"使用上一个距离（U）=是"选项，如图3-439所示，下一次复制操作仍会使用上一次设置的距离；同理，也可以使用上一次复制的点或方向来同步位置和方向。

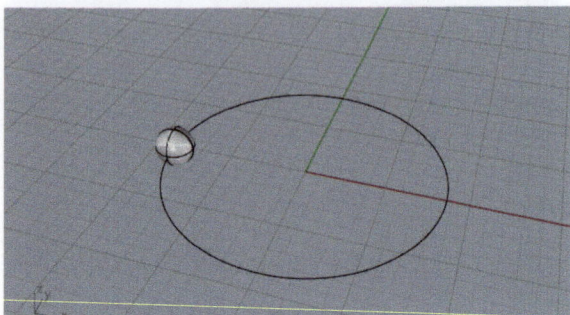

图3-439

3.4.3 环形阵列/矩形阵列

"环形阵列"工具❖**作用** 围绕指定的中心点复制物件。

"环形阵列"工具❖**位置** 在"矩形阵列"工具集▦中。

"环形阵列"工具❖**操作** 选择需要阵列的物件，选择阵列中心点。

01 绘制一个曲线圆和球体，如图3-440所示；单击"环形阵列"工具❖，选择球体作为要进行阵列的物件，按Enter键确认，选择曲线圆的中心点作为环形阵列的中心点，如图3-441所示。

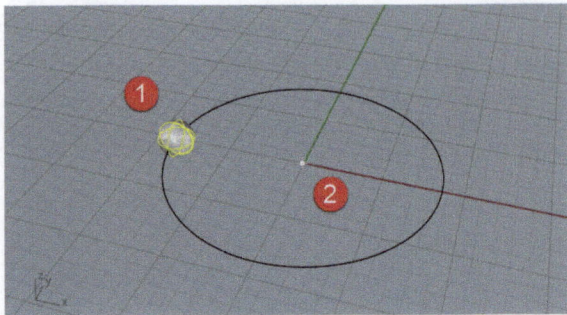

图3-440

图3-441

02 在命令栏中设置"阵列数"为8，如图3-442所示；按3次Enter键确认，球体阵列后的效果如图3-443所示。

```
从款义阵列的物体，按 Enter 完成
环形阵列中心点（轴(A)）: '_ShowOsnap
物件锁点面版已隐藏。新值（显示(S) 隐藏(H) 切换(T)）: _Toggle
环形阵列中心点（轴(A)）:
阵列数 <3>: 8
```

图3-442

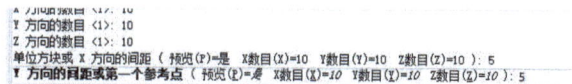

图3-443

"矩形阵列"工具▦操作 与 "环形阵列"工具✿类似。

01 单击"矩形阵列"工具▦，同样选择小球作为要进行阵列的物件，按Enter键确认；在命令栏设置"X 方向的数目"、"Y 方向的数目"和"Z 方向的数目"，并逐个按Enter键确认，如图3-444~图3-446所示。

```
已成八 I 回追主从款素目 I
指令: _Array
选取要阵列的物体
选取要阵列的物体，按 Enter 完成
X 方向的数目 <1>: 10
```

图3-444

```
指令: _Array
选取要阵列的物体
选取要阵列的物体，按 Enter 完成
X 方向的数目 <1>: 10
Y 方向的数目 <1>: 10
```

图3-445

```
从款义阵列的物体
选取要阵列的物体，按 Enter 完成
X 方向的数目 <1>: 10
Y 方向的数目 <1>: 10
Z 方向的数目 <1>: 10
```

图3-446

02 在命令栏设置X、Y、Z方向上的物件之间的距离，同样逐个按Enter键确认，如图3-447~图3-449所示。

```
从款义阵列的物体，按 Enter 完成
X 方向的数目 <1>: 10
Y 方向的数目 <1>: 10
Z 方向的数目 <1>: 10
单位方块或 X 方向的间距（预览(P)=是 X数目(X)=10 Y数目(Y)=10 Z数目(Z)=10）: 5
```

图3-447

```
X 方向的数目 <1>: 10
Y 方向的数目 <1>: 10
Z 方向的数目 <1>: 10
单位方块或 X 方向的间距（预览(P)=是 X数目(X)=10 Y数目(Y)=10 Z数目(Z)=10）: 5
Y 方向的间距或第一个参考点（预览(P)=是 X数目(X)=10 Y数目(Y)=10 Z数目(Z)=10）: 5
```

图3-448

```
X 方向的数目 <1>: 10
Y 方向的数目 <1>: 10
Z 方向的数目 <1>: 10
单位方块或 X 方向的间距（预览(P)=是 X数目(X)=10 Y数目(Y)=10 Z数目(Z)=10）: 5
Y 方向的间距或第一个参考点（预览(P)=是 X数目(X)=10 Y数目(Y)=10 Z数目(Z)=10）: 5
Z 方向的间距或第一个参考点（预览(P)=是 X数目(X)=10 Y数目(Y)=10 Z数目(Z)=10）: 5
```

图3-449

03 在透视视图中预览矩形阵列后的效果，如图3-450所示；如果符合预期，就按Enter键确认，如图3-451所示。

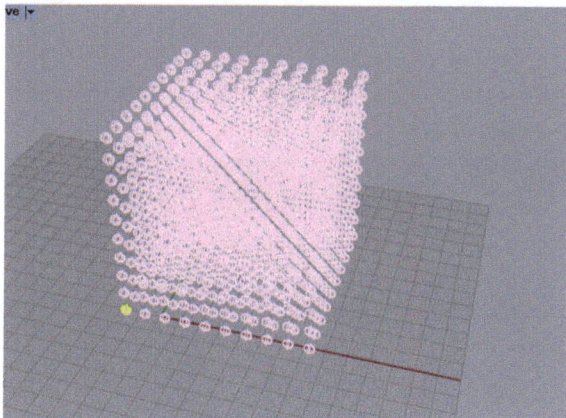

图3-450

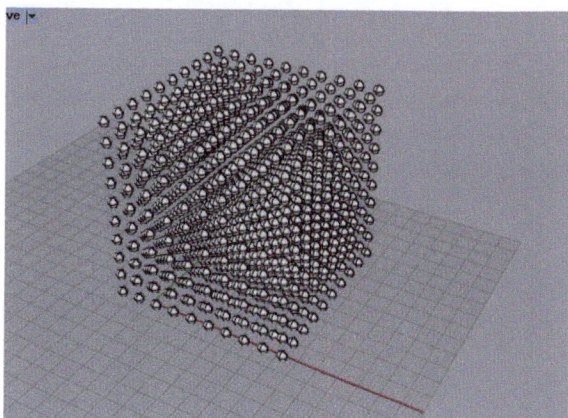

图3-451

实战：制作简约笔盒

素材文件　无

实例文件　实例文件>CH03>实战：制作简约笔盒.3dm

视频文件　实战：制作简约笔盒.mp4

学习目标　掌握文具产品的建模方法

简约笔盒的模型效果如图3-452所示。

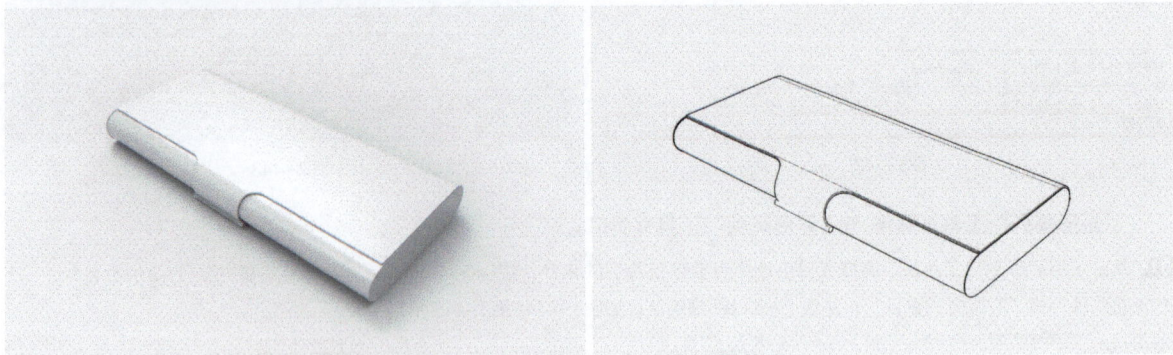

图3-452

01 制作盒体　使用"圆角矩形"工具🔲在右视图中绘制圆角矩形，如图3-453所示；使用"挤出封闭的平面曲线"工具🔲挤出实体，如图3-454所示。

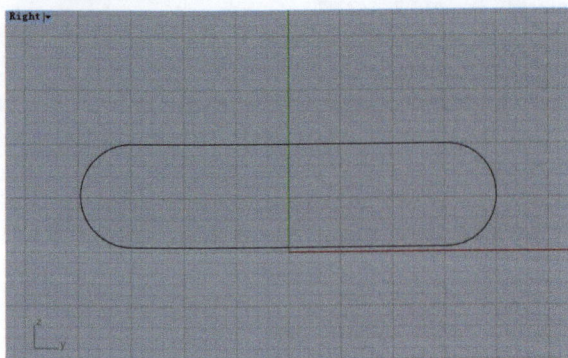

图3-453

图3-454

02 使用"偏移曲线"工具🔲对圆角矩形进行向外偏移的操作，如图3-455所示；这里需要在偏移后的面与圆角矩形间生成曲面，单击"以平面曲线建立曲面"工具🔲，选择两条曲线，建立的曲面如图3-456所示。

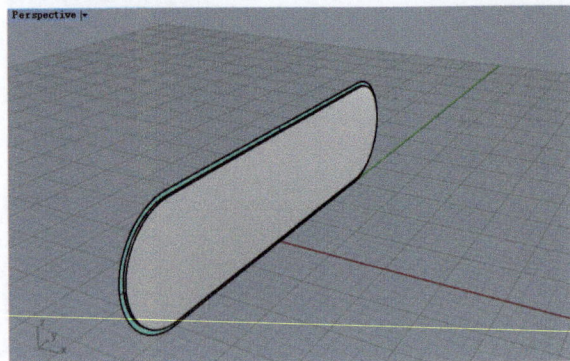

图3-455

图3-456

03 单击"挤出曲面"工具 ，将该新生成的曲面挤出实体，如图3-457所示；使用"镜像"工具 对圆角矩形所在面进行镜像处理，这里以盒体中心线为中心轴，如图3-458所示。

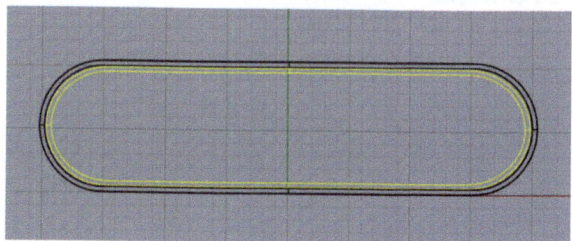

图3-457　　　　　　　　　　　　　　　　　　　　图3-458

04 制作内壳　使用步骤02的方法，将圆角矩形向内偏移出一个圆角矩形，如图3-459所示；同样，在初始圆角矩形与向内偏移得到的圆角矩形间建立曲面，并使用"挤出曲面"工具 挤出实体，作为内壳。

> **提示**　至此，已经不需要前面创建的曲线了。为了避免后续建模过程被多余的曲线干扰，可以删除圆角矩形。

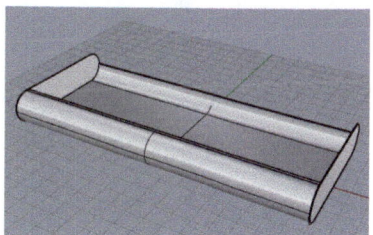

图3-459

05　使用"立方体：角对角、高度"工具 在右视图中拖曳出立方体的侧面，如图3-460所示；在透视视图中拖曳出立方体的长度（贯穿整个笔盒壳体），如图3-461所示。

06　单击"布尔运算差集"工具 ，选择内壳体，按Enter键确认，选择立方体，按Enter键确认，减去立方体的内壳体，如图3-462所示（为便于观察，隐藏了外壳体）。

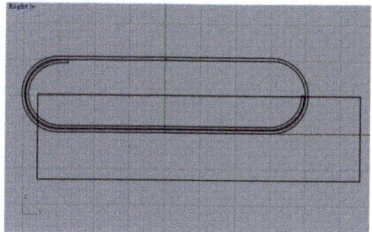

图3-460　　　　　　　　　图3-461　　　　　　　　　图3-462

07 裁切外壳体　使用"立方体：角对角、高度"工具 在右视图中拖曳出立方体的侧面，如图3-463所示；在透视视图中拖曳出长度，如图3-464所示。

08　使用"布尔运算差集"工具 ，选择外壳体，按Enter键确认，选择立方体，按Enter键确认，得到减去立方体的外壳体部分，如图3-465所示（为便于观察，对外壳体进行了旋转）。

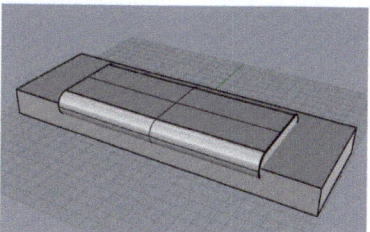

图3-463　　　　　　　　　图3-464　　　　　　　　　图3-465

09 **制作卡扣** 在顶视图中使用"圆角矩形"工具◻绘制圆角矩形，单击"镜像"工具▥，以笔盒中心轴为镜像轴对圆角矩形进行镜像，如图3-466所示；使用"挤出封闭的平面曲线"工具◼为两个圆角矩形挤出实体，如图3-467所示。

10 单击"布尔运算差集"工具◙，选择外壳体，按Enter键确认，选择两个圆角矩形，按Enter键确认，处理后的外壳卡扣如图3-468所示。

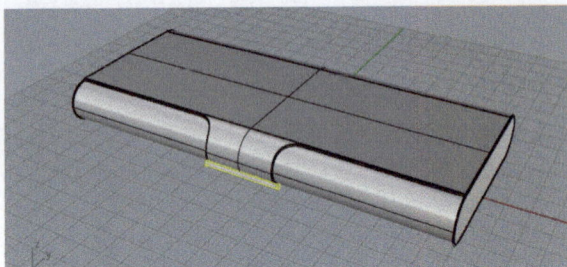

图3-466　　　　　　　　　　图3-467　　　　　　　　　　图3-468

11 **制作卡扣头** 单击"圆柱体"工具◉，在右视图中绘制卡扣头部的圆柱体结构，如图3-469所示；拖曳出圆柱体的高度，使其与卡扣宽度一致，如图3-470所示。

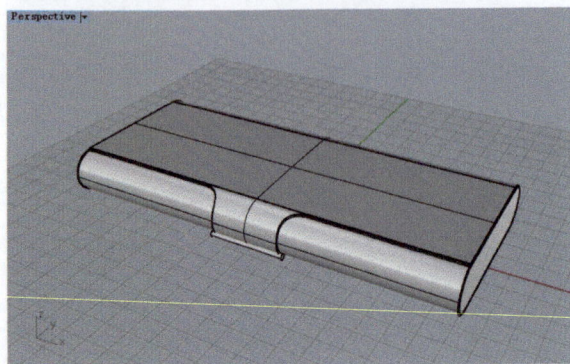

图3-469　　　　　　　　　　　　　　图3-470

12 **制作转轴** 使用"圆柱体"工具◉在笔盒背部连接处绘制连接轴，如图3-471所示。注意，圆柱体的高度与壳体宽度一致。

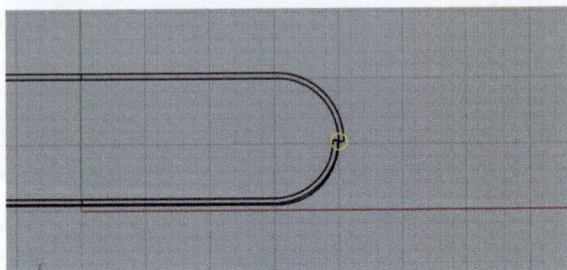

图3-471

13 **细节处理** 对一些边角进行圆角处理，如图3-472所示。在展示或渲染时可以打开或合上盒盖，使用"旋转"工具◔，把背部转轴中心点作为旋转起点，旋转开合盒盖，如图3-473所示。

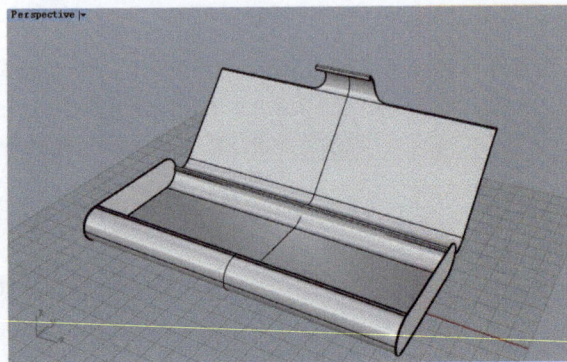

图3-472　　　　　　　　　　　　　　图3-473

实战：制作桌面小型风扇

素材文件	无
实例文件	实例文件>CH03>实战：制作桌面小型风扇.3dm
视频文件	实战：制作桌面小型风扇.mp4
学习目标	掌握小型风扇产品的建模方法

桌面小型风扇的模型效果如图3-474所示。

图3-474

01 绘制参考线 使用"圆：半径"工具⊘在前视图中绘制圆，如图3-475所示；在右视图中复制一个圆并将其移动至适当位置（两圆距离可以理解为扇叶部分的厚度），如图3-476所示。

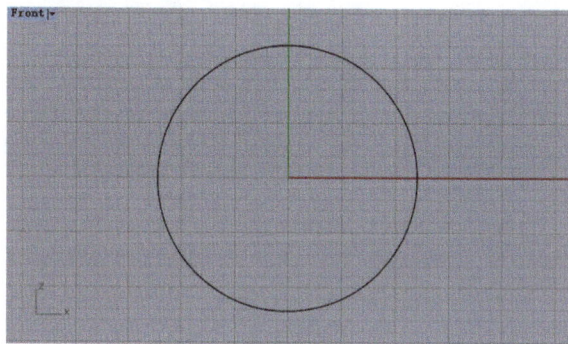

图3-475

图3-476

02 制作扇叶框 使用"控制点曲线"工具⌐在右视图中绘制扇叶框的断面曲线，如图3-477所示；使用"挤出封闭的平面曲线"工具▥挤出适当厚度，如图3-478所示。

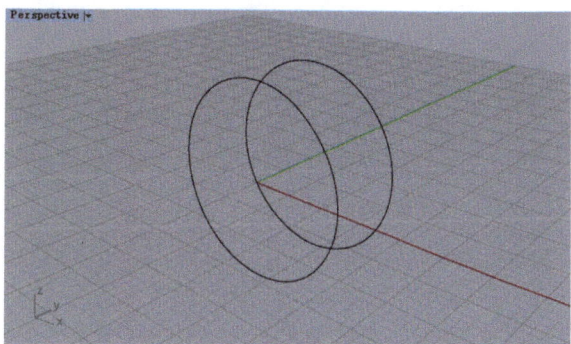

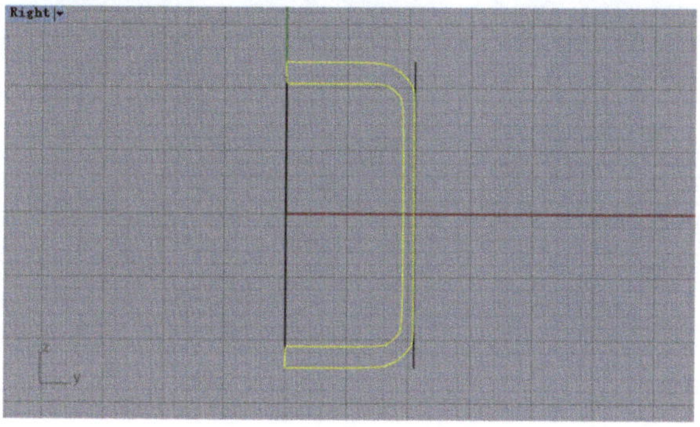

图3-477

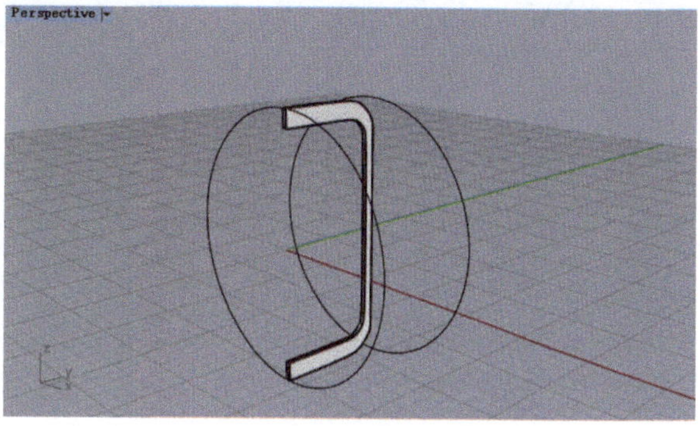

图3-478

03 单击"环形阵列"工具 ⊙，选择前面挤出的实体，按Enter键确认；选择圆的中心点作为环形阵列的中点，在命令栏设置"阵列数"为18，如图3-479所示；按3次Enter键确认，如图3-480所示。

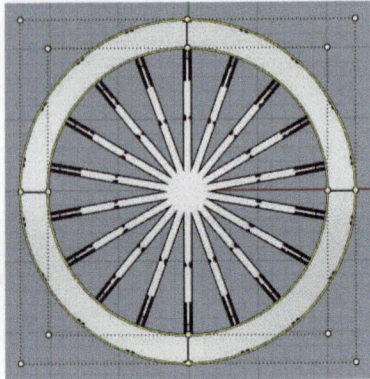

阵列数 <227>: 18
旋转角度总合或第一参考点 <360>（预览(P)=是 步进角(S) 旋转(R)=是 Z偏移(Z)=0）
指令：_ArrayPolar
环形阵列中心点（轴(A)）
阵列数 <18>: 18

图3-479

图3-480

04 单击"偏移曲线"工具 ，选择框架的外侧边缘作为要偏移的曲线，向内侧偏移得到圆，如图3-481所示；选择上述的两个圆，单击"以平面曲线建立曲面"工具 ，按Enter键确认，在两个圆之间建立圆环曲面，如图3-482所示；使用"挤出曲面"工具 为圆环曲面挤出厚度，扇叶框的模型如图3-483所示。

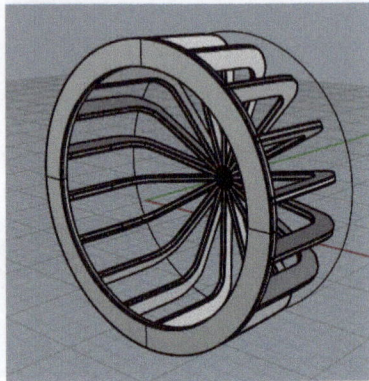

图3-481

图3-482

图3-483

05 **制作扇叶** 单击"控制点曲线"工具 ，在前视图中绘制扇叶轮廓曲线，如图3-484所示；使用"挤出封闭的平面曲线"工具 ，挤出扇叶厚度，如图3-485所示。

06 单击"旋转"工具 ，在右视图中将上述扇叶旋转9°（顺时针、逆时针均可），单击"环形阵列"工具 ⊙，选择该扇叶，在命令栏设置"阵列数"为3，并按Enter键确认，效果如图3-486所示。

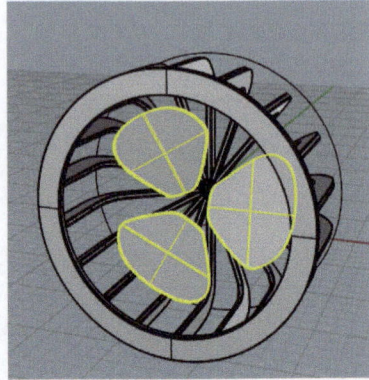

图3-484

图3-485

图3-486

07 制作扇叶中心轴 单击"圆柱体"工具 ◉，以3个扇叶的中心点为底面中心点绘制圆柱体，如图3-487所示；单击"边缘圆角"工具 ◉，对扇叶中心轴的边缘进行圆角处理，如图3-488所示。

08 制作扇叶框背盖 单击"圆柱体"工具 ◉，在扇叶框连接杆处绘制背盖，如图3-489所示。

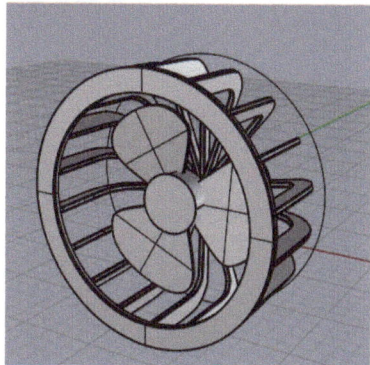

| 图3-487 | 图3-488 | 图3-489 |

09 制作扇叶框盖面 使用"立方体：角对角、高度"工具 ◉绘制盖面辐条，如图3-490所示；使用"环形阵列"工具 ◉对辐条进行环形阵列，在命令栏设置"阵列数"为9，如图3-491所示；将扇叶框背盖复制到盖面框架中心作为面盖，如图3-492所示。

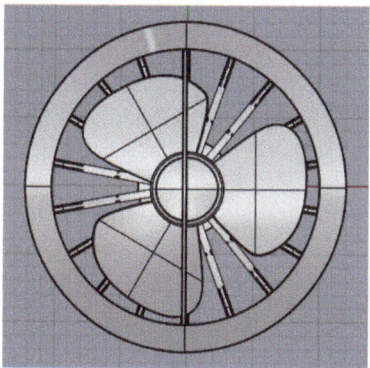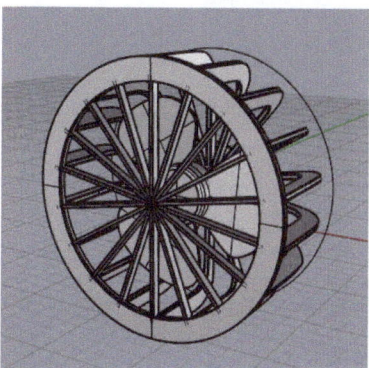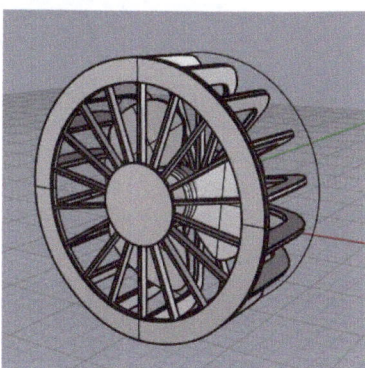

| 图3-490 | 图3-491 | 图3-492 |

10 制作底座 使用"圆柱体"工具 ◉绘制圆柱体，将其作为风扇的底座；使用"边缘圆角"工具 ◉对底座边缘进行圆角处理，如图3-493所示。

11 制作开关 使用"圆：半径"工具 ◉在底座前方绘制曲线圆，使用"投影曲线"工具 ◉，将曲线圆投影到底座上，如图3-494所示。

图3-493

图3-494

12 使用"多重直线"工具▲，为投影圆绘制纵轴线，如图3-495所示；使用"嵌面"工具◆对投影圆和纵轴线进行处理，创建出新的曲面，如图3-496所示。

图3-495	图3-496

13 将上一步创建的曲面挤出到底座中，单击"布尔运算差集"工具◉，用底座减去挤出的圆柱，效果如图3-497所示；使用"挤出曲面"工具◉将曲面挤出厚度，作为按钮，如图3-498所示。

图3-497	图3-498

14 用"边缘斜角"工具◉对差集处理后的洞口边缘进行倒角处理，如图3-499所示；将按钮物件移到洞口边缘，使用"边缘圆角"工具◉对按钮物件边缘进行圆角处理，如图3-500所示。

图3-499	图3-500

15 细节优化 此时，扇叶框的辐条密集度不够，因此选择所有外框，按快捷键Ctrl+C和Ctrl+V，在原位复制一个扇叶框；使用"旋转"工具↻，以扇叶框中心点为旋转中心点，将扇叶框旋转30°，如图3-501所示；桌面小型风扇模型如图3-502所示。

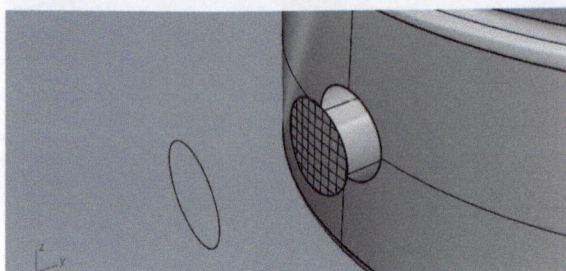

图3-501

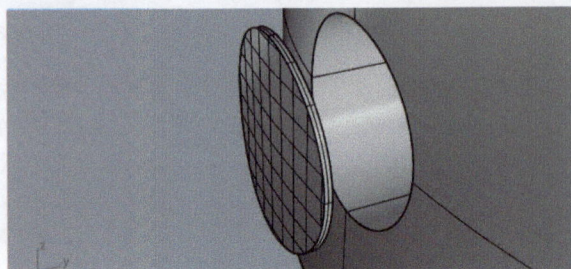

图3-502

3.4.4 组合/炸开

"组合"工具 🔧**作用** 将端点或边缘相连接的物件组合在一起，即将直线组合为多重直线，将曲线组合为多重曲线，将曲面或多重曲面组合为多重曲面或实体。

"组合"工具 🔧**位置** 在左侧工具栏中。

"组合"工具 🔧**操作** 选取数个要组合的对象进行组合。

选中相连的不同图层的曲面，单击"组合"工具 🔧，曲面会被组合成同一图层的曲面，如图3-503和图3-504所示。

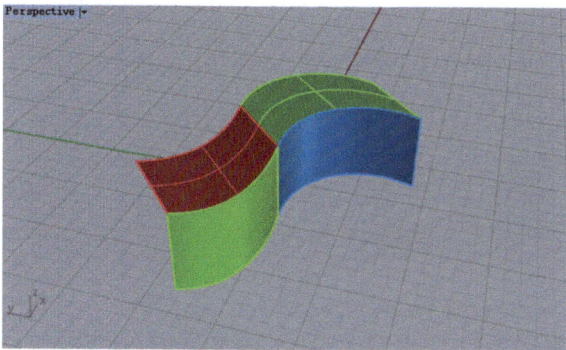

图3-503

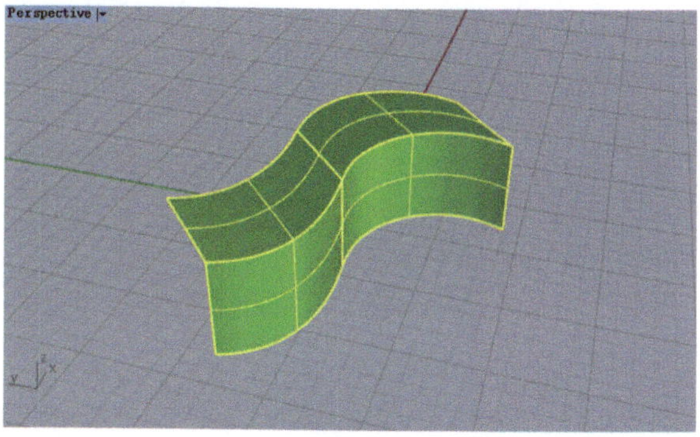

图3-504

"炸开"工具 🔧**作用** 与"组合"工具 🔧相反，该工具主要用于将组合在一起的物件打散成独立的物件。

选中多重曲面，单击"炸开"工具 🔧，该多重曲面即被炸开为若干单一曲面，如图3-505和图3-506所示。这时可以分别对单一曲面进行操作，如图3-507所示。

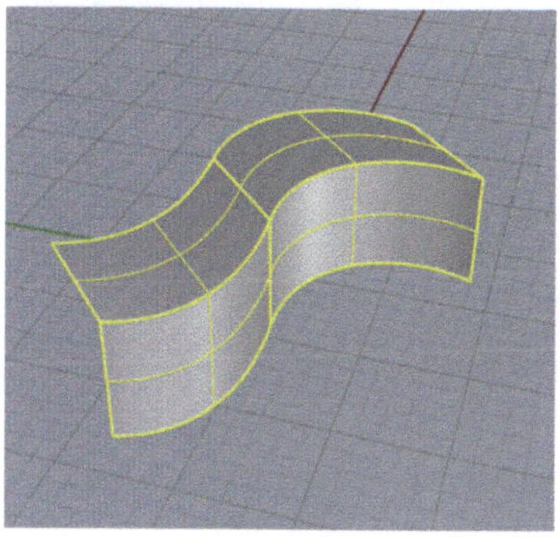

图3-505

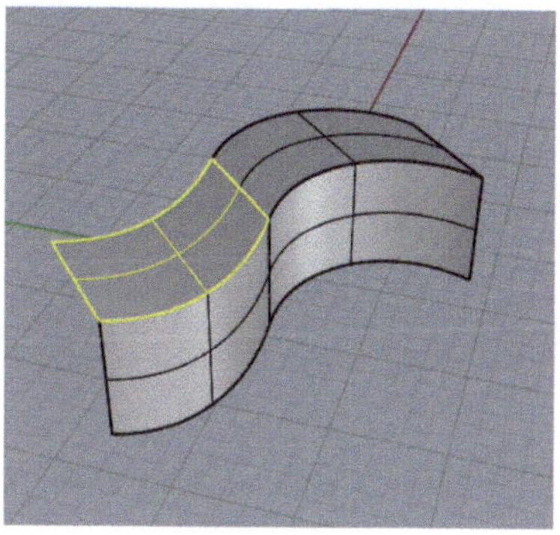

图3-506

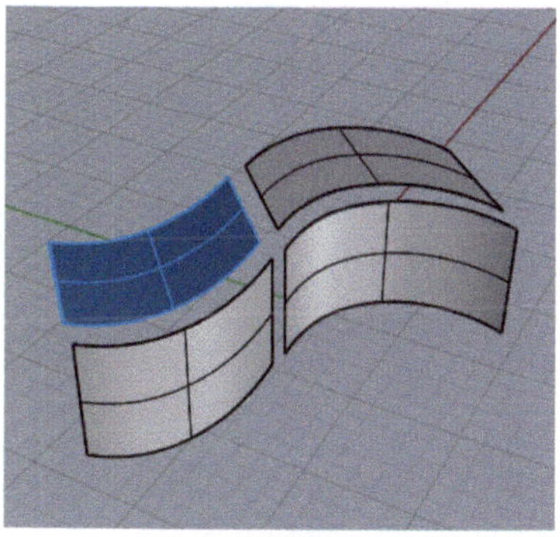

图3-507

3.4.5 缩放

"缩放"工具集 🔧**作用** 对实体模型进行等比缩放。

"缩放"工具集 🔧**位置** 在左侧工具栏中。

"缩放"工具集 🔧**操作** 见下方具体介绍。

单击工具栏中的"缩放"工具集 🔧的下拉按钮，如图3-508所示。弹出的列表中包含所有的缩放工具，如图3-509所示，常用的有"三轴缩放"工具 🔧、"二轴缩放"工具 🔧和"单轴缩放"工具 🔧。这3种缩放工具都可以应用于线条、曲面和实体模型，在工作中常用于不需要十分精确的模型制作，使用难点在于分辨缩放的对象轴和控制缩放结果。

图3-508  　　图3-509

"单轴缩放"工具 作用主要用于在指定的方向上缩放选取的物件。可以理解为拉长或缩短一根橡皮筋，这种操作均是单向的。如果要使用该工具进行对称缩放，就需要确认缩放的轴心为该物件的轴心。

01 单击"单轴缩放"工具 ，选择要进行缩放的物件，按Enter键确认；根据缩放需求在任一平面视图中选择缩放轴心，或者按Enter键自动选择轴心，如图3-510所示。

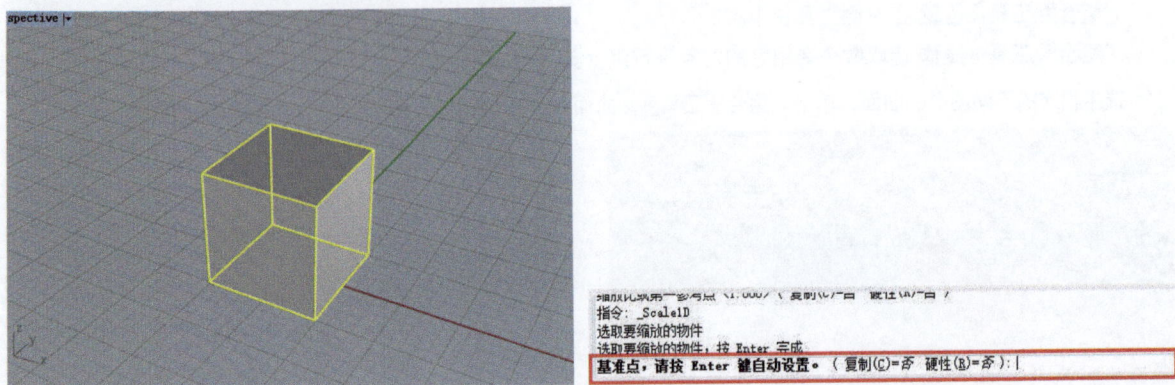

图3-510

02 选择物件的边缘点作为缩放起点，如图3-511所示；按住Shift键在水平方向上拖曳鼠标指针，进行单轴缩放，单击确定缩放终点，如图3-512所示。

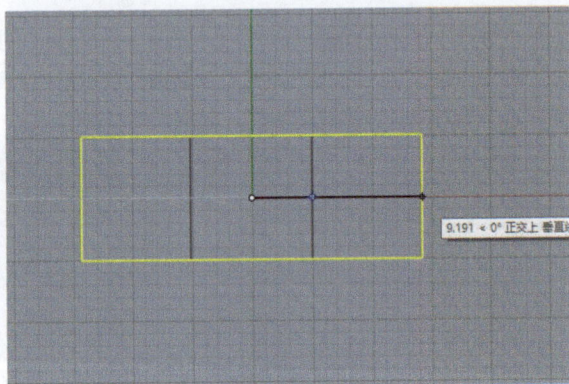

图3-511   图3-512

提示 对比原模型（图3-513）与单轴缩放后的模型（图3-514），会发现物件在*x*轴上被对称拉长，这便是单轴缩放的特点，即只对其中一个轴上的大小进行改变。

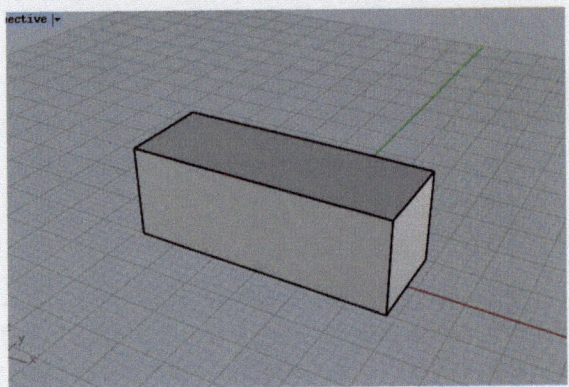

图3-513   图3-514

"二轴缩放"工具 **作用** 改变物件在同一平面上的大小。可以理解为将一块高弹性的布料进行等比缩放。物件只会在工作平面中的 x 轴、y 轴方向上缩放，而不会整体缩放。

01 单击选择"二轴缩放"工具 ，选择要进行缩放的物件，如图3-515所示；如果要改变物件在 x 轴和 y 轴上的大小，那么可以切换到不显示 z 轴的顶视图，选择该物件的中心点，按Enter键确认，或按Enter键自动选择轴心，如图3-516所示。

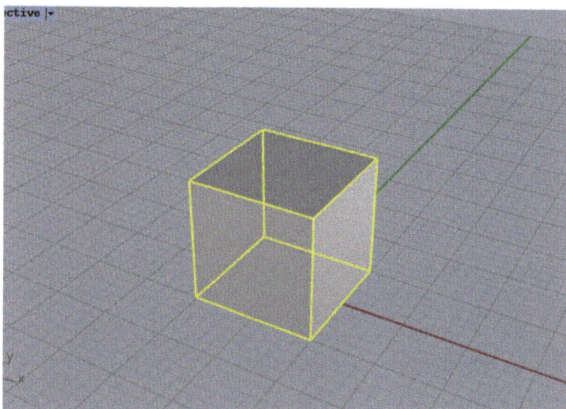

图3-515

指令：_Scale1D
选取要缩放的物件
选取要缩放的物件，按 Enter 完成
基准点，请按 Enter 键自动设置。（复制(C)=否 硬性(R)=否）：

图3-516

02 选择物件的顶点作为缩放起点，如图3-517所示；拖曳鼠标指针，单击确定缩放的终点，如图3-518所示。

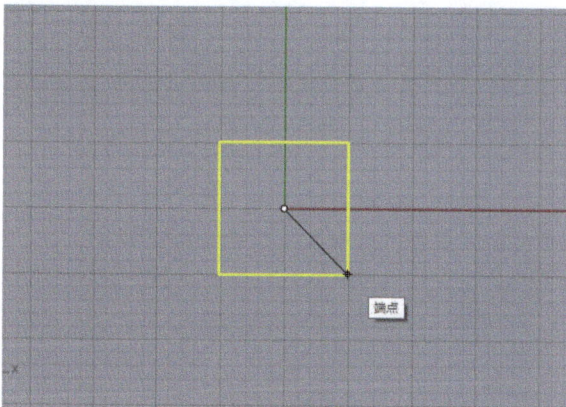

图3-517

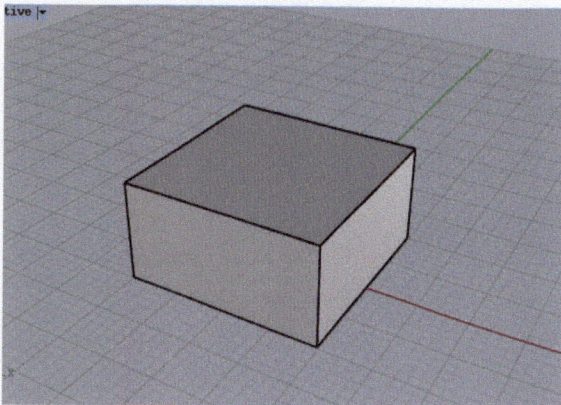

图3-518

提示 对比原模型（图3-519）与缩放后的模型（图3-520），可以看到物件在 x 轴、y 轴方向上进行了缩放，在 z 轴方向上维持原状。

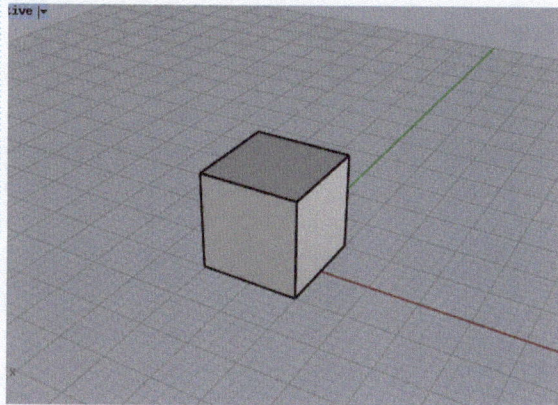

图3-519

图3-520

"三轴缩放"工具 🎲 **作用** 主要用于等比例改变物件的全部尺寸。可以将物件理解为一个不断膨胀的气球，几乎在物件的任何方位确定缩放起点都能直接让物件在三维轴上进行缩放。

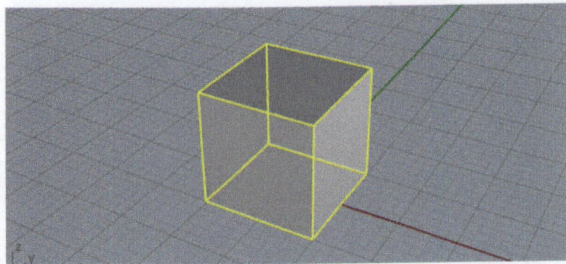

01 单击"三轴缩放"工具 🎲，选择要缩放的物件，如图3-521所示；选择该物件的中心点并按Enter键确认或按Enter键自动选择轴心，如图3-522所示。

图3-521

缩放比例第一参考点（1.000）（复制(C)=否 硬性(R)=否）
指令：_Scale1D
选取要缩放的物件
选取要缩放的物件，按 Enter 完成
基准点，请按 Enter 键自动设置。（复制(C)=否 硬性(R)=否）:

图3-522

02 选择该物件或物件外任意一点作为缩放起点，按Enter键确认，如图3-523所示；拖曳鼠标指针缩放物件，在透视视图中可以看到三维空间上的缩放效果，如图3-524所示；单击确认缩放的终点，整体等比例缩放效果如图3-525所示。

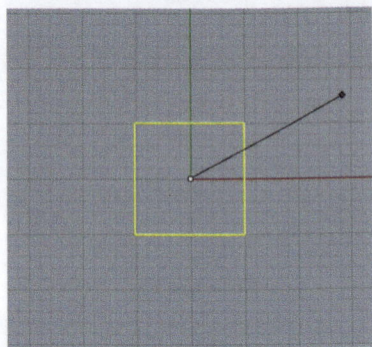

图3-523

图3-524

图3-525

> **提示** 注意，单轴缩放和二轴缩放后的物件容易产生畸变，所以在享受缩放工具带来的便利的同时，也要谨慎操作。

3.4.6 镜像

"镜像"工具 ⚏ **作用** 镜像复制物件。

"镜像"工具 ⚏ **位置** 在"移动"工具集 ⬚ 中。

"镜像"工具 ⚏ **操作** 选取物件，设置镜像平面的起点和终点。

选取要进行镜像复制的物件，如图3-526所示；单击"镜像"工具 ⚏，在视图中单击确定镜像平面的起点，然后拖曳鼠标指针，可以预览镜像后的物件效果，单击确认镜像平面的终点，如图3-527所示；镜像效果如图3-528所示。

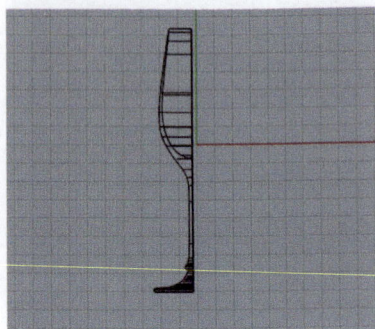

图3-526

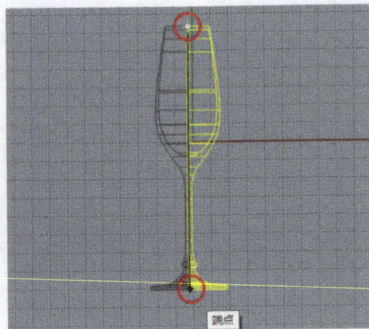

图3-527

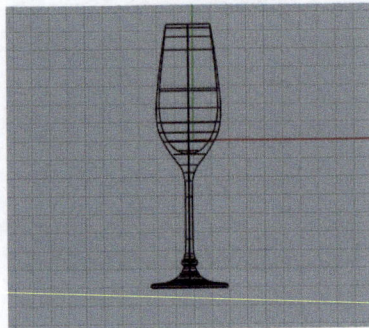

图3-528

3.4.7 弯曲/扭转

"弯曲"工具 ╭ **作用** 使物件沿着骨干进行弯曲。

"弯曲"工具 ╭ **位置** 在"移动"工具集 ⚙ 中。

"弯曲"工具 ╭ **操作** 选取物件，设定骨干起点和终点，拖曳鼠标指针。

单击"弯曲"工具 ╭，选择需要弯曲的物件，按Enter键确认；选择要弯曲的物件底部中心点作为骨干起点，选择要弯曲的物件顶部中点作为骨干终点，如图3-529所示；拖曳鼠标指针，预览该物件的弯曲效果，如图3-530所示；单击确认，完成弯曲操作，如图3-531所示。

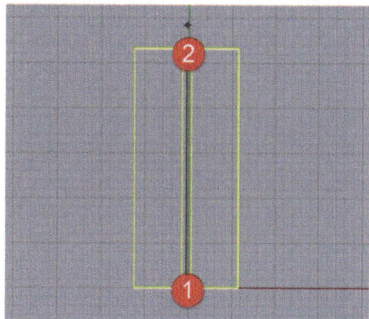 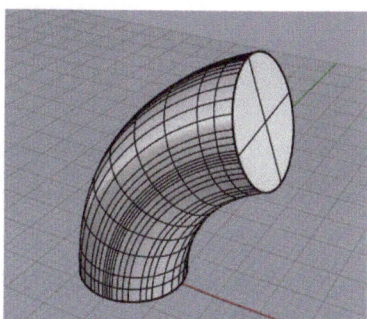

图3-529   图3-530   图3-531

"扭转"工具 ▨ **作用** 该工具的操作原理与"弯曲"工具 ╭ 相同，主要用于扭转物件。可以将扭转过程看作拧麻绳。

01 单击"扭转"工具 ▨，选择要进行扭转操作的物件，按Enter键确认，如图3-532所示；选择要扭转的物件底部的中心点作为扭转轴起点，选择要扭转的物件顶部的中心点作为扭转轴终点，如图3-533所示。

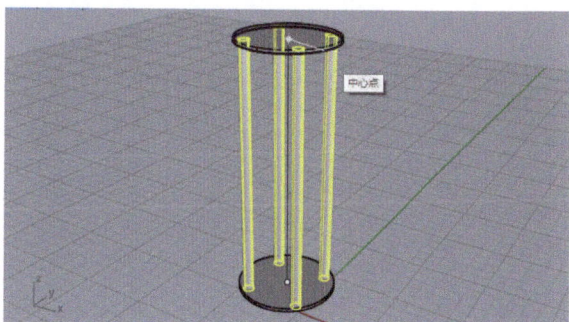

图3-532   图3-533

02 在顶视图中水平移动鼠标指针，单击确定第一参考点，如图3-534所示；绕着轴心逆时针拖曳鼠标指针，预览物件的扭转效果，如图3-535所示；单击确认扭转效果，如图3-536和图3-537所示。

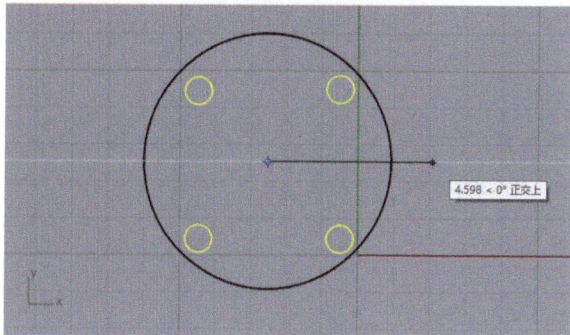 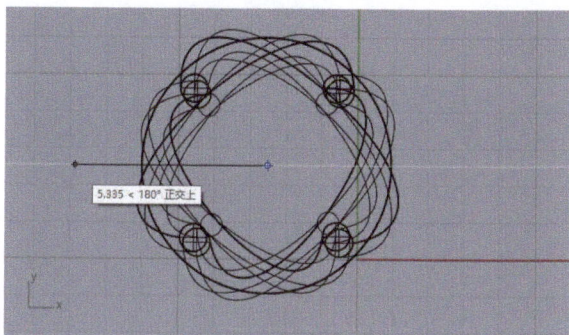

图3-534   图3-535

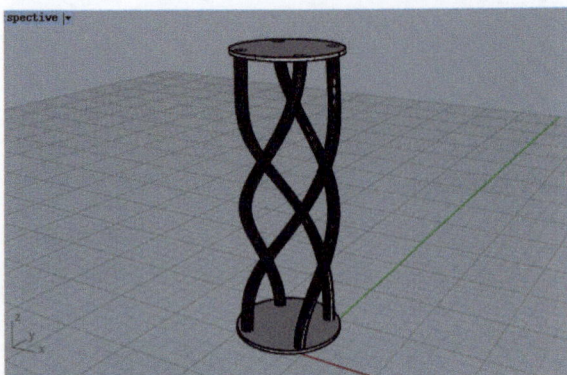

图3-536

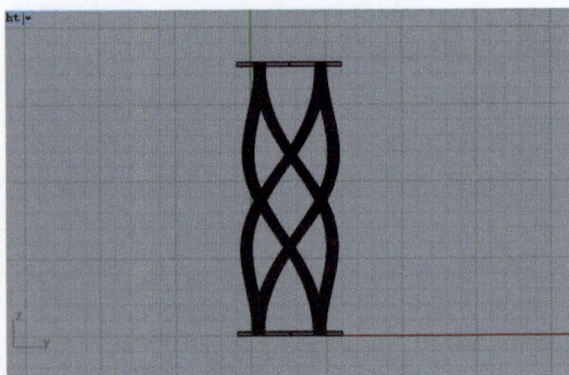

图3-537

3.4.8 沿着曲线流动

"沿着曲线流动"工具 🖊 **作用** 将物件或群组物件以基准曲线对应到目标曲线。

"沿着曲线流动"工具 🖊 **位置** 在"移动"工具集 🖊 中。

"沿着曲线流动"工具 🖊 **操作** 选择物件，选择基准曲线端点，选择目标曲线端点。

01 使用"正方体"工具 🔵 和"控制点曲线"工具 ⚡ 创建图3-538所示的物件；单击"沿着曲线流动"工具 🖊，选择正方体作为沿着曲线流动的物件，按Enter键确认，如图3-539所示；在命令栏选择"延展（S）=是"选项，如图3-540所示。

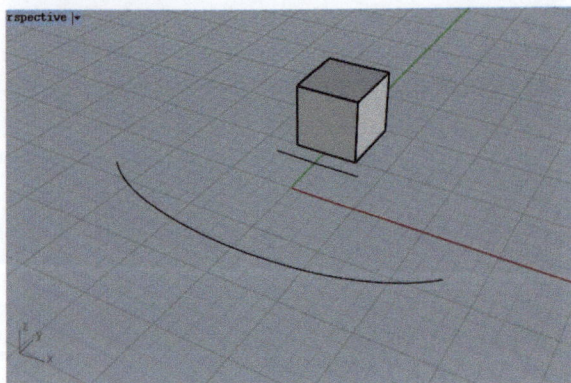

图3-538

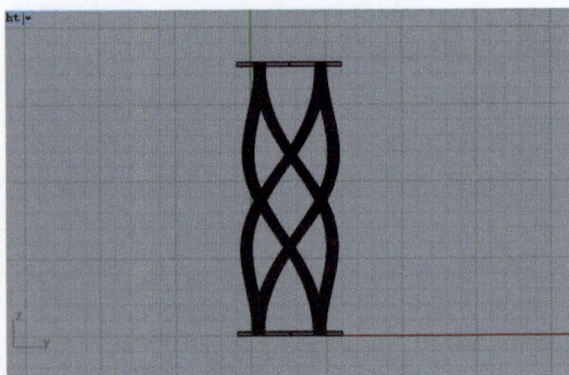

图3-539

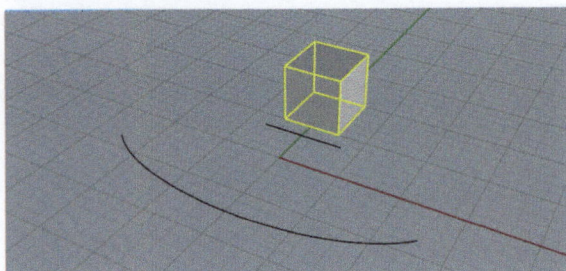

图3-540

02 选择正方体旁的直线作为基准曲线，选择曲线作为要流动的曲线，如图3-541所示，流动处理后的物件如图3-542所示。

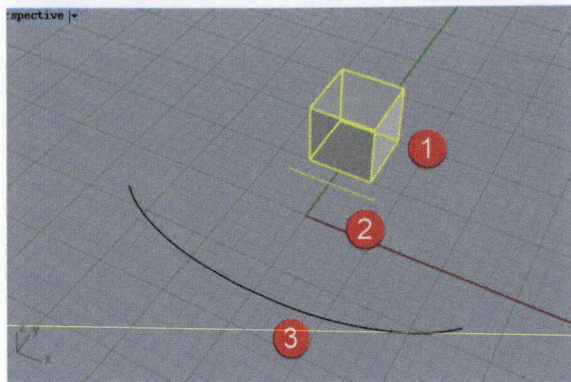

图3-541

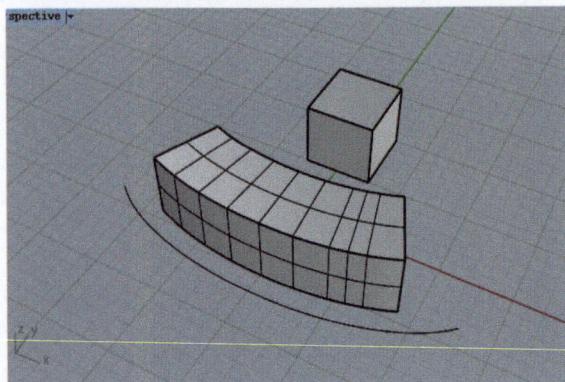

图3-542

实战：制作莫比乌斯环

素材文件	无
实例文件	实例文件>CH03>实战：制作莫比乌斯环.3dm
视频文件	实战：制作莫比乌斯环
学习目标	掌握"扭转"工具的使用方法

莫比乌斯环的模型效果如图3-543所示。

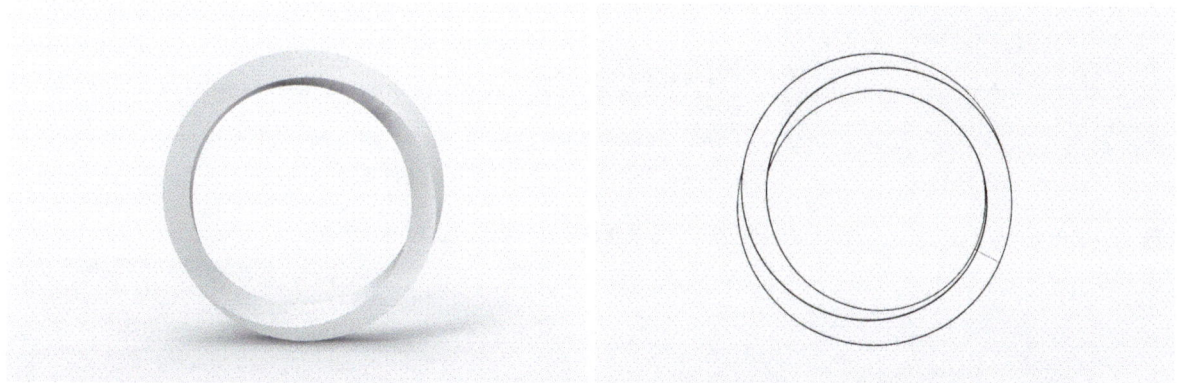

图3-543

01 使用"正方体"工具 ◎ 在前视图中绘制前后两面为正方体的立方体，如图3-544所示；使用"多重直线"工具 ∧ 在立方体顶部和底部绘制对角线，如图3-545所示；使用"多重直线"工具 ∧ 绘制两条对角线中点的连接线，如图3-546所示。

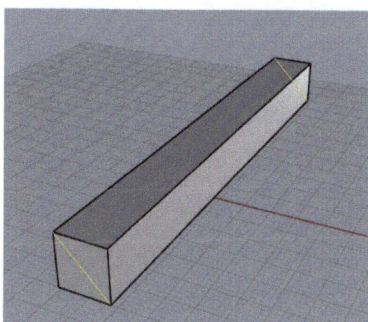

图3-544

图3-545

图3-546

02 单击"扭转"工具 Ⅲ，选择立方体的中轴线，在前视图中选择扭转的起点，将其扭转180°，如图3-547所示，效果如图3-548所示。

03 使用"圆：半径、中心点"工具 ⊘ 在顶视图中绘制适当大小的曲线圆，如图3-549所示。

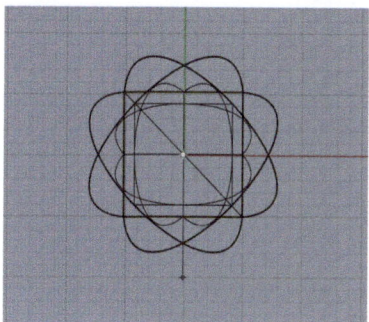

图3-547

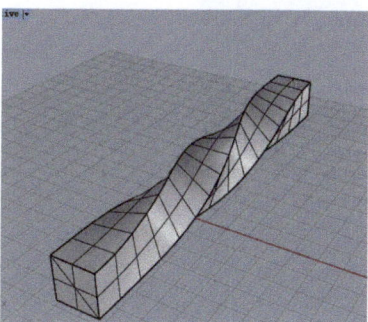

图3-548

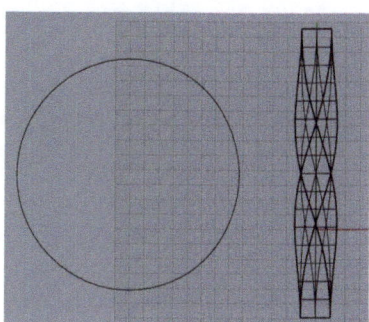

图3-549

04 单击"沿曲线流动"工具 ，选择扭转后的立方体作为沿着曲线流动的物件，在命令栏选择"直线（L）"选项，如图3-550所示；选择立方体的中轴线起点和终点的连线作为基准曲线，如图3-551所示；在命令栏选择"延展（S）＝是"选项，如图3-552所示。

选取要扭转的物件，按 Enter 完成
扭转轴起点
指令：_Flow
选取要沿着曲线流动的物件
选取要沿着曲线流动的物件，按 Enter 完成
基准曲线 - 点选最近点处（复制(C)=否 硬性(R)=否 **直线(L)** 局部(O)=否 延展(S)=否 维持结构(P)=否 走向(A)=否）：

图3-550

选取沿着曲线流动的物件
选取要沿着曲线流动的物件，按 Enter 完成
基准曲线 - 点选最近点处（复制(C)=是 硬性(R)=否 直线(L) 局部(O)=否 延展(S)=是 维持结构(P)=否 走向(A)=否）：直线
直线起点
直线终点
目标曲线 - 点选最近对应的端点处（复制(C)=否 硬性(R)=否 直线(L) 局部(O)=否 **延展(S)=是** 维持结构(P)=否 走向(A)=否）：

图3-551   图3-552

05 选择圆作为目标曲线，莫比乌斯环如图3-553所示；删除扭转后的立方体，如图3-554所示。

图3-553   图3-554

3.4.9 变形控制器

"变形控制器"工具 **作用** 以曲线、曲面为变形控制器控制的物件，对其做二维或三维的平滑变形。

"变形控制器"工具 **位置** 在"移动"工具集 中。

"变形控制器"工具 **操作** 选择要变形的物件，操控控制点，进行变形。

01 使用"字体"工具 创建一个字体实体，如图3-555所示；单击"变形控制器"工具 ，选择字体作为被控制物件，按Enter键确认，在命令栏中选择"立方体（O）"选项，如图3-556所示。

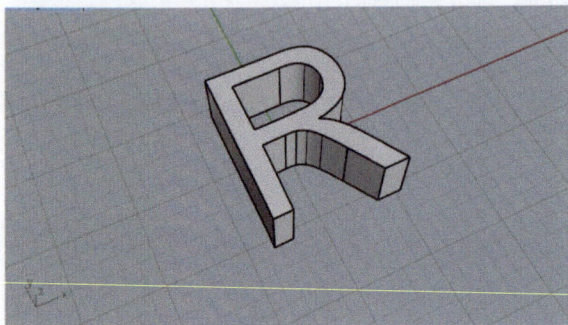

沿择...（边框方块(B) 直线(L) 选取物件 矩形(R) ）：_CageEdit
指令：_CageEdit
选取受控制物件
选取受控制物件，按 Enter 完成
选取控制物件（边框方块(B) 直线(L) 矩形(R) **立方体(O)** 变形(F)=屏幕 维持结构(P)=否）：

图3-555   图3-556

02 在透视视图中根据字体形态绘制出立方体，如图3-557所示；按两次Enter键确认，得到变形控制器控制点，如图3-558所示。

图3-557

图3-558

03 在右视图中选择顶部中间的两排平面上的控制点，按住鼠标左键并向上拖曳，如图3-559所示，变形效果如图3-560所示。

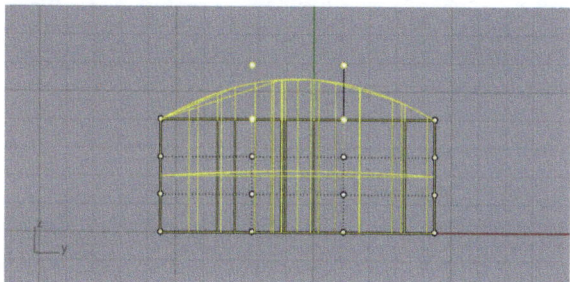

图3-559

图3-560

3.5 产品建模实战

至此，Rhino产品建模技术已经学习完毕，下面一起来完成两个产品建模实战，以巩固和加深前面学习的知识。

实战：制作自动铅笔

素材文件	无
实例文件	实例文件>CH03>实战：制作自动铅笔.3dm
视频文件	实战：制作自动铅笔.mp4
学习目标	熟悉建模工具的配合操作

自动铅笔的模型效果如图3-561所示。

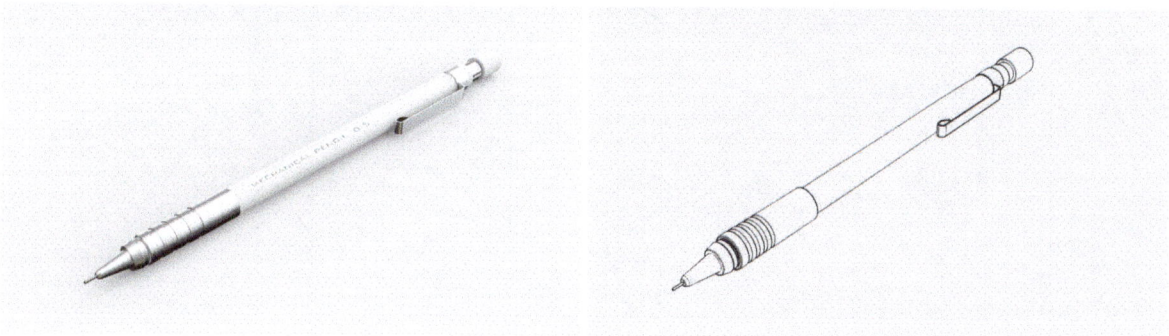

图3-561

01 制作笔杆 单击"圆柱管"工具 ◎，在前视图中确定圆柱管直径和壁厚，在透视视图中拖曳出长度，效果如图3-562所示。

02 制作握杆 使用"圆柱管"工具 ◎绘制一个比笔杆直径更大的圆柱管，如图3-563所示。

图3-562

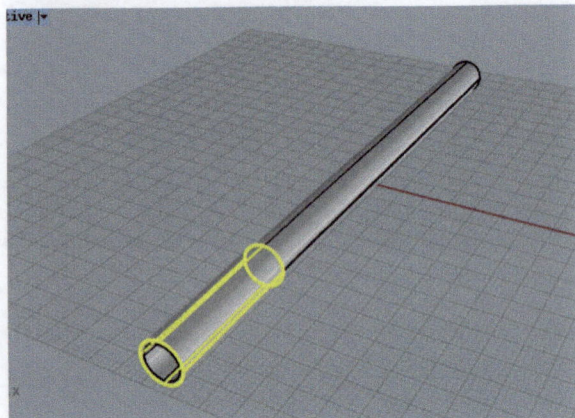

图3-563

03 制作笔头压帽 使用"圆柱体"工具 ◎在笔杆另一端绘制一个圆柱体，作为连接压帽按钮的连接件，其直径比笔杆小一点，如图3-564所示；使用"圆柱体"工具 ◎绘制一个圆柱体，作为连接件上的压帽，其直径比笔杆大一点，如图3-565所示。

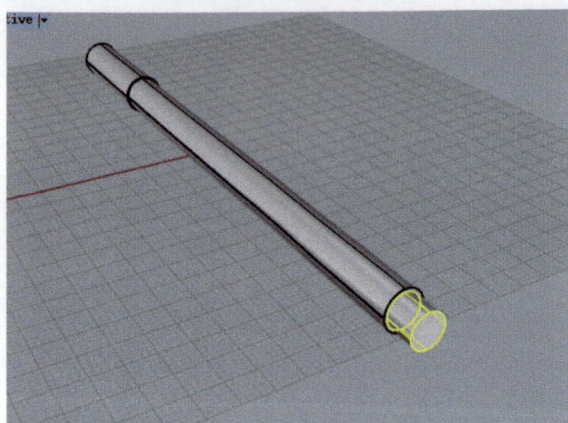

图3-564

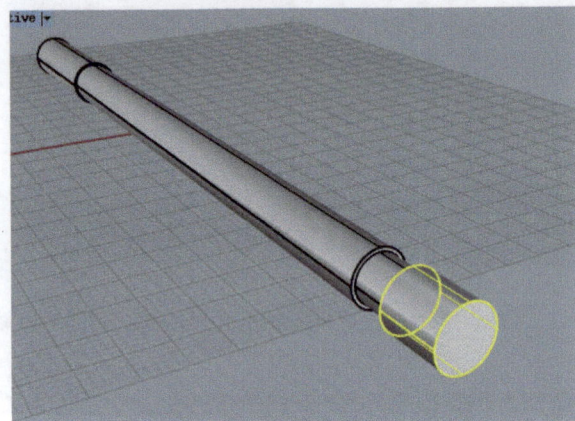

图3-565

04 制作笔尖 回到握杆这一端，单击"多重直线"工具 ∧，以笔杆中心点为起点，按住Shift键的同时拖曳鼠标指针，绘制一条垂线，如图3-566所示；在顶视图中使用"多重直线"工具 ∧绘制图3-567所示的曲线，作为笔尖的轮廓线。

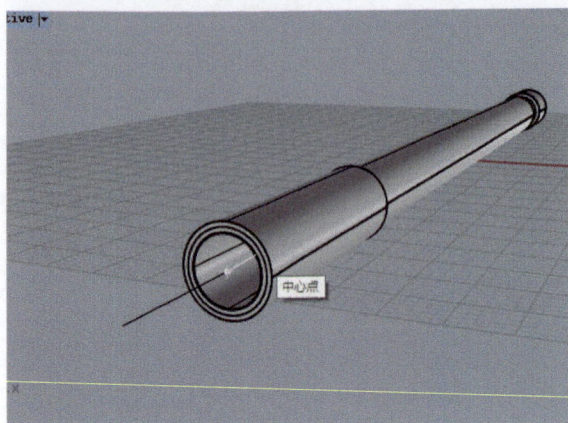

图3-566

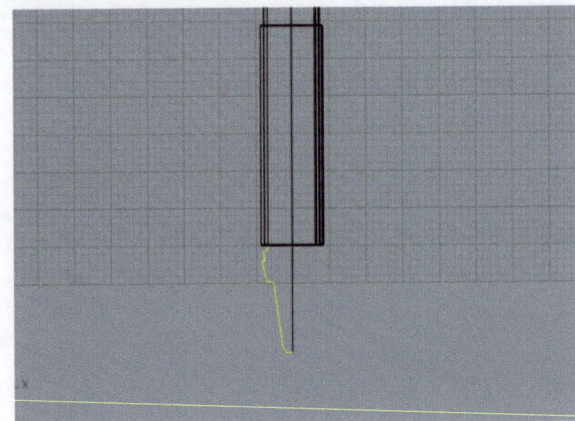

图3-567

05 选择曲线，单击"旋转成形"工具 ，选择前面绘制的线段的起点和终点，将线段作为旋转轴，如图3-568所示；按两次Enter键确认，得到笔尖结构，如图3-569所示；使用"圆柱管"工具 在笔尖处绘制笔芯管，注意使两者的中心点对齐，如图3-570所示。

图3-568	图3-569	图3-570

06 制作握杆防滑槽 使用"圆柱管"工具 在握杆前部绘制圆柱管，让圆柱管的内环嵌入握杆，外环超出握杆，顶视图中的位置关系如图3-571所示，透视视图中的位置关系如图3-572所示。

图3-571	图3-572

07 单击"直线阵列"工具 ，设定上一步制作的圆柱管为阵列起点，拖曳出阵列距离，阵列出另外3个圆柱管，单击确认，如图3-573所示，透视视图中的效果如图3-574所示。

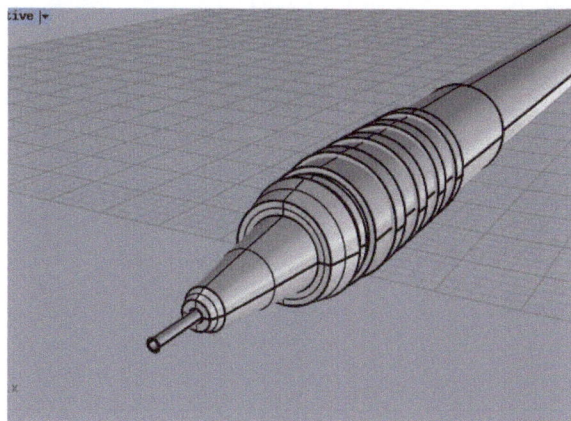

图3-573	图3-574

08 单击"布尔运算差集"工具 ⊘，选择握杆作为要被减去的多重曲面，按Enter键确认，选择前面创建的4个圆柱管作为要减去的多重曲面，按Enter键确认，得到差集处理后的握杆，如图3-575和图3-576所示。

图3-575

图3-576

09 **制作笔夹** 使用"圆柱管"工具 ◉ 在压帽附近绘制一个内环紧贴笔杆的管壁稍薄的圆柱管，作为笔夹环扣，如图3-577所示。

10 在顶视图中使用"控制点曲线"工具 ⌁ 绘制图3-578所示的曲线；使用"曲线偏移"工具 ⌒ 将曲线向内偏移，如图3-579所示。

图3-577

图3-578

图3-579

11 使用"圆：直径"工具 ⊘ 在笔夹底部绘制圆，如图3-580所示；单击"修剪"工具 ⤙，选择偏移前后的两条曲线作为切割用物件，按Enter键确认，再选择圆作为被修剪的物件，效果如图3-581所示。

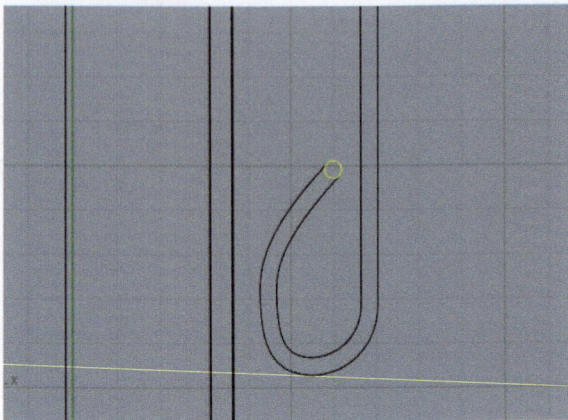

图3-580

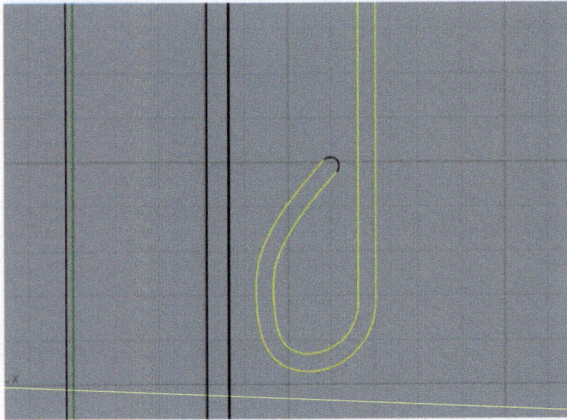

图3-581

12 使用"多重直线"工具 ⋀ 在笔夹顶部绘制一条连接两条曲线的线段，如图3-582所示；选择笔夹的所有曲线，使用"组合"工具 ⬝ 进行组合，如图3-583所示。

图3-582

图3-583

13 单击"挤出封闭的平面曲线"工具 ⬝，选择上一步组合后的曲线，按Enter键确认，将该曲线挤出，效果如图3-584所示；选择该笔夹与图3-577所示的环扣，使用"布尔运算联集"工具 ⬝ 将它们处理为一个整体，如图3-585所示。

图3-584

图3-585

14 **制作笔夹环切口** 因为笔夹环需要有切口才能扣到笔杆上，所以需要为环扣切割出一个开口。在右视图中单击"多重直线"工具 ⋀，选择环扣中心点作为起点，拖曳出线段，角度如图3-586所示。

15 单击"镜像"工具 ⬝，在前视图中选择环扣中心点作为镜像起点，水平拖曳鼠标指针，在终点位置单击确定，镜像后的效果如图3-587所示；使用"多重直线"工具 ⋀，绘制一条连接两条线段的线段，并使用"组合"工具 ⬝ 将3条线段组合起来，如图3-588所示。

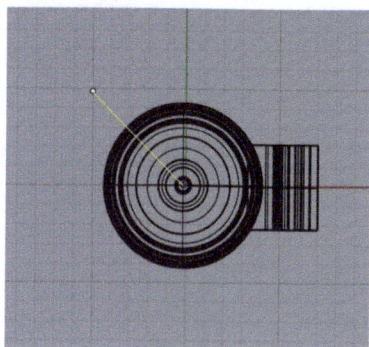

图3-586

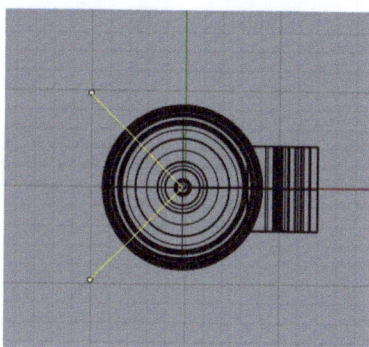

图3-587

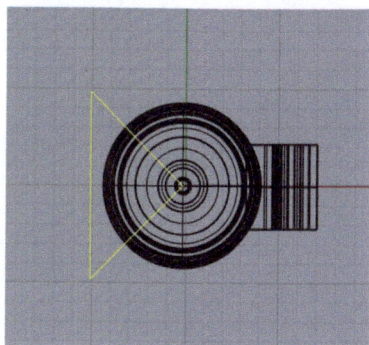

图3-588

16 单击"线切割"工具 ◎，选择上一步组合起来的曲线作为切割用曲线，选择环扣作为被切割的物件，按Enter键确认，再次按 Enter键将环扣割穿，如图3-589所示；按Enter键确认去掉切割后的余料，如图3-590所示。

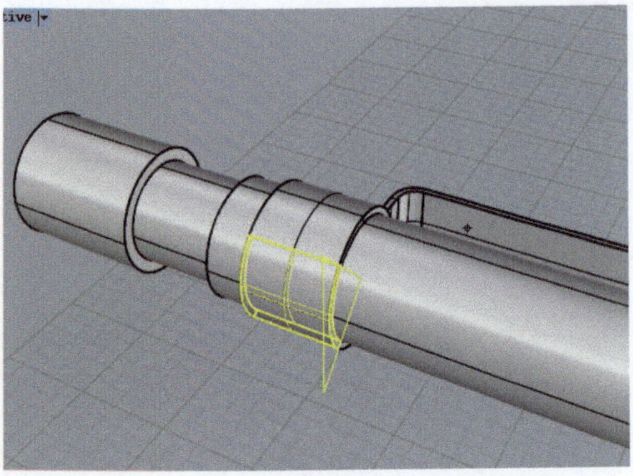

图3-589

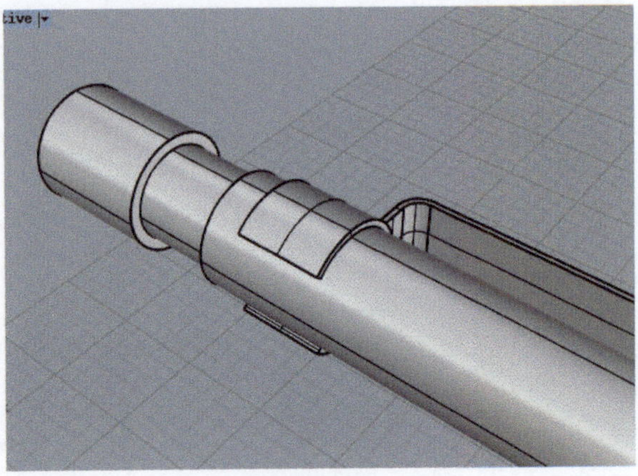

图3-590

17 单击"边缘圆角"工具 ◎，在命令栏中设置圆角半径，按Enter键确认，选择切割后的环扣的4个角，按Enter键确认，如 图3-591所示；观察倒角范围，如果符合预期，那么按Enter键确认，边角圆润的环扣效果如图3-592所示。

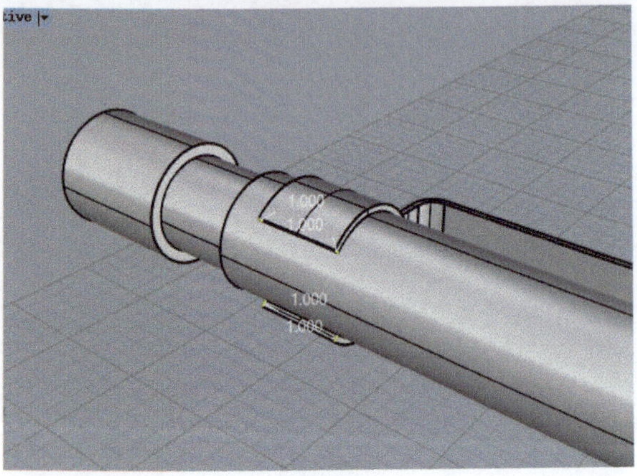

图3-591

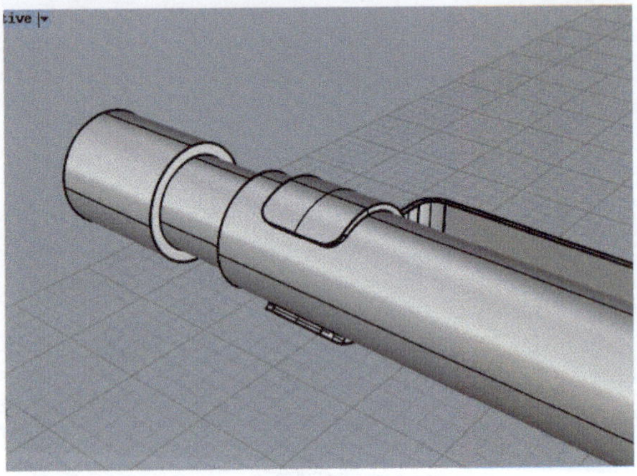

图3-592

18 细节处理 单击"边缘圆角"工具 ◎，在命令栏中设置圆角半径，逐个选择笔帽附近的几个直角边缘，如图3-593所示；按两 次Enter键确认，效果如图3-594所示。

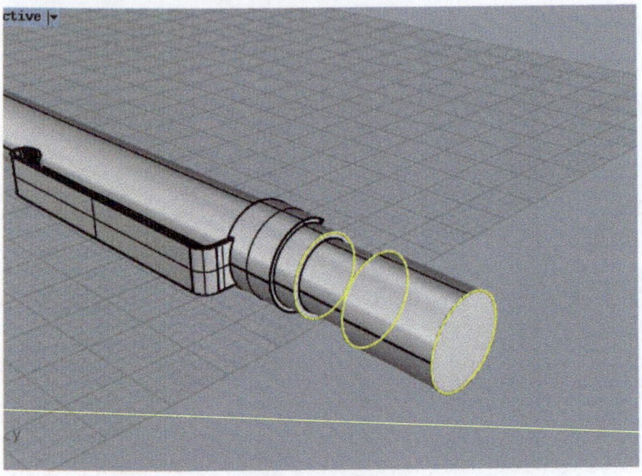

图3-593

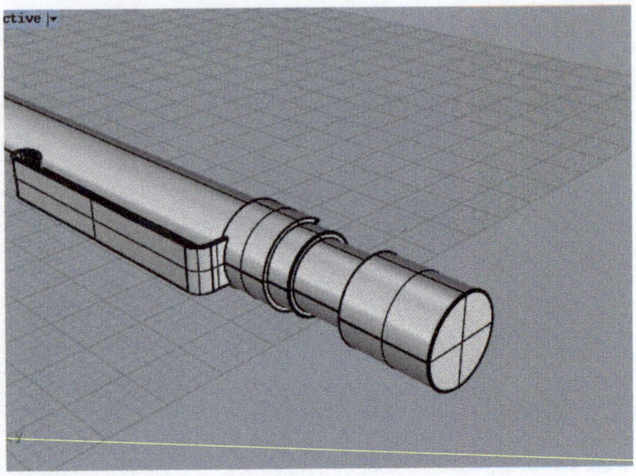

图3-594

19 重复上述操作，选择笔尖附近的边缘，如图3-595所示；按两次Enter键确认，圆角效果如图3-596所示。自动铅笔的最终效果如图3-597所示。

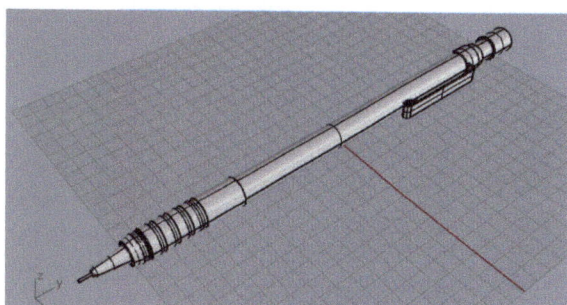

图3-595　　　　　　　　　图3-596　　　　　　　　　图3-597

实战：制作耳机

素材文件　无
实例文件　实例文件>CH03>实战：制作耳机.3dm
视频文件　实战：制作耳机.mp4
学习目标　熟悉产品建模过程中的细节和造型处理方法

入耳式耳机的模型效果如图3-598所示。

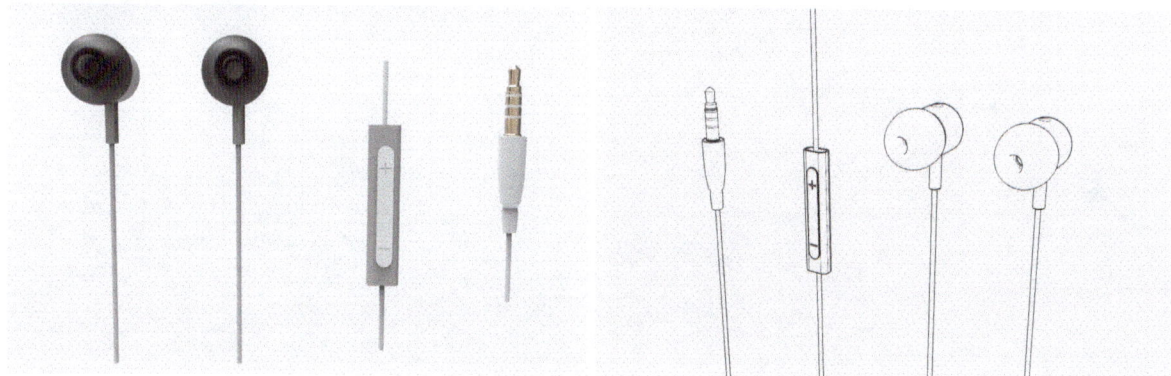

图3-598

01 **制作腔体**　使用"圆柱体"工具 ● 绘制一个圆柱体，如图3-599所示；单击"边缘斜角"工具 ● ，在命令栏中输入倒角数据，选择圆柱体的一侧边缘，按两次Enter键确认，效果如图3-600所示。

图3-599　　　　　　　　　　　　　　　　　　　图3-600

02 使用"圆柱管"工具◉在圆柱体中心点处创建圆柱管，如图3-601所示；使用"圆柱管"工具◉创建外拓管，如图3-602所示，右视图的位置关系如图3-603所示。

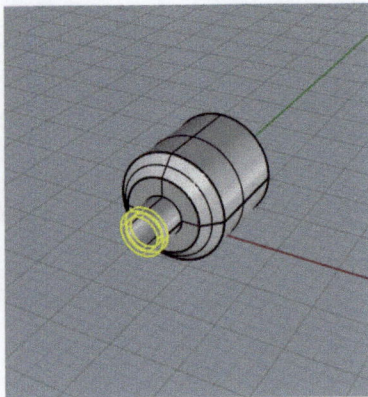

图3-601

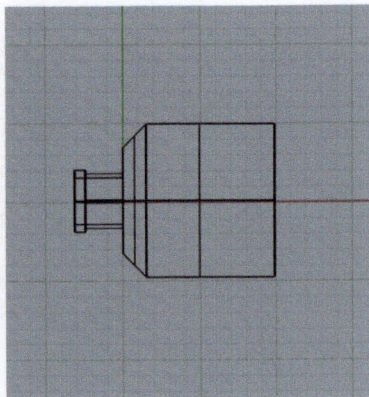

图3-602

图3-603

03 **制作耳塞** 单击"多重直线"工具⟍，选择圆柱管中心点作为多重直线的起点，绘制图3-604所示的线段。

04 使用"控制点曲线"工具⟿在右视图中绘制图3-605所示的封闭曲线；选择"旋转成形"工具♥，选择绘制的封闭曲线作为旋转曲线，按Enter键确认，选择前面绘制的线段的两个端点作为旋转轴的起点和终点，如图3-606所示；在命令栏中选择"360度（U）"选项，将曲线旋转360°，如图3-607所示；微调耳塞位置，如图3-608所示。

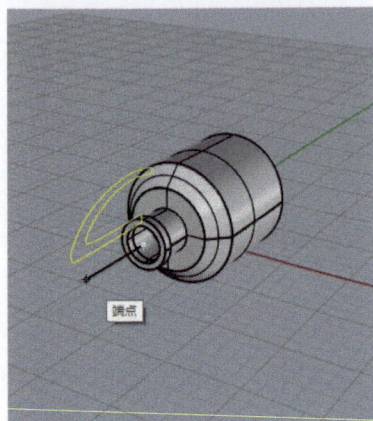

图3-604

图3-605

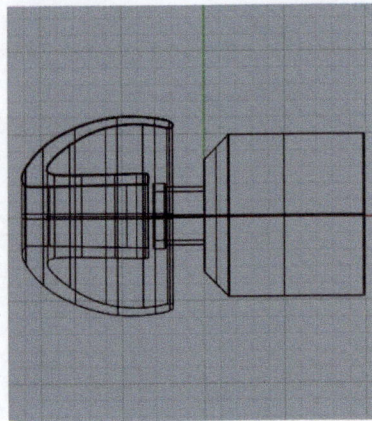

图3-606

图3-607

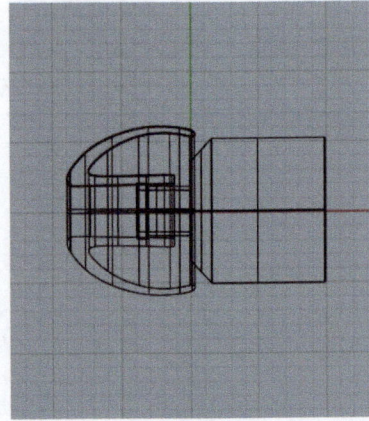

图3-608

05 制作线孔 使用"边缘斜角"工具 对耳机背部的边缘进行倒角处理，如图3-609和图3-610所示。

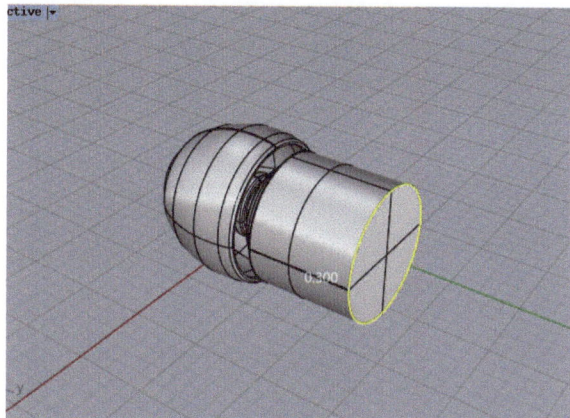

图3-609

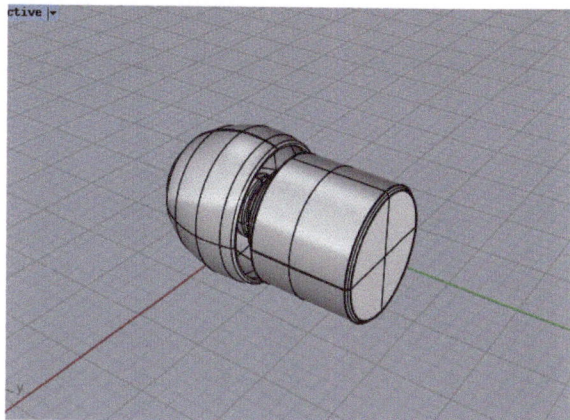

图3-610

06 使用"圆：半径、中心点"工具 在顶视图中绘制圆，如图3-611所示；单击"切割"工具 ，选择耳机腔体作为被切割的物件，按Enter键确认，选择圆作为切割用物件，按Enter键确认，切割腔体后删除切割出的曲面圆，如图3-612所示。

图3-611

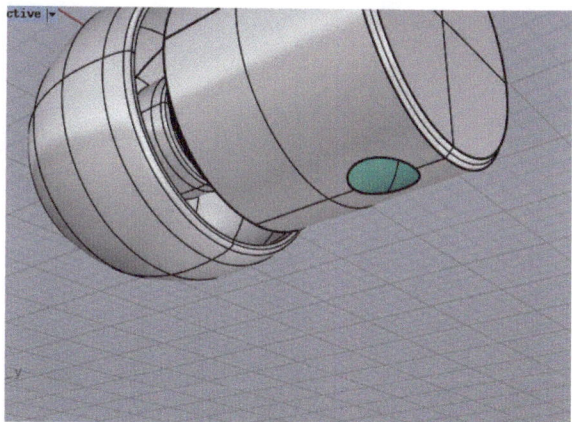

图3-612

07 制作线孔的胶头 单击"直线挤出"工具 ，选择线孔边缘曲线，如图3-613所示；按Enter键确认，向下拖曳鼠标指针，挤出曲面，单击确认，如图3-614所示。

图3-613

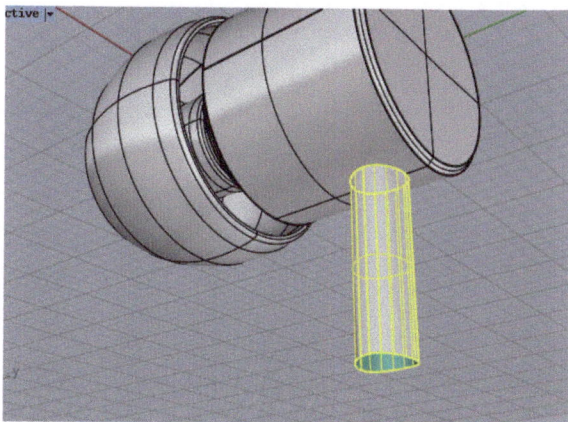

图3-614

08 单击"组合"工具👌，选择挤出的曲面与腔体，将它们进行组合；使用"边缘圆角"工具🔘对挤出的曲面与腔体的接缝处进行圆角处理，如图3-615所示；按两次Enter键确认，如图3-616所示。

图3-615

图3-616

09 使用"多重直线"工具🗽绘制一条连接胶头底部边缘上的两点的线段，如图3-617所示。

图3-617

10 单击"嵌面"工具🔾，选择线段和曲面边缘，如图3-618所示；按Enter键确认，在"嵌面曲面选项"对话框中设置参数，如图3-619所示；嵌面处理后的曲面效果如图3-620所示。

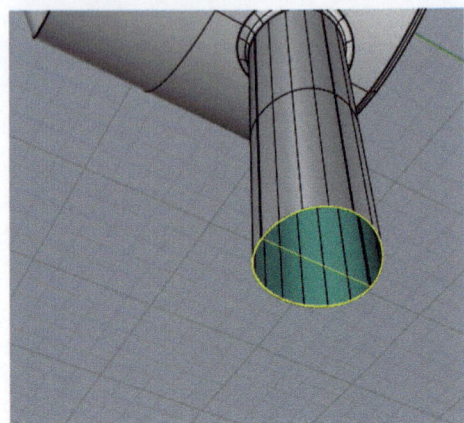

图3-618

图3-619

图3-620

11 使用"圆柱体"工具◉绘制一条简易耳机线,如图3-621所示。

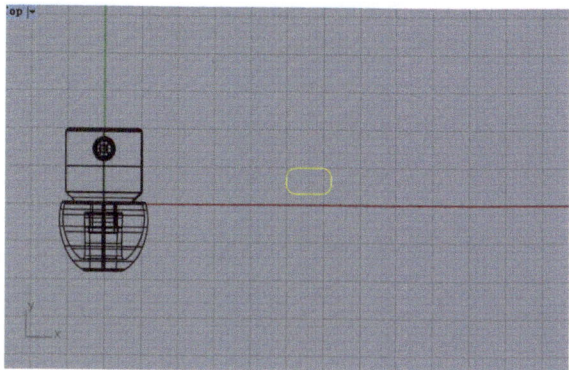

图3-621

12 **制作线控板** 使用"圆角矩形"工具◉在顶视图中绘制一个圆角矩形,圆角矩形与耳机的大小关系如图3-622所示。

图3-622

13 单击"曲线偏移"工具◉,选择圆角矩形作为要偏移的曲线,将其向内偏移,如图3-623所示。

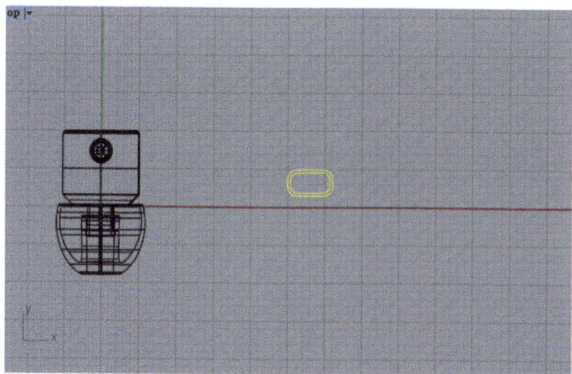

图3-623

14 选择两个圆角矩形,单击"挤出封闭的平面曲线"工具◉,将两条曲线挤出,长度如图3-624所示。

图3-624

15 单击"实体工具"选项卡,再单击顶部工具栏中的"建立圆洞"工具◉,选择线控板的前部曲面,创建一个小圆洞,将其作为拾音孔,如图3-625所示。创建小圆洞后使用"旋转"工具◉,将线控板背面旋转过来面向前方。

16 使用"圆角矩形"工具◉在线控板前方绘制一个圆角矩形,大小如图3-626所示;使用"挤出封闭的平面曲线"工具◉挤出曲线,如图3-627所示。

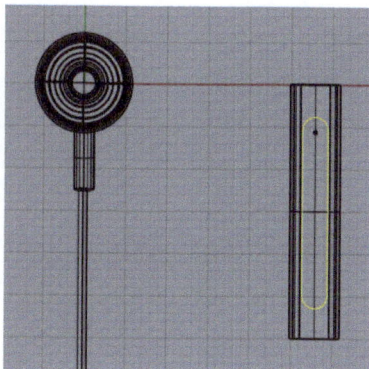

图3-625

图3-626

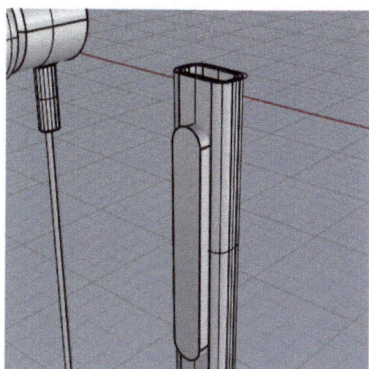

图3-627

17 单击"布尔运算差集"工具 🔘，选择线控板，按Enter键确认，选择上一步挤出的圆角矩形，按Enter键确认，效果如图3-628 所示；单击"挤出封闭的平面曲线"工具 🔘，选择圆角矩形，按Enter键确认，挤出厚度，如图3-629所示。

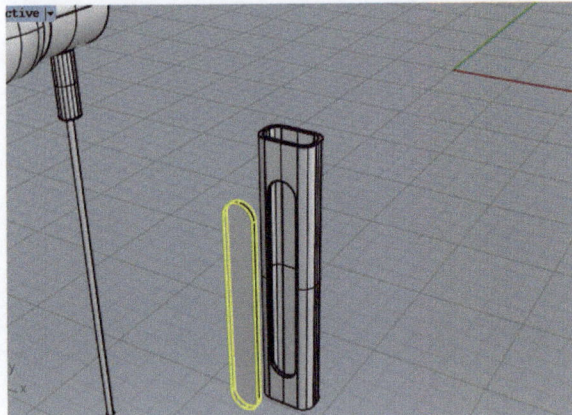

图3-628

图3-629

18 **制作音量键"+"** 单击"圆角矩形"工具 🔘，在挤出的圆角矩形前绘制一个更小的圆角矩形，如图3-630所示；复制该曲 线，将复制后的曲线旋转90°，使两个矩形垂直居中，如图3-631所示。

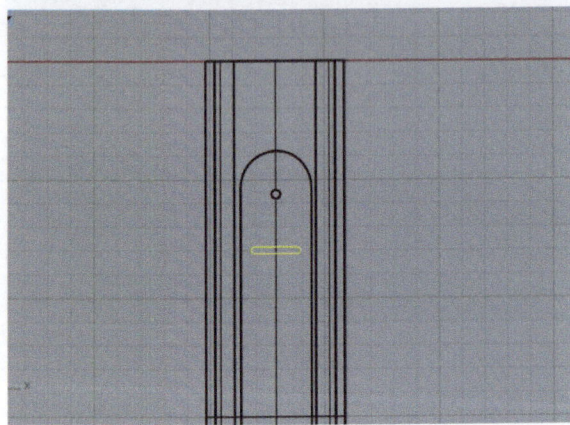

图3-630

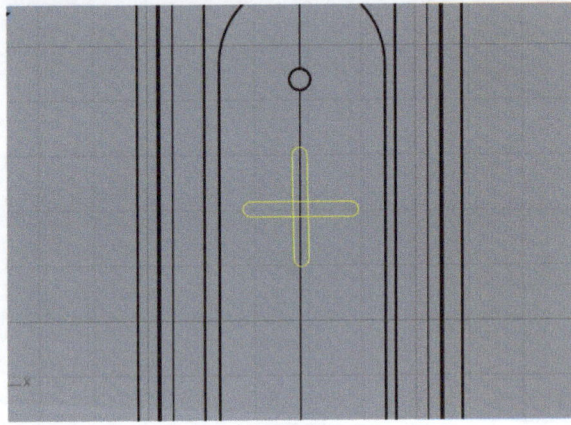

图3-631

19 单击"修剪"工具 🔘，对两条曲线的重合部分进行修剪，如图3-632所示；选中修剪后的两条曲线，使用"组合"工具 🔘 对 它们进行组合，如图3-633所示。

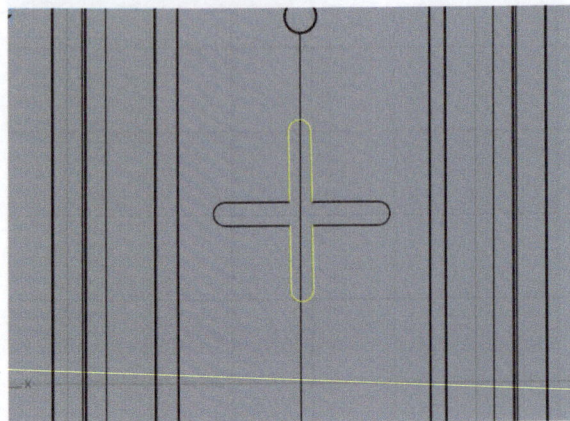

图3-632

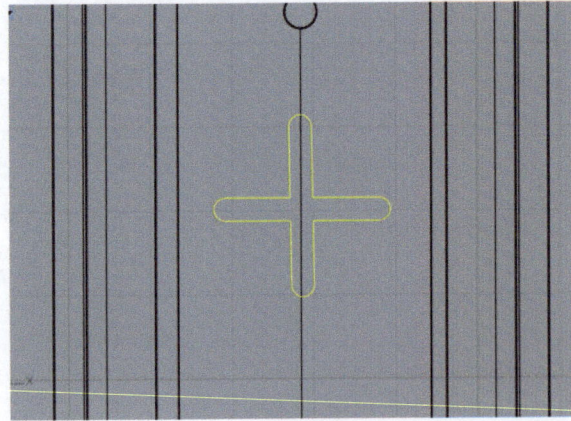

图3-633

20 单击"挤出封闭的平面曲线"工具❑，对上一步组合的封闭曲线进行挤出操作，如图3-634所示；单击"布尔运算差集"工具❑，选择圆角矩形，按Enter键确认，选择挤出的"＋"物件，按Enter键确认，效果如图3-635所示。

图3-634

图3-635

21 **制作音量键"－"** 使用与制作音量键"＋"物件相同的方法制作音量键"－"物件，效果如图3-636和图3-637所示；同样使用"布尔运算差集"工具❑处理模型，效果如图3-638所示。

图3-636

图3-637

图3-638

22 **线控封盖** 使用"以平面曲线建立曲面"工具❑对线控板的上下曲面边缘封盖，如图3-639和图3-640所示。

23 使用"圆柱体"工具❑绘制两条简易的耳机线，效果如图3-641所示。

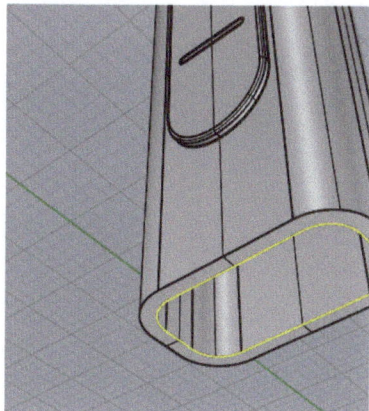

图3-639

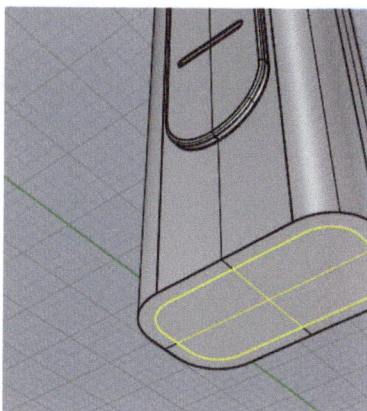

图3-640

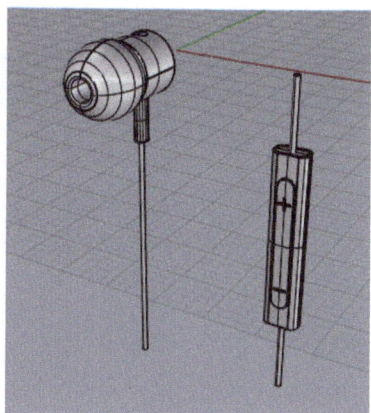

图3-641

24 **制作耳机插头** 以典型的3.4mm耳机插头为例，使用"多重直线"工具∧在前视图中绘制轴线，使用"控制点曲线"工具ⵉ绘制耳机插头的轮廓曲线，如图3-642所示；单击"旋转成形"工具♥，选择轮廓曲线作为旋转成形曲线，选择绘制的轴线作为旋转轴，旋转成形后的物件如图3-643所示。

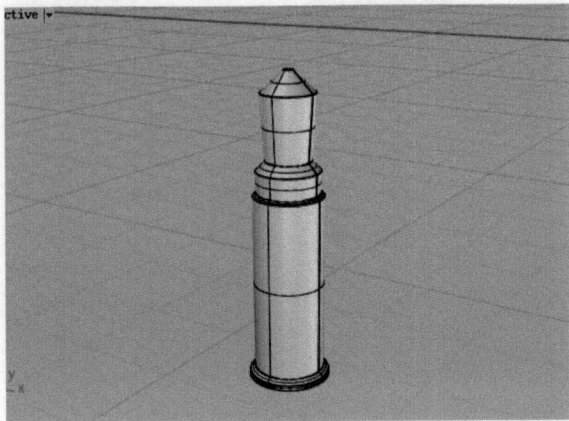

图3-642　　　　　　　　　　　　　　　　　　图3-643

25 同理，使用"多重直线"工具∧在前视图中绘制轴线，使用"控制点曲线"工具ⵉ绘制轮廓曲线，如图3-644所示；使用"旋转成形"工具♥将其旋转成形，如图3-645所示。

图3-644　　　　　　　　　　　　　　　　　　图3-645

26 将上两步绘制的物件组合为插头，如图3-646所示；使用"圆柱体"工具◙绘制一条简易的耳机线，如图3-647所示。

27 使用"镜像"工具🔷复制一个耳塞物件，并调整其位置，最终效果如图3-648所示。

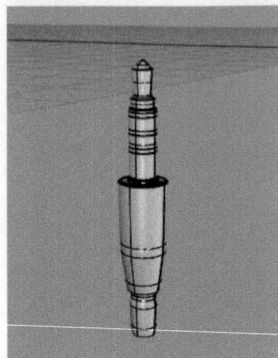

图3-646　　　　　　图3-647　　　　　　　　　　　图3-648

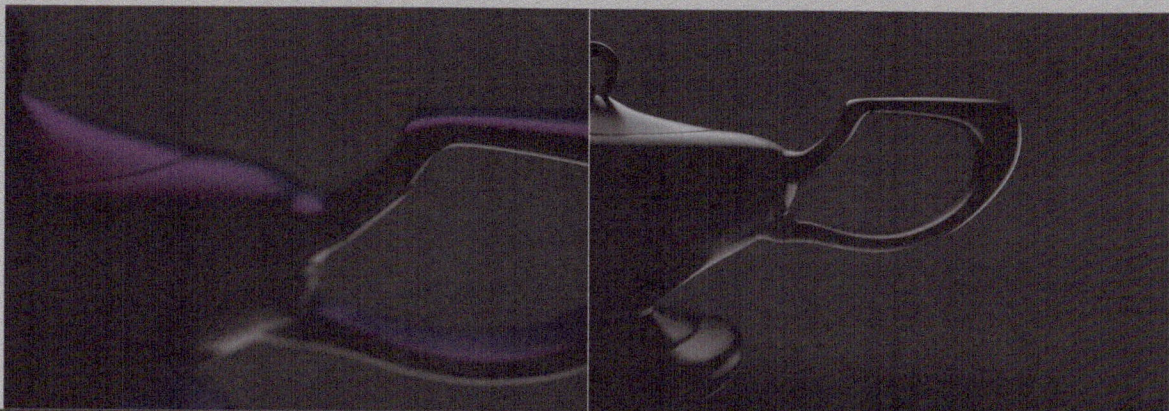

第4章 KeyShot材质调整.

■ **学习目的**

本章主要介绍产品设计中的材质处理。通过本章的学习，读者能熟练掌握使用 KeyShot 制作材质的方法。相较于 V-Ray 等渲染器，KeyShot 使用更方便、简单，且表现更为直观。

■ **主要内容**

KeyShot 操作界面、KeyShot 常用设置、KeyShot 材质表现方式等。

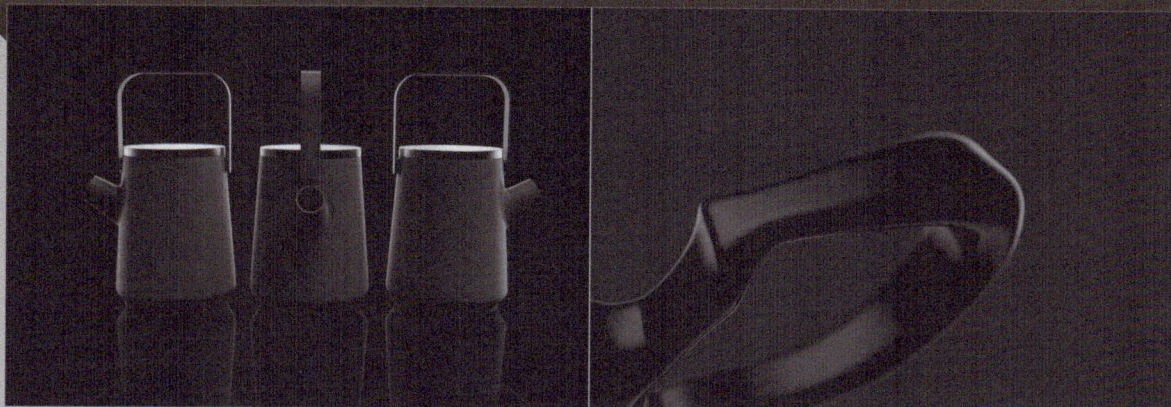

4.1 KeyShot界面及基本操作

KeyShot的界面分为实时渲染窗口、主菜单、工具栏、模板库、项目窗口等，如图4-1所示。KeyShot实时渲染窗口是该软件界面的主窗口，如图4-2所示。在这里可以看到实时渲染的3D模型，使用相机控件可以改变场景的参数，类似于摄像机视角。

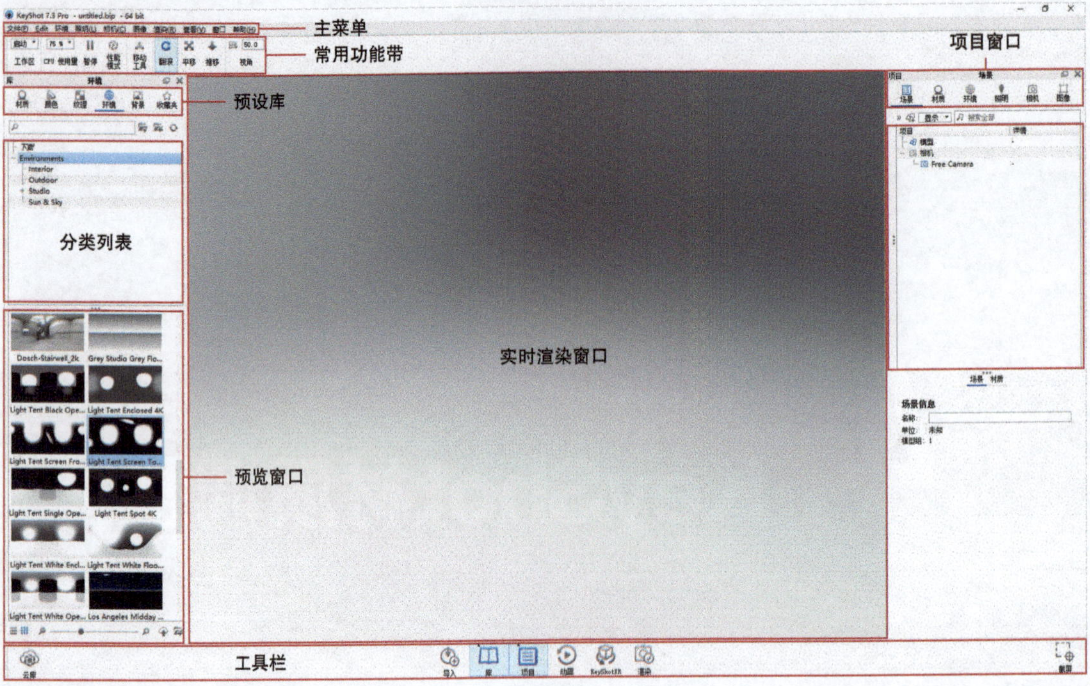

图4-1

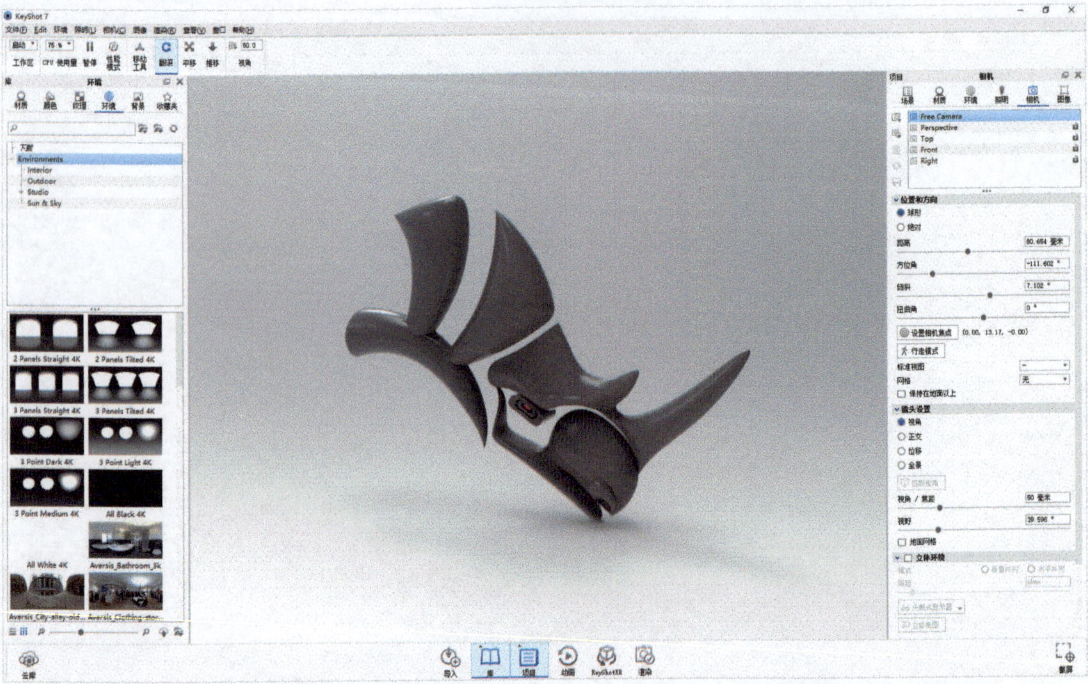

图4-2

4.1.1 导入/导出/保存文件

KeyShot主菜单在界面顶部，如图4-3所示。在这里可以进行文件的导入/保存、添加/编辑几何体、设置环境阴影、选择照明环境模式、编辑相机、查看帮助等操作。

图4-3

> **提示** 打开"文件"菜单，如图4-4所示。在该菜单中可以选择新建、导入、保存、导出等命令。
>
>
>
> 图4-4

导入 KeyShot支持大部分软件的3D模型文件格式，如Rhino、Maya、C4D、ZBrush、Pro/E等，如图4-5所示。

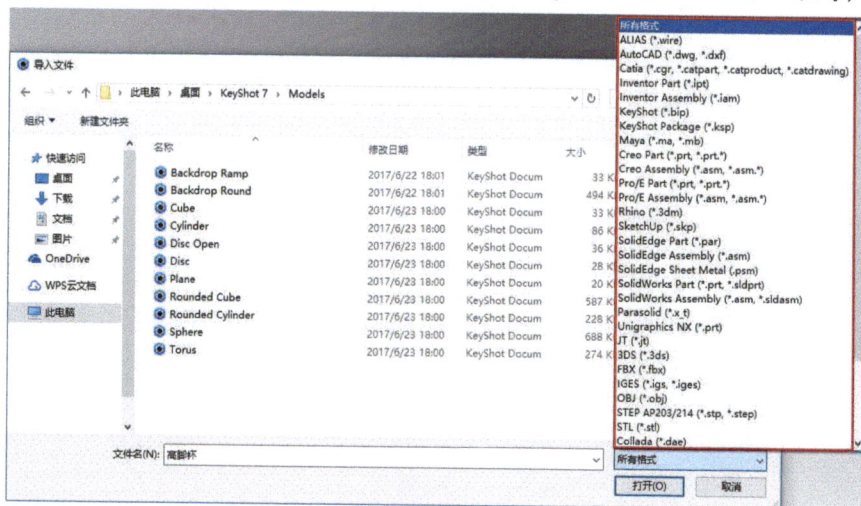

图4-5

导出 KeyShot可以导出多种格式的模型，主要有OBJ、FBX、STL和ZPR格式，如图4-6所示。

保存 KeyShot的保存方法与其他软件相同，而"保存文件包"的作用是将当前场景内的贴图、HDRI灯光环境全部打包到一个文件包内，方便团队或合作方查看，文件包如图4-7所示。

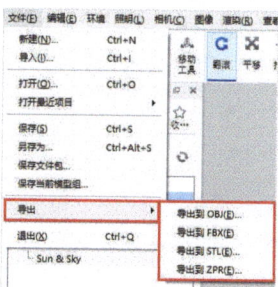

图4-6   图4-7

4.1.2 编辑

在"编辑"菜单下可以添加/编辑/清除几何图形、设置场景单位和进行首选项设置，如图4-8所示。

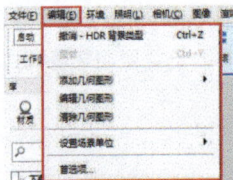

图4-8

添加几何图形 使用"添加几何图形"子菜单中的命令可以向环境中添加几何体，如图4-9所示。图4-10中的①处为添加的环境地面，②处为往环境中添加的几何模型。

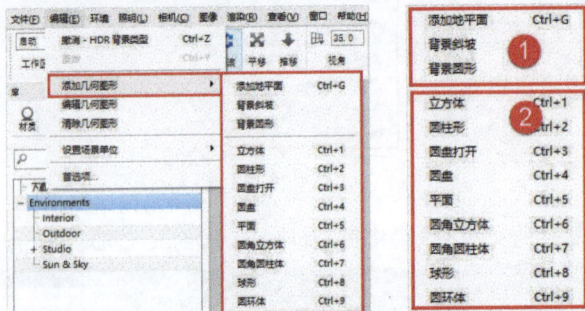

图4-9

图4-10

例如，选择"立方体"命令，可以为环境添加立方体，如图4-11所示；选择"背景斜坡"命令，可以在环境中添加一个背景斜坡，如图4-12所示。

图4-11

图4-12

设置场景单位 选择"编辑>设置场景单位"菜单命令，如图4-13所示，可以设置KeyShot文件中使用的场景单位，这个单位最好与在Rhino中编辑模型时使用的单位一致，这样在后期进行贴图操作时可保证贴图合适。

图4-13

首选项 选择"编辑>首选项"菜单命令可以打开"首选项"对话框，如图4-14所示。在这里可以进行KeyShot主要参数的设定，包括常规、界面、插件等，切换选项卡，可对不同的参数进行设置，本章后面的内容将对常用设置进行介绍。

图4-14

4.1.3 界面的其他区域

常用功能带 KeyShot常用功能带提供快速访问常用设置、工具、命令和界面的功能，如图4-15所示。鼠标右键单击功能带空白区域弹出菜单，可勾选或取消勾选选项来启用或停用相关工具或命令，如图4-16所示。图中的功能全部为开启状态，读者可以根据习惯和需要选择功能，如图4-17所示。

图4-15　　　　　　　　　　图4-16　　　　　　　　　　图4-17

工具栏 通过工具栏能够快速访问常用的窗口和功能，如图4-18所示。例如，单击"库"按钮打开库窗口，单击"项目"按钮打开项目窗口，单击"渲染"按钮打开渲染窗口等。

预设库 KeyShot预设库里有本地存储的材质、颜色、纹理、环境、背景和收藏夹预设，可以在该窗口快速调用这些预设文件，如图4-19所示。图中①处为选项卡切换区，在这里切换预设库类别；②处为预设库详细列表，从这里快速选择预设分类；③处为效果预览界面，在这里能看到不同预设的效果并直接选用。

项目窗口 KeyShot项目窗口是模型的主要编辑区域，如图4-20所示，其中有6个面板：场景、材质、环境、照明、相机和图像。模型导入KeyShot之后，材质调节和环境灯光都将在这里进行编辑。

图4-18

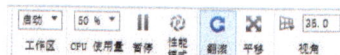

图4-19

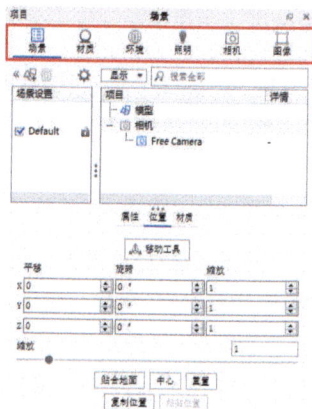

图4-20

新闻窗口 每次打开KeyShot时都会弹出新闻窗口，如图4-21所示。新闻窗口里显示了最近打开的场景、新闻、技巧教学等，如果要快速打开最近保存的场景，直接单击场景即可。如果要禁用新闻窗口，则选择"编辑>首选项"菜单命令，在"常规"选项卡中取消勾选"在应用程序启动时显示新闻窗口"选项，如图4-22所示。

图4-21

图4-22

4.1.4 KeyShot使用流程简述

导入3D模型 启动KeyShot，使用"导入"功能或直接将模型拖入界面，打开模型。

选择编辑材质 从预设库中选择正确的材质标签，将材质应用到模型上，根据需要对材质进行调整。

选择编辑环境 选择环境标签，将环境应用到场景内，根据需要对环境进行调整。

调节相机 调整相机角度、视角、焦距等参数。

渲染导出 进行渲染参数及输出设置，渲染并输出。

4.2 KeyShot常用设置

本节主要介绍KeyShot的常用设置，更改这些设置，可以让软件的兼容性更强，从而提高工作效率。

4.2.1 设置CPU使用量

KeyShot是使用CPU进行实时渲染的，如果在进行模型编辑时，实时渲染占用了系统全部的CPU使用量，将导致软件卡顿，编辑效果不佳。在进行模型编辑之前，将KeyShot实时渲染的CPU使用量调低，可以解决这个问题。

单击"常用功能带"中的"CPU使用量"下拉按钮，弹出下拉列表，如图4-23所示，建议选择75%-6核。这里的6核根据系统CPU处理器的实际线程处理数而定，如果CPU处理器的线程数高，这里的核数将更多，实时渲染速度也更快。选择使用75%的CPU线程进行渲染，剩余部分也可以保证系统的正常运行。

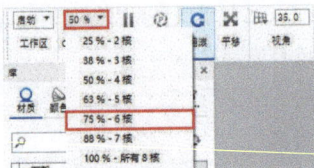

图4-23

4.2.2 反向相机距离滚动

在KeyShot中向前滚动鼠标滚轮默认为增加相机与模型的距离，这与Rhino是相反的。如果习惯了Rhino的使用方式，使用KeyShot时会经常发生混乱，因此可以通过菜单栏的"编辑>首选项"命令，打开"首选项"对话框，在"界面"选项卡中勾选"反向相机距离滚动"选项，如图4-24所示，即可反转KeyShot相机滚动观察方向，使其与Rhino保持一致，减少误操作。

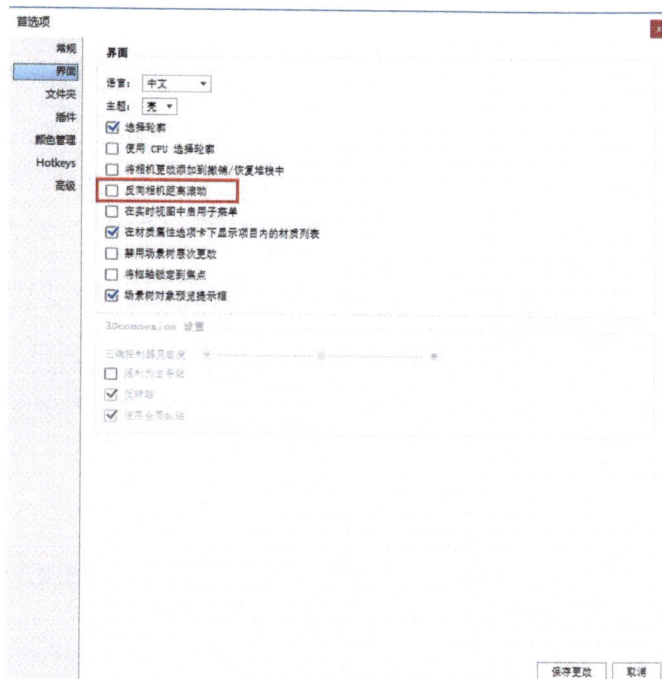

图4-24

4.2.3 改变预设库路径

预设库的资源读取于默认文件夹，如要改变资源读取路径，可以选择菜单栏的"编辑>首选项"命令，打开"首选项"对话框，在"文件夹"选项卡中选择资源文件夹所在位置，如图4-25所示。也可以分别指定各个资源文件夹读取位置，如图4-26所示。

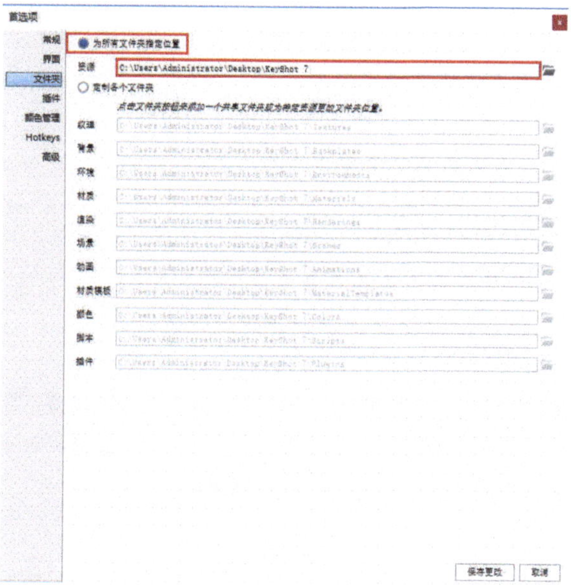

图4-25

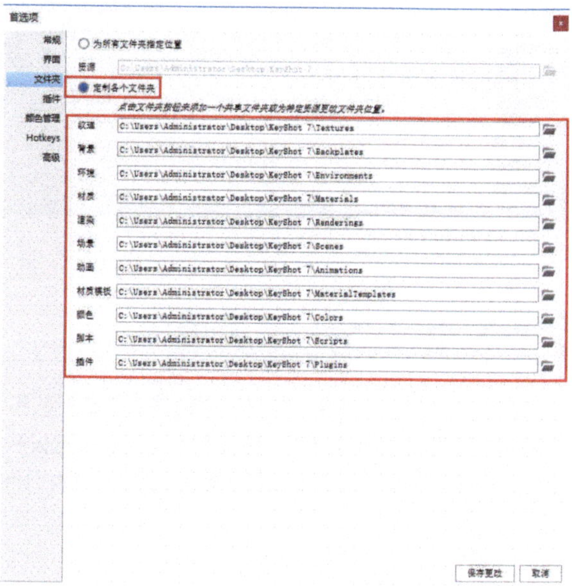

图4-26

4.2.4 切换界面主题风格

选择"编辑>首
选项"菜单命令,如
图 4-27所示;弹出
"首选项"对话框,
在"界面"选项卡中
单击"主题"下拉按
钮,在弹出的下拉列
表中切换亮色风格和
暗色风格,如图4-28
所示。

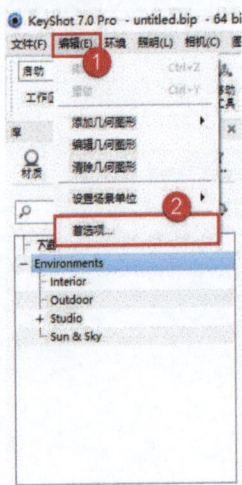

图4-27

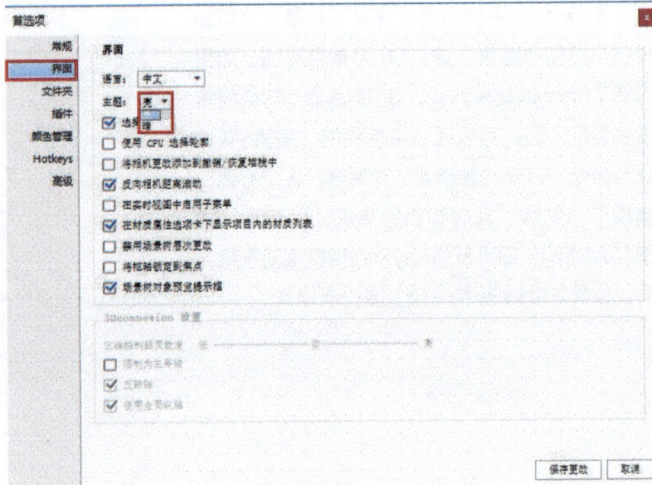

图4-28

暗色风格的效果如图4-29所示。在本书的KeyShot渲染演示中,为保证书面辨识度,将使用亮色风格。在实际
使用中,读者可以依据自己的喜好和习惯选择风格。

4.2.5 设置语言为中文

KeyShot内置了中文语言包,如果读者打开安装的KeyShot时界面显示的是英文,可以选择"Edit(编辑)>
Preferences(首选项)>Interface(界面)>Language(语言)"命令,并选择"中文",如图4-30所示。

图4-29

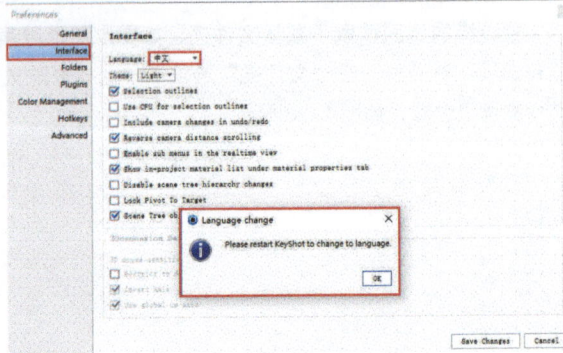

图4-30

4.2.6 暂停实时渲染

单击"暂停实时渲染"按钮,可以将当前进行的实时渲染进程暂时停止,如图4-31所示。在需要修改模型,或
者需要使用其他软件的时候,暂停实时渲染进程可以释放CPU使用量,防止软件外的操作卡顿。执行"暂停实时渲
染"功能后,对模型和环境的修改将无法实时呈现,如需继续进行实时渲染,再次单击该按钮即可。

图4-31

4.2.7 相机

在项目窗口的"相机"面板中,可以对当前相机进行一些设置,如图4-32所示。如图4-33所示,①为"新增相机"按钮,②处显示当前的相机。新增相机后可以对相机进行重命名,在对相机进行设置之后,可以单击"保存当前相机"按钮对相机进行保存,如图4-34所示。

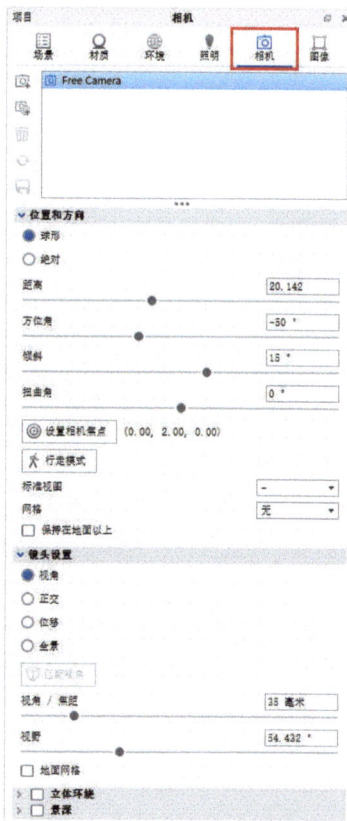

图4-32

图4-33

提示 在每次对相机参数进行改变之后(包括视角、距离、倾斜等),如符合预期视觉效果,则应及时单击"保存当前相机"按钮,或单击"新增相机"按钮,将相机保存为新的相机。这样在一个渲染文件中,我们就有多个不同视角的相机了,可以通过单击各个相机名字来切换视角,非常方便,如图4-34所示。

图4-34

4.2.8 设置相机参数

在图4-35所示的①处设置相机的位置和方向,也可以在实时渲染窗口中使用鼠标进行调节。在②处对相机镜头做一些设置,一般选择"视角"选项,更为关键的是"视角/焦距"调节框,焦距越小,场景内的物件透视越夸张,默认情况下为35毫米焦距;如果要更小的透视,可设置为50毫米焦距,这个焦距下的镜头更接近人眼,人们的接受度更高。

KeyShot的相机有"景深"功能,在图4-35所示的③处进行设置。首先勾选"景深"选项,单击"选择'聚焦点'"按钮,然后在实时渲染窗口中单击确定聚焦点位置,这样就可以实时看到景深效果;合理设置"光圈"数值,可以获得更好的景深效果。

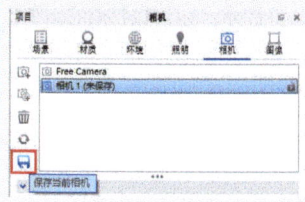

图4-35

4.3 KeyShot视图操作

本节主要介绍KeyShot的视图操作。通过本章的学习，读者可以掌握在KeyShot中选择最佳渲染视角的方法。

4.3.1 转动视角

在KeyShot实时渲染窗口中进行观察时，经常需要转动视角，以寻找合适的渲染角度。在实时渲染窗口中按住鼠标左键左右拖曳，即可实时进行相机视角的转动。

4.3.2 转动背景

有时找到合适的渲染角度之后，HDRI环境的光线方向不正确，这时可以通过项目窗口"环境"面板"设置"选项卡中的"旋转"调节框对光线方向进行设置，设置方法为按住中间的滑块左右拖曳，或直接在右边数值框输入需要的角度，如图4-36所示。

另外，还可以按住Ctrl键，直接在实时渲染窗口中按住鼠标左键并拖曳鼠标指针，直接转动HDRI环境。

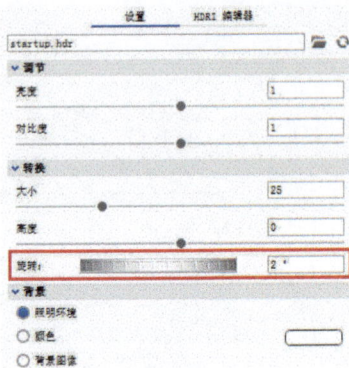

图4-36

4.3.3 在"场景"面板中选中物件

在项目窗口"场景"面板中可以看到以文档列表形式显示的模型文件，选中它们可以弹出物件的3D缩略图，如图4-37所示。此时实时渲染窗口中也将高亮显示当前选中的物件，如图4-38所示。

图4-37

图4-38

4.3.4 移动模型或部件

在KeyShot中对模型或部件进行移动是非常常用的操作，方法是在实时渲染窗口中选中需要移动的模型或部件，单击鼠标右键，在弹出的菜单中选择"移动模型"或"移动部件"命令，如图4-39所示。

"移动模型"即移动整个模型，"移动部件"则只移动当前选中的部件。"移动选定项"使用率较低，在此不做介绍。

图4-39

4.3.5 复制模型或部件

在项目窗口"场景"面板下的模型列表中，右键单击模型或部件，在弹出的菜单中选择"复制"命令，再选择上一级菜单项，单击鼠标右键，在弹出的菜单中选择"粘贴副本"命令，如图4-40所示，即可在该列表中原位复制一份当前选中的模型。

原位复制后的模型与复制前的模型位置是一致的，要在实时渲染窗口中对其进行观察，就需要在"场景"面板的列表中选择复制后的文件项，如图4-41所示；单击鼠标右键，在弹出的菜单中选择"移动"命令，如图4-42所示；然后在实时渲染窗口中对模型进行位移，如图4-43所示。

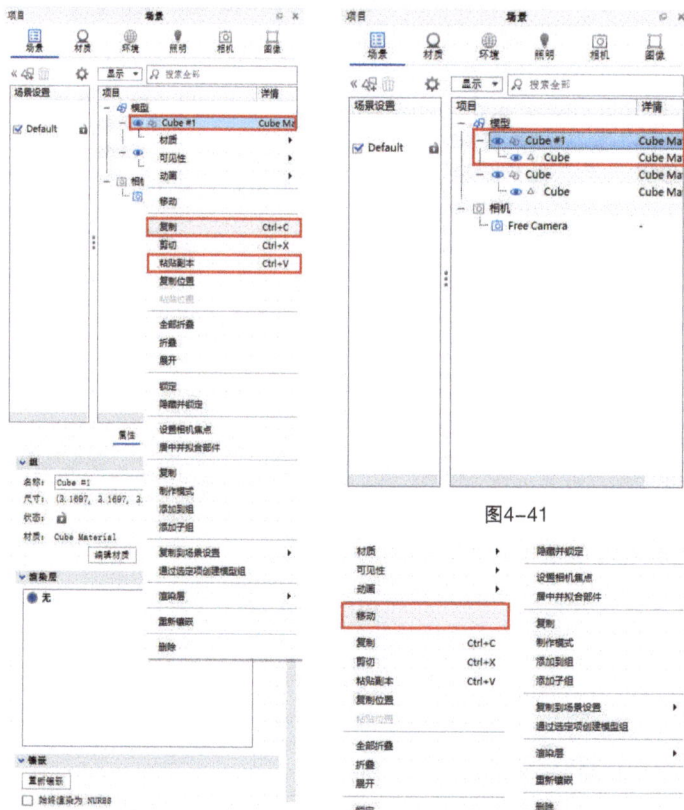

图4-40   图4-42

图4-41

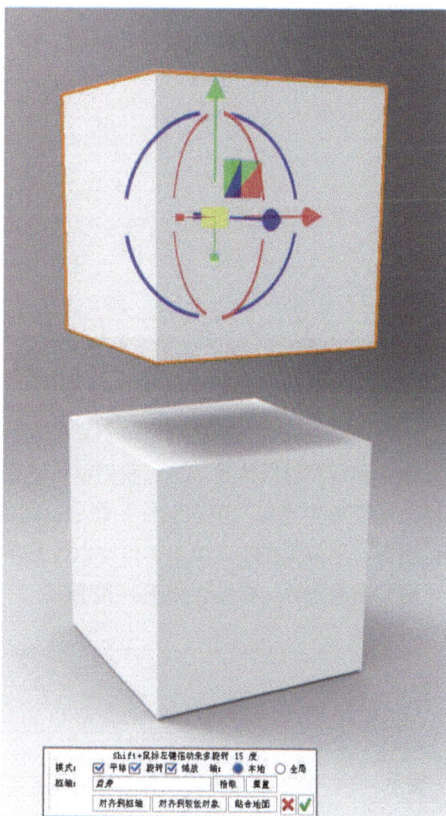

图4-43

4.3.6 复制材质

复制材质是常用的材质编辑技巧，方法是在实时渲染窗口中右键单击要进行材质复制的部件，在弹出的菜单中选择"复制材质"命令，如图4-44所示。然后在需要赋予材质的部件上单击鼠标右键，在菜单中选择"粘贴材质"命令，如图4-45所示。

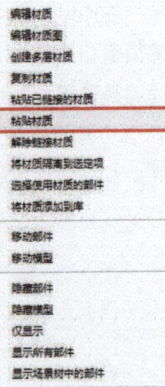

图4-44　　图4-45

4.3.7 解除链接材质

如果我们在Rhino中设置多个部件为同一颜色图层，那么在将模型导入KeyShot之后，这些同图层的部件的材质将会因编辑而同时发生改变。在一些特殊情况下，我们想要将同图层的部件的材质链接解除，单独为其编辑材质，这时就需要用到"解除链接材质"命令。

在需要解除链接材质的部件上单击鼠标右键，在菜单中选择"解除链接材质"命令，如图4-46所示，即可解除当前部件与其他部件的材质链接。然后在该部件上单击鼠标右键并在弹出的菜单中选择"编辑材质"命令，就可以在项目窗口"材质"面板中进行材质的单独编辑了。

图4-46

4.3.8 隐藏模型或部件

在渲染过程中，有些模型过于复杂或有多层部件，造成编辑材质过程中无法选中和观察材质效果，这时我们就可以在要隐藏的部件上单击鼠标右键，在弹出的菜单中选择"隐藏部件"命令，如图4-47所示。而要将隐藏的部件显示出来，则只需在实时渲染窗口空白位置单击鼠标右键，在弹出的菜单中选择"显示所有部件"命令，如图4-48所示。

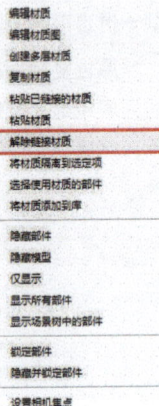

提示　隐藏某些模型的操作与上述方法基本相同，选择"隐藏模型"命令即可。

图4-47　　图4-48

4.4 KeyShot 材质指定

本节主要介绍如何使用KeyShot为产品模型指定材质，内容包括不同材质的制作和调整。

4.4.1 选择材质

打开KeyShot"材质"面板，如图4-49所示，常用的材质有Glass（玻璃）、Metal（金属）、Paint（油漆）和Plastic（塑料）等，可以在分类列表中直接单击需要的材质，然后在材质球窗口中查看材质效果，如图4-50所示。也可以单击分类列表前的"+"号展开列表，如图4-51所示。在材质球窗口中按住材质球，再将其拖曳到模型上，即可赋予模型该材质。

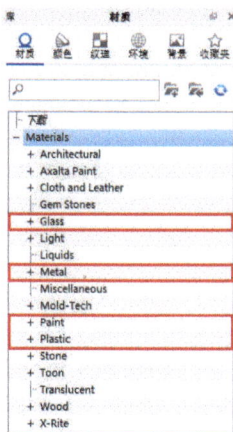

图4-49　　　　　　　　　　　　图4-50　　　　　　　　　　　　图4-51

4.4.2 编辑材质

在实时渲染窗口中，在要进行材质编辑的部件上单击鼠标右键，在弹出的菜单中选择"编辑材质"命令，如图4-52所示，即可在项目窗口"材质"面板中进行该材质的编辑，如图4-53所示。

图4-52

图4-53

01 单击"材质图"按钮，在打开的"材质图"面板中编辑材质，如图4-54所示。"材质图"面板将材料、纹理、标签等显示为图形视图中的节点，将材料中复杂的连接关系以可视化的方式呈现，如图4-55所示。

图4-54

图4-55

02 使用鼠标右键单击"材质图"面板的空白处，在菜单中选择"材质"或"纹理"等命令，在弹出的子菜单中选择需要添加的节点，如图4-56所示。

03 按住并拖曳图形视图两侧的白色圆点，使该视图与其他视图互相连接，即可链接材质，如图4-57所示。

04 双击图形视图，即可在右侧的属性面板中编辑该材质，如图4-58所示。

图4-56

图4-57

图4-58

材质类型 可以在项目窗口中快速改变当前材质的类型，单击"材质类型"右侧的下拉按钮，弹出材质类型列表，在其中选择需要的材质类型即可，如图4-59所示。

材质属性 在材质的"属性"选项卡下，可以改变该材质的基色及各种反射的颜色，调节粗糙度和折射指数等，如图4-60所示。在这里调节材质的基本属性，可以在实时渲染窗口中看到相应的变化。

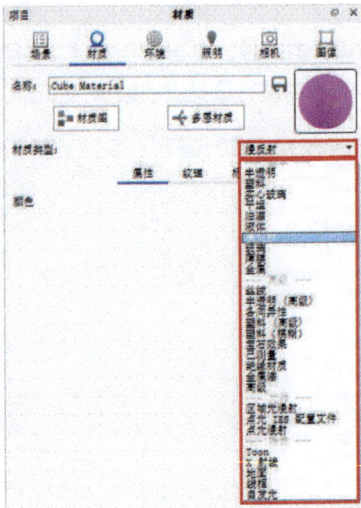

图4-59

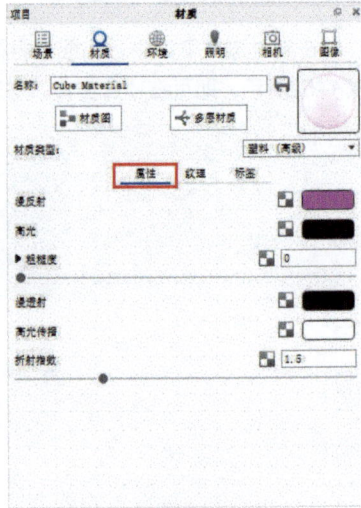

图4-60

材质纹理 设置纹理是将图像映射到材质上，产生纹理效果。打开"纹理"选项卡，如图4-61所示。

不同的材质可以设置的纹理各不相同，如图4-62所示。在①处选择要呈现的纹理效果，若选择"凹凸"，则该图像映射将凹凸呈现纹理；在②处选择纹理类型，单击下拉按钮弹出下拉列表；在③处选择映射类型，单击下拉按钮弹出下拉列表；在④处调节纹理尺寸和映射，这里是主要的参数调节区域，若窗口较小、显示不全，可拉动右侧滚动条查看未显示的更多内容。

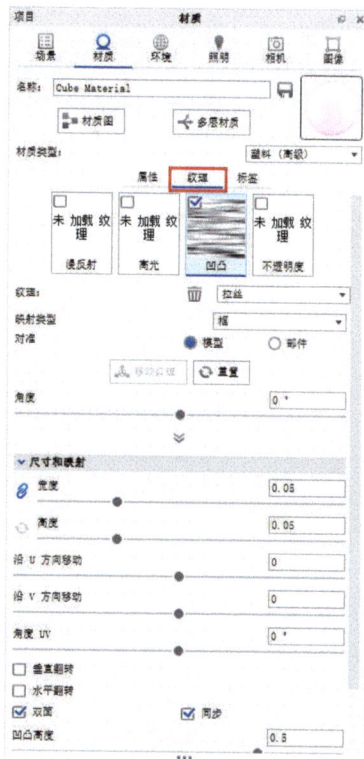

图4-61

图4-62

4.4.3 材质标签

使用标签可以方便地放置一些贴图或标识。打开"标签"选项卡，如图4-63所示。KeyShot中的标签支持多种常见的图像格式，如JPG、PNG、TIFF、HDR等，单击标签列表左侧的"+"按钮，如图4-64所示，在弹出的菜单中选择"添加标签（纹理）"命令，即可添加要作为标签的文件，如图4-65所示。

"标签"选项卡中还有"标签属性"和"标签纹理"子选项卡。"标签属性"子选项卡下有一些较为基本的属性，如图4-66所示，在这里可以改变标签的高光、粗糙度和折射指数等。

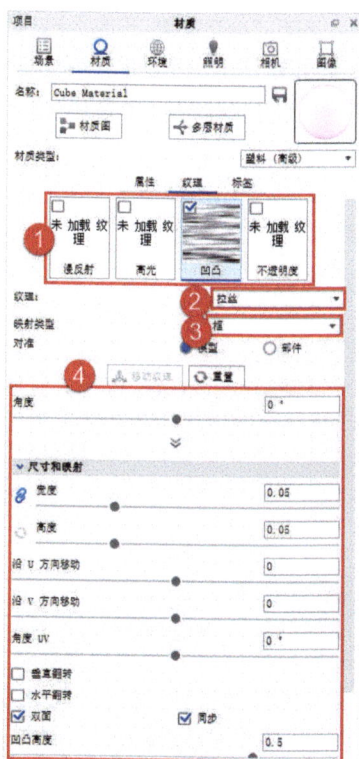

图4-63

图4-64

图4-65

图4-66

打开"标签纹理"子选项卡，如图4-67所示。在①处选择标签的表现类型，默认为漫反射，也可选择高光、凹凸和不透明度；在②处可以将已有的标签文件替换为其他文件，如果修改了标签文件，可以单击"重新加载"图标对标签进行更新；在③处选择映射类型，如平面、球形、UV等；在④处对标签的主要参数进行调节，包括角度、位置、尺寸、颜色等。

选择"编辑>添加几何图形>圆角立方体"菜单命令，向环境中添加一个圆角立方体，如图4-68所示。

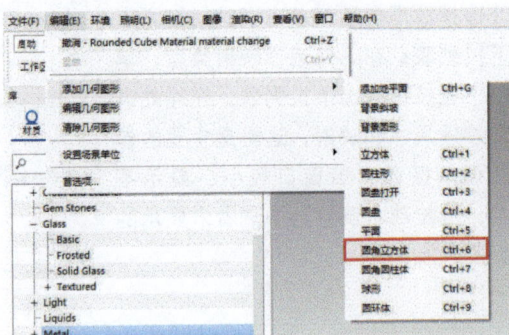

图4-67　　　　　　　　　　　　　　　　　　　　　图4-68

右键单击模型，弹出菜单，在其中选择"编辑材质"命令，在"材质"面板中选择"标签"选项卡，单击面板左侧的"+"按钮，选择"添加标签（纹理）"命令，如图4-69所示；在弹出的对话框中选择PNG格式的图片。

标签添加完成后的效果如图4-70所示。可通过"标签"选项卡修改该标签的尺寸、角度、位置等参数。

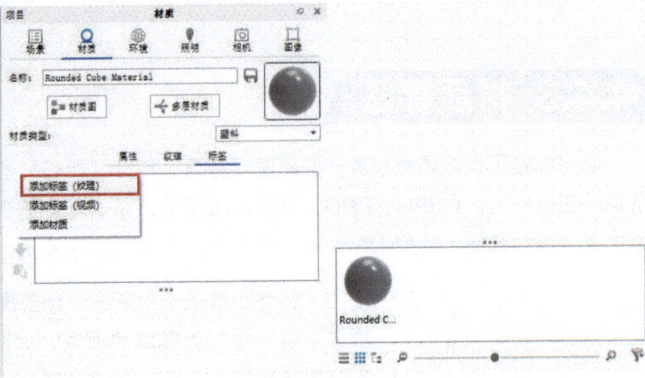

图4-69

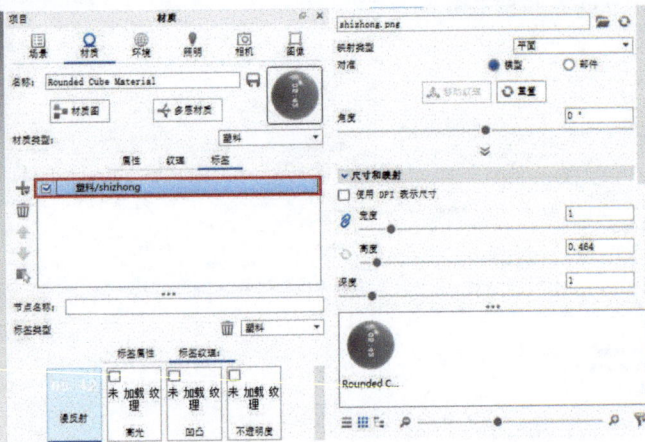

图4-70

实战：比较常用材质的表现差异

素材文件　无

实例文件　实例文件>CH04>实战：比较常用材质的表现差异.bip

视频文件　实战：比较常用材质的表现差异.mp4

学习目标　掌握不同材质表现上的差异

材质测试效果如图4-71所示。

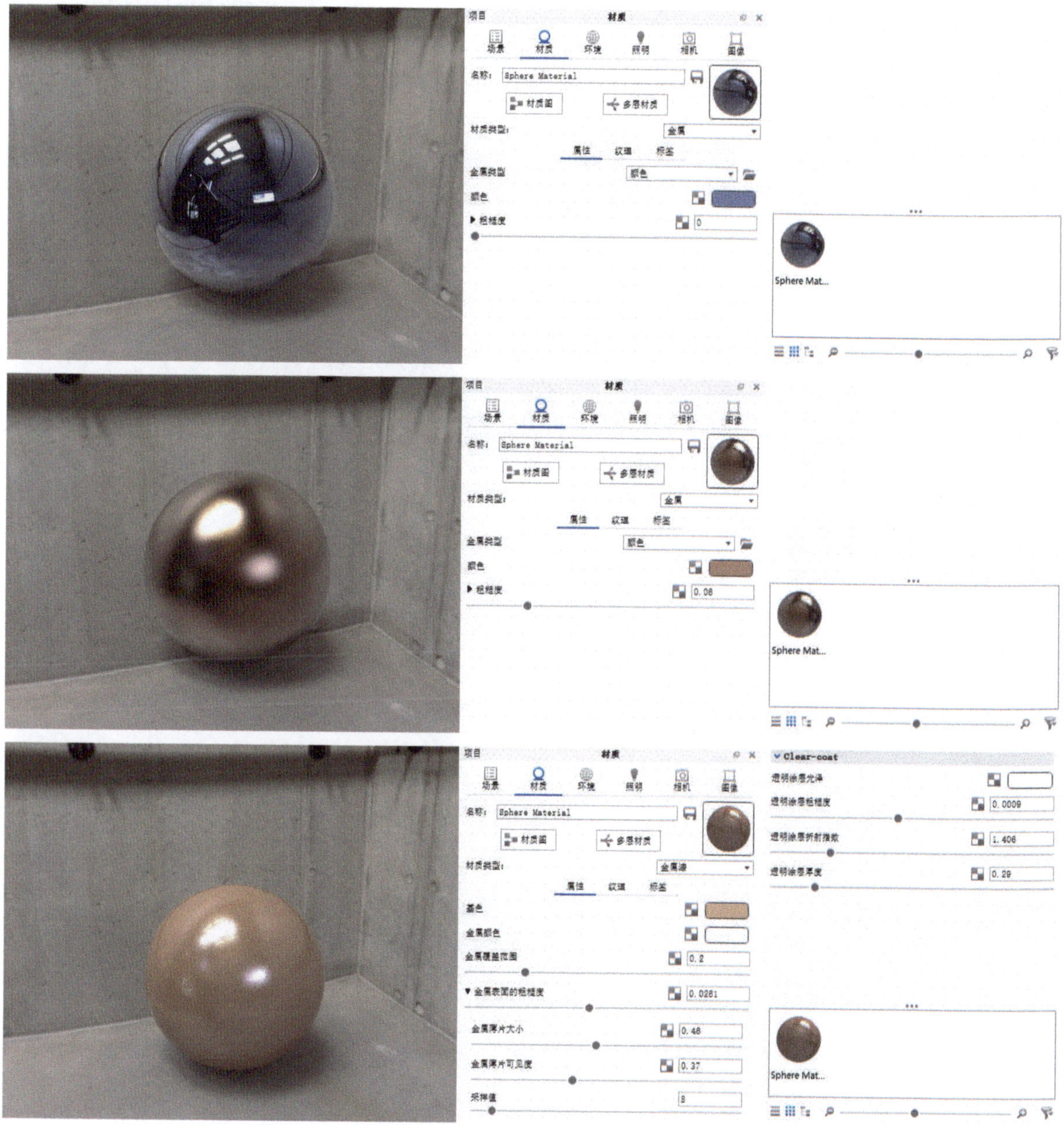

图4-71

01 选择"编辑>添加几何图形>球形"菜单命令，向环境中添加一个球体，如图4-72所示；关闭底部编辑菜单，滚动鼠标滚轮拉近相机，如图4-73示。

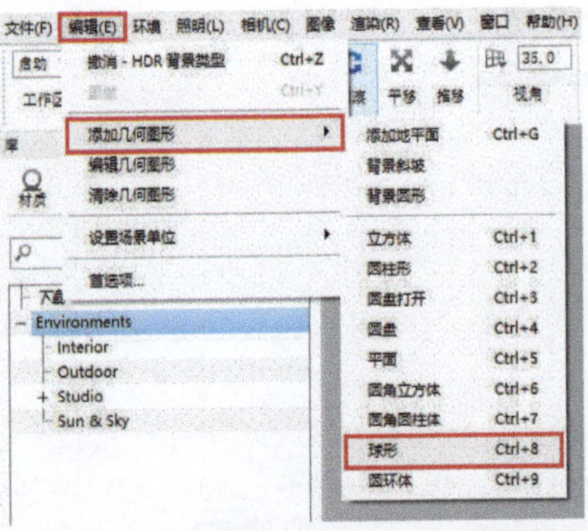

图4-72

图4-73

02 在左侧预设库内选择"环境"库，在环境预设列表中寻找一个合适的环境，将其拖曳到实时渲染窗口中，应用该环境，如图4-74所示。

图4-74

03 对该球体材质进行编辑。在球体模型上单击鼠标右键，在弹出的菜单中选择"编辑材质"命令，如图4-75所示，右侧项目窗口打开"材质"面板，如图4-76所示。

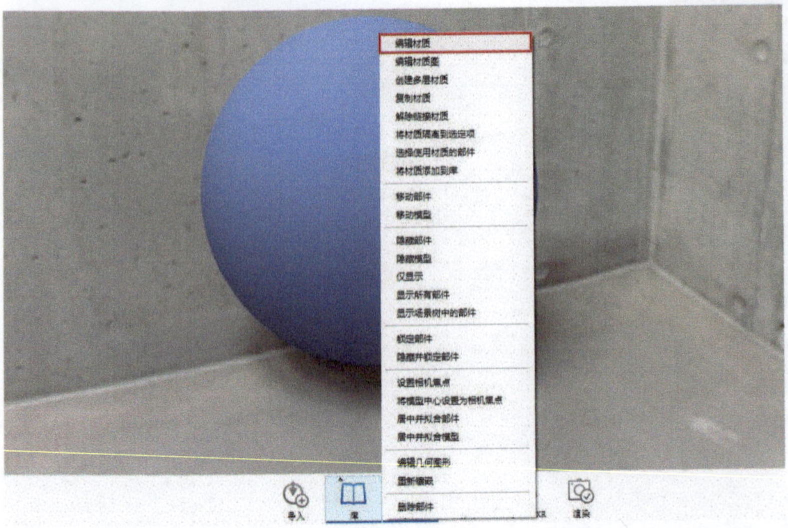

图4-75

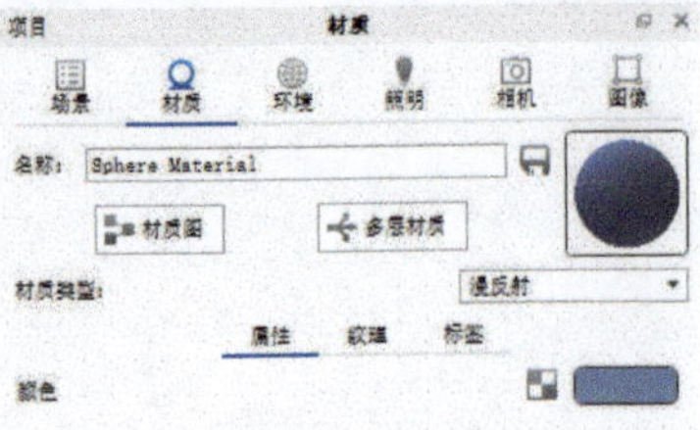

图4-76

04 使用"金属"材质可以快速创建抛光或粗糙的金属材料。在"材质"面板中，单击"材质类型"下拉按钮，将该球体的材质修改为"金属"，如图4-77所示；可以在实时渲染窗口中看到球体材质变成光滑的金属，如图4-78所示。

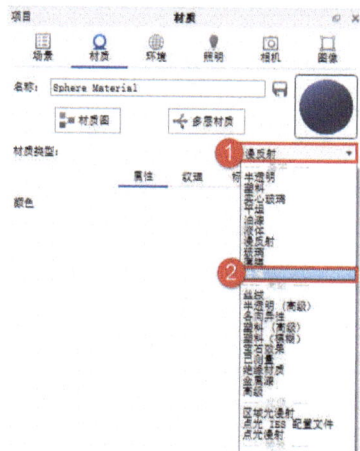

图4-77   图4-78

05 若要修改金属的颜色，则单击"颜色"右侧的色块，弹出"颜色拾取工具"对话框，在拾色器中选择金属颜色即可，如图4-79所示。

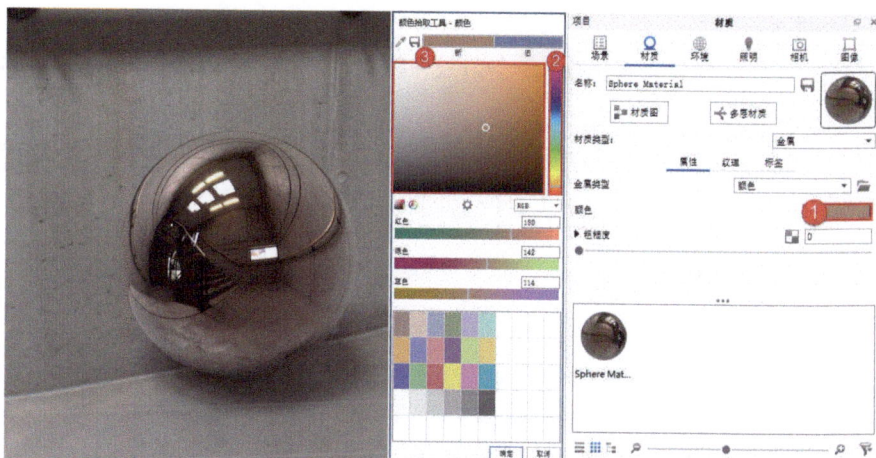

图4-79

06 若要增加金属材质粗糙度，则向右拖曳"粗糙度"滑块，或在右侧数值框中输入数值即可，如图4-80所示。增加粗糙度后的金属球材质如图4-81所示。粗糙度的增加将让表面呈现磨砂质感。

图4-80   图4-81

07 在"材质"面板中，单击"材质类型"下拉按钮，将该球体的材质修改为"金属漆"，如图4-82所示。"金属漆"材质可以模拟两层材质：金属薄片和透明涂层。设置金属薄片和透明涂层的比例，如图4-83所示，可以达到更丰富的金属漆面效果。

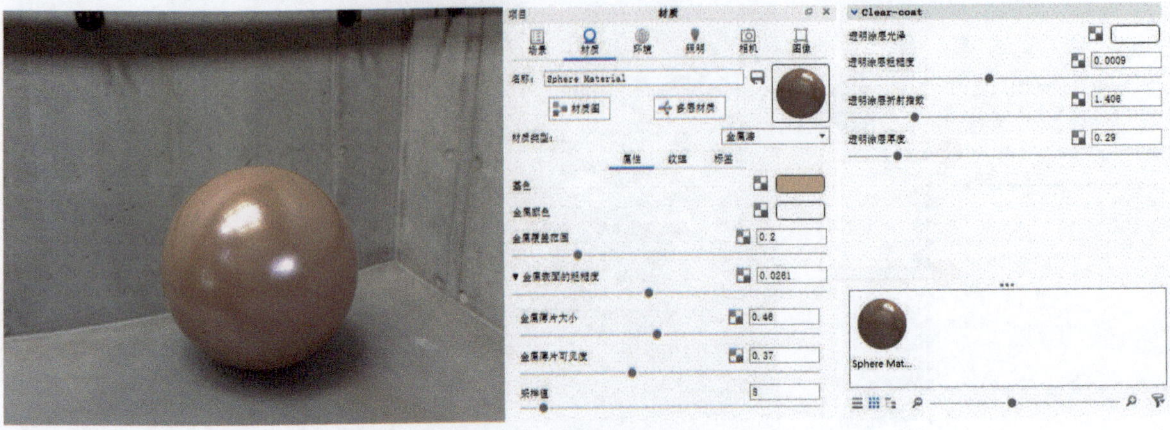

图4-82

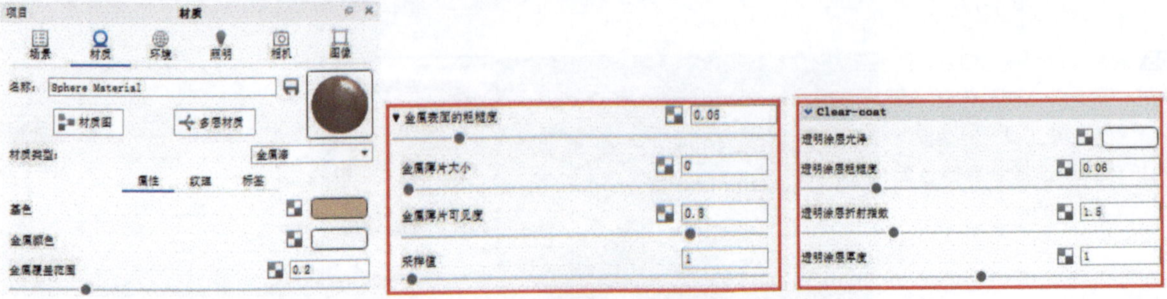

图4-83

4.4.4 常见产品材质

塑料材质 提供简单的塑料所需的基本设置。在"材质"面板中可以设置漫反射(整体颜色)，并增加一些折射指数，然后调整粗糙度，如图4-84所示。塑料材质是一种用途非常多的材质类型。

图4-84

玻璃材质 与实心玻璃材质相比，玻璃材质没有"粗糙度"和"透明距离"参数，如图4-85和图4-86所示，然而它增加了"折射"选项，启用该选项将让该材质保持完全折射状态，如图4-87所示，该功能常应用在汽车外观设计的挡风玻璃上（无法透视车内）。

图4-85

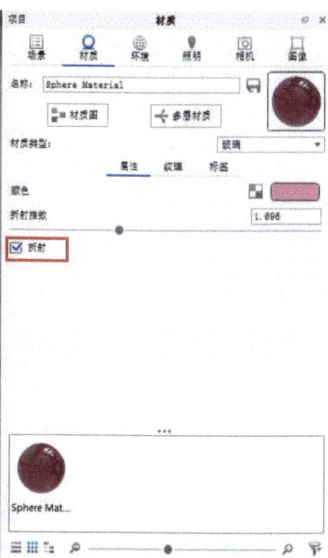

图4-87

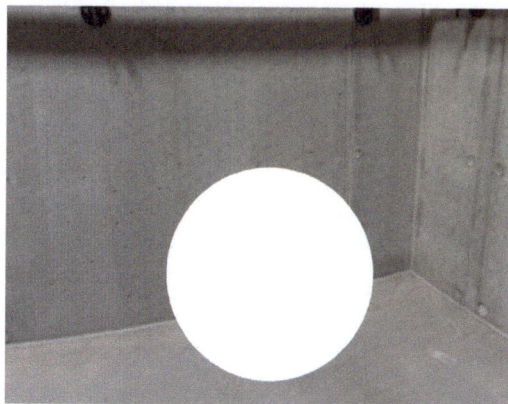

图4-86

实心玻璃材质 符合真实玻璃的物理性能的玻璃材质，如图4-88所示。不像其他简单的玻璃材质，实心玻璃材质能更精确地模拟玻璃的颜色、粗糙度和各种折射参数，当前模型的厚度也会影响计算结果，如图4-89所示。其中"透明距离"用于控制实心玻璃材质颜色的影响范围，数值越大，材质越通透，这也与模型的厚度有关。

图4-88

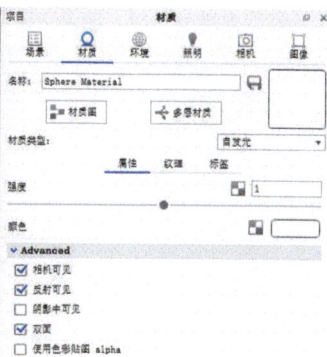

图4-89

自发光材质 一般用于小型光源，不能作为场景的主要光源。可调整自发光材质的强度和颜色，如图4-90所示。

图4-90

区域光漫射材质 应用了该材质的物件类似于生活中的光源，它具有物理性能，可以照亮周围的物件、地面等，起到类似泛光灯的作用。为方便观察，将环境改为颜色显示，如图4-91所示。

图4-91

木材质 多用于模拟纹理明显的几种木料，如图4-92所示。通过"纹理"选项卡下的"映射类型"和"尺寸和映射"设置木料表面纹理，达到理想模拟效果，该材质常用于家具、木地板等物件。

图4-92

大理石材质 多用于模拟台面、瓷砖或大理石材料，渲染中常用于体现地面材质纹理，如图4-93所示。

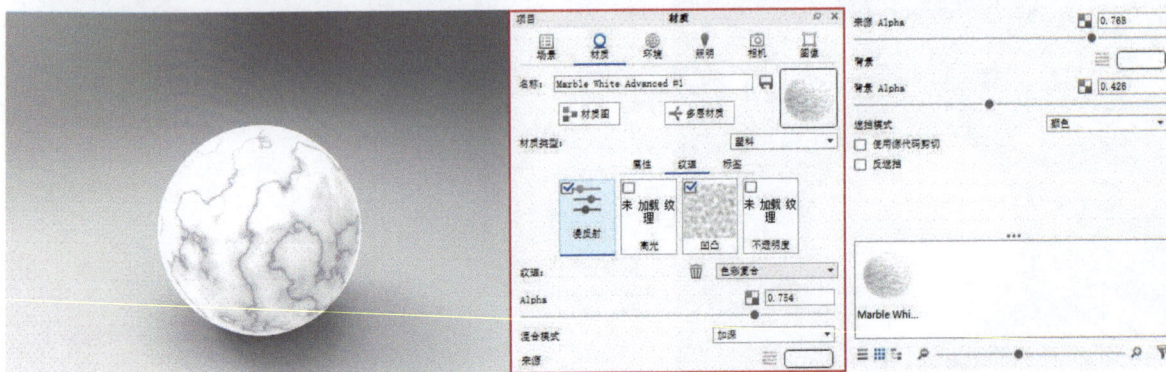

图4-93

网面编织材质 用来模拟多种类型的织物布料和编织网格，如图4-94所示。通过"纹理"选项卡下的"映射类型"和"尺寸和映射"可以设置编织纹理。

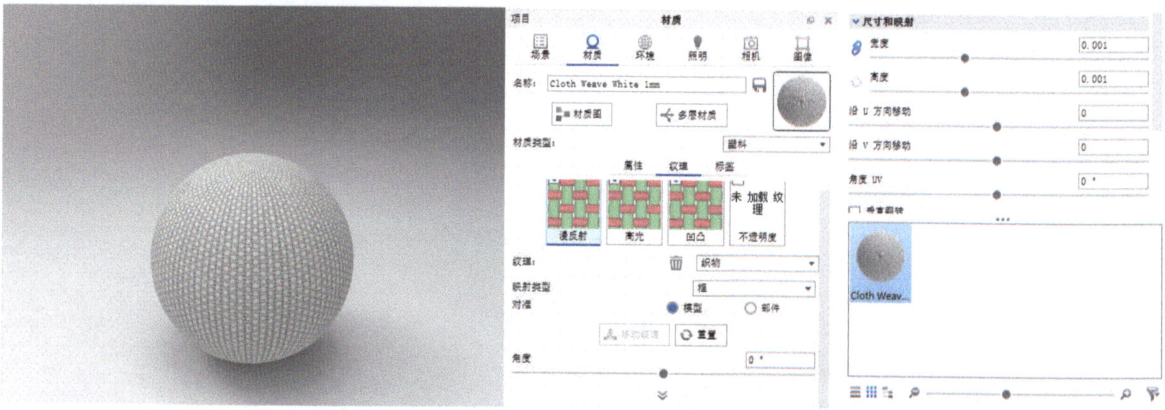

图4-94

实战：制作磨砂金属材质

素材文件	无
实例文件	实例文件>CH04>实战：制作磨砂金属材质.bip
视频文件	实战：制作磨砂金属材质.mp4
学习目标	掌握磨砂金属材质的制作方法

磨砂金属材质是产品设计中常用的材质之一，它可以较好地表现出各种电子产品的金属质感，小到耳机、手机，大到电视、油烟机等，甚至一些家具上也会使用磨砂金属材质。使用这种材质，可以让渲染效果更具质感。磨砂金属材质效果如图4-95所示。

图4-95

01 在KeyShot中选择"编辑>添加几何图形>球形"菜单命令，向环境中添加一个球体，如图4-96所示。然后在项目窗口"材质"面板中设置"材质类型"为"金属漆"，如图4-97所示。

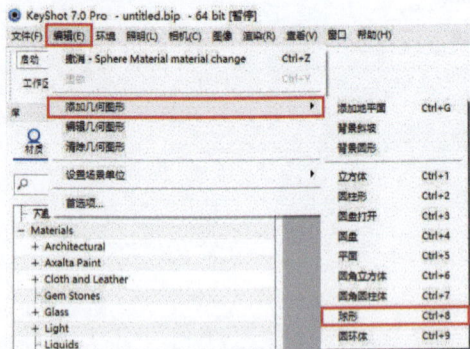

图4-96

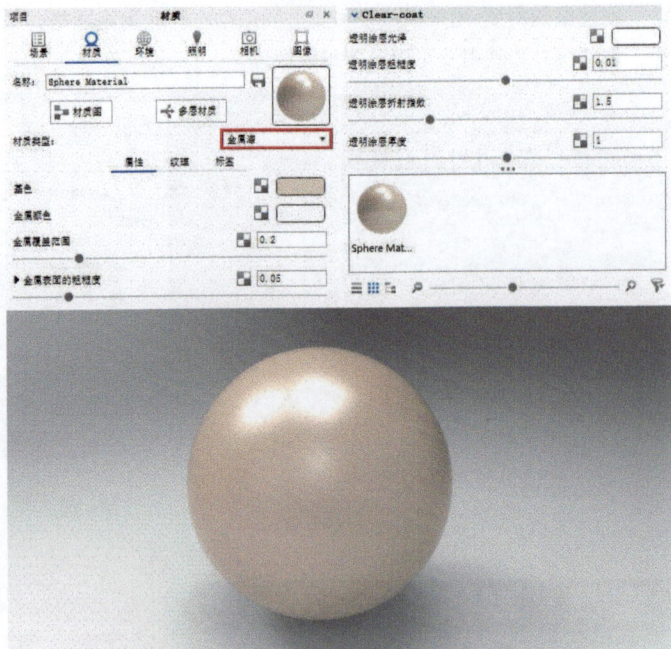

图4-97

02 设置该材质的基色为铁灰色，并将金属颜色设置成淡淡的黄色，使材质更具金属感。增加金属覆盖范围和金属表面粗糙度将使材质中的金属含量增多，数值越大，磨砂感越强烈，但注意过犹不及，适当即可。单击"金属表面的粗糙度"左侧的下拉按钮，弹出金属薄片参数调节选项，如图4-98所示。金属薄片可以理解为材质中的亮片，类似于珠光漆中的珠光粉，"金属薄片大小"应适度，调高"金属薄片可见度"将使金属漆更加闪亮，效果如图4-99所示。

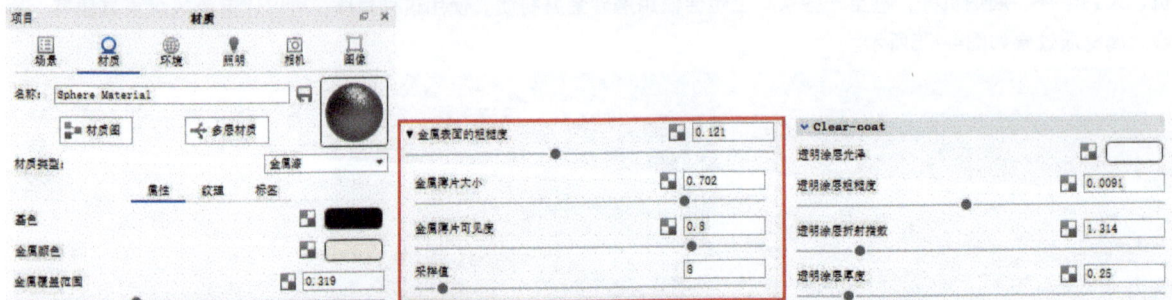

图4-98

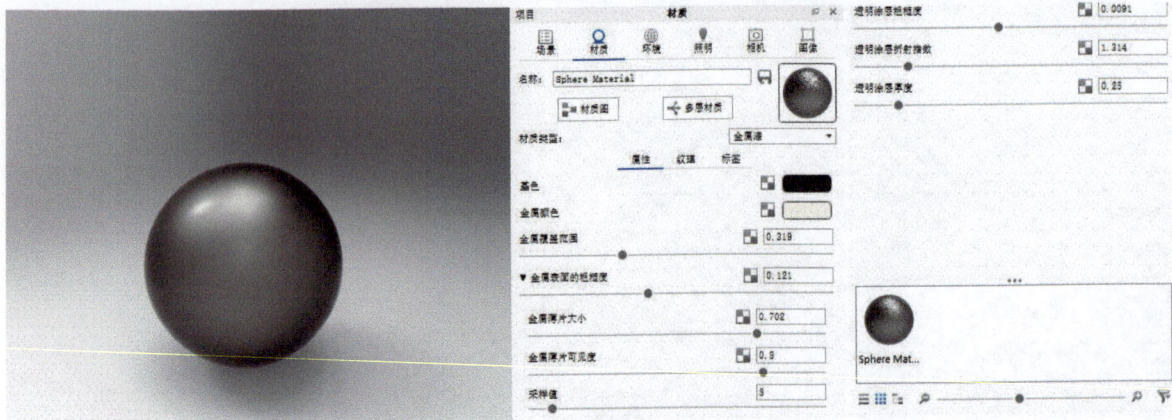

图4-99

03 透明涂层即金属漆表面的一层透明漆，它控制金属漆表面对环境的反射能力。为更好地看到效果，可向环境中置入一个场景。调高"透明涂层粗糙度"会得到漫反射效果，如图4-100所示；设置"透明涂层粗糙度"为"0"，球体处于完全反射状态，如图4-101所示；如果要得到更厚的涂层和更好的反射效果，可以调高"透明涂层厚度"和"透明涂层折射指数"参数，如图4-102所示。

图4-100

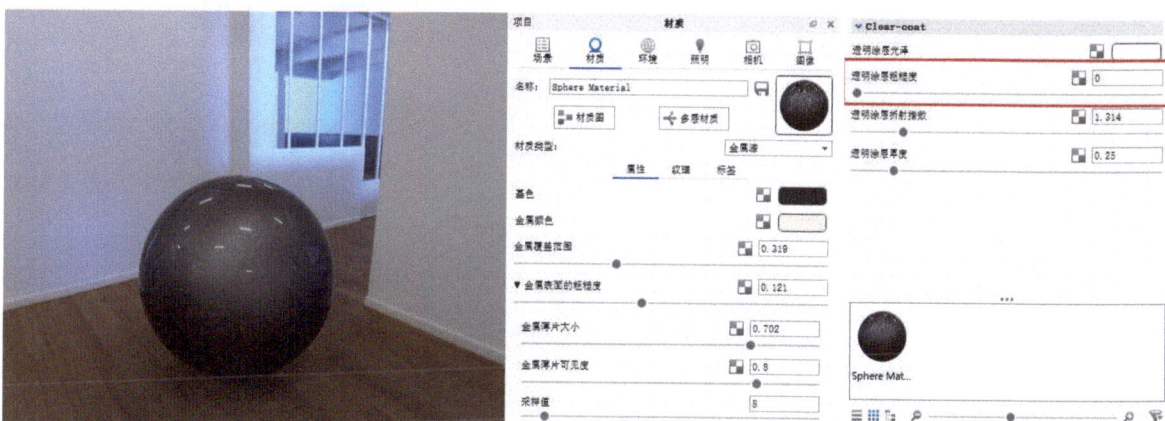

图4-101

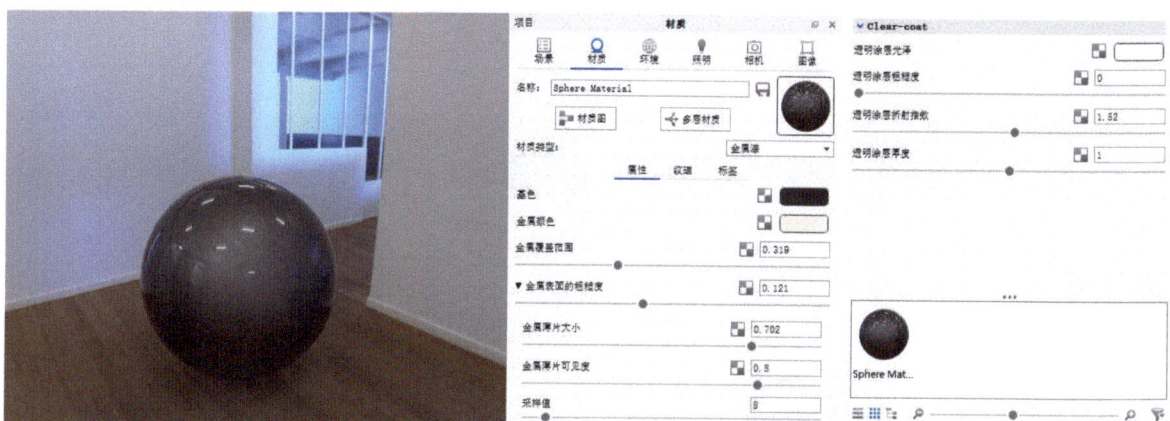

图4-102

实战：调整金属材质

素材文件　素材文件>CH04>01.3dm
实例文件　实例文件>CH04>实战：调整金属材质.bip
视频文件　实战：调整金属材质.mp4
学习目标　掌握使用KeyShot制作材质的方法

本实战通过调节金属酒壶的表面材质来学习不同材质纹理的表现方法，如图4-103所示。

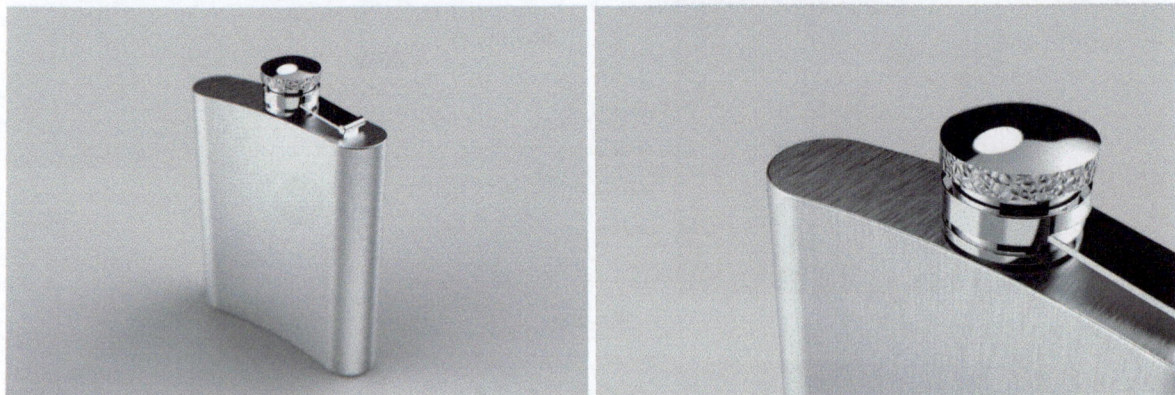

图4-103

01 打开KeyShot，直接将学习资源中的"素材文件>CH04>01.3dm"文件拖曳到渲染窗口，打开"KeyShot导入"对话框，设置"向上"为"z"，如图4-104所示。单击"导入"按钮，将模型导入KeyShot，如图4-105所示。

图4-104

图4-105

02 添加HDRI环境　在"环境"库中双击"Light Tent White Open 4K"选项，如图4-106所示，渲染窗口中的效果如图4-107所示。

图4-106

图4-107

03 **设置壶体铝金属** 在酒壶壶体上单击鼠标右键，在弹出的菜单中选择"编辑材质"命令，在"材质"面板中设置"材质类型"为"金属"、"金属类型"为"铝"、"采样值"为"16"，单击"材质图"按钮，如图4-108所示。

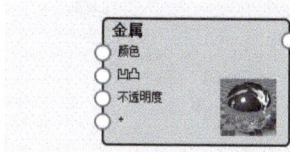

04 **设置拉丝纹理** 打开"材质图"面板，如图4-109所示，对材质进行更复杂的处理。现在在面板中只有金属材质的属性，需要另外新增一个纹理。在面板中的空白位置单击鼠标右键，在弹出的菜单中选择"纹理>拉丝"命令，新增一个"拉丝"纹理，如图4-110所示。

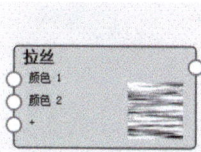

图4-108　　　　　　　　图4-109　　　　　　　　图4-110

05 双击"拉丝"面板，在右侧的属性面板中，调节纹理的参数。设置"宽度"和"高度"均为"10毫米"，如图4-111所示；设置"凹凸高度"为"0.2"、"级别"为"3"、"纹理"为"2"、"纹理尺寸"为"0.5"，如图4-112所示。

06 **设置要计数的颜色** 在"材质图"面板空白处单击鼠标右键，在弹出的菜单中选择"实用工具>要计数的颜色"命令，新增"要计数的颜色"面板，如图4-113所示；双击"要计数的颜色"面板，在"属性"选项卡中设置"输出来源"为"0.085"、"输出目标"为"0.2"，如图4-114所示。

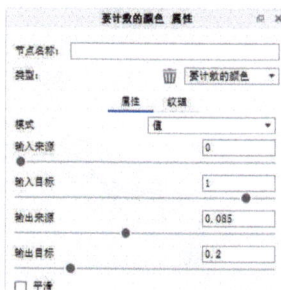

图4-111　　　　　　　图4-112　　　　　　　图4-113　　　　　　　图4-114

07 **连接材质属性** 现在"材质图"面板中共有3个小面板，分别是"拉丝""要计数的颜色""金属"，如图4-115所示；将"拉丝"面板连接到"要计数的颜色"面板，如图4-116所示。

图4-115　　　　　　　　　　　　　图4-116

08 同理，将"要计数的颜色"面板连接到"金属"面板的"+"处，在弹出的列表中选择"粗糙度"选项，如图4-117所示，此时"金属"面板中会新增一个项目，连接完成的面板效果如图4-118所示。

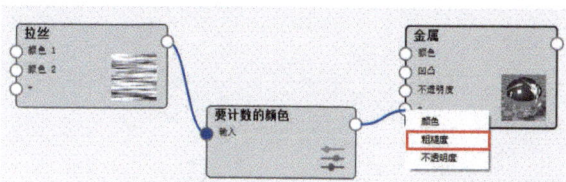

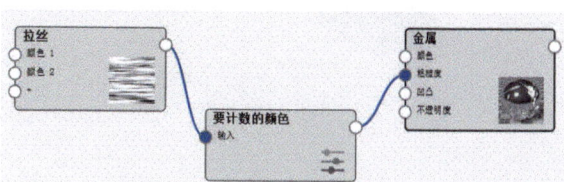

图4-117　　　　　　　　　　　　　图4-118

09 **设置壶盖材质** 回到实时渲染窗口，效果如图4-119所示。在壶盖区域单击鼠标右键，在弹出的菜单中选择"编辑材质"命令，在"材质"面板中设置"材质类型"为"金属"、"金属类型"为"铝"、"粗糙度"为0.01，如图4-120所示，实时渲染窗口中的效果如图4-121所示。

图4-119　　　　　　　　　　　图4-120　　　　　　　　　　　图4-121

10 **设置防滑纹材质** 拉近视图，观察壶盖，如图4-122所示，还有一圈没有指定材质，这里将其材质设置为有凹凸的防滑纹。

11 在左侧"材质"库中选择带纹理的材质，如图4-123所示；将该材质拖曳到渲染视图的壶盖螺纹处，在项目窗口"材质"面板中勾选"凹凸"和"不透明度"选项，设置"纹理"为"蜂窝式"、"缩放"为"1毫米"、"凹凸高度"为"0.6"，如图4-124所示。

图4-122　　　　　　　　　　　图4-123　　　　　　　　　　　图4-124

12 在实时渲染窗口中观察，效果如图4-125所示，滚动鼠标滚轮调整视野大小，在酒壶主体上单击鼠标右键，在弹出的菜单中选择"移动模型"命令，将模型水平旋转，选择一个较好的角度后，单击✓按钮确认，如图4-126所示，然后渲染输出即可。

图4-125

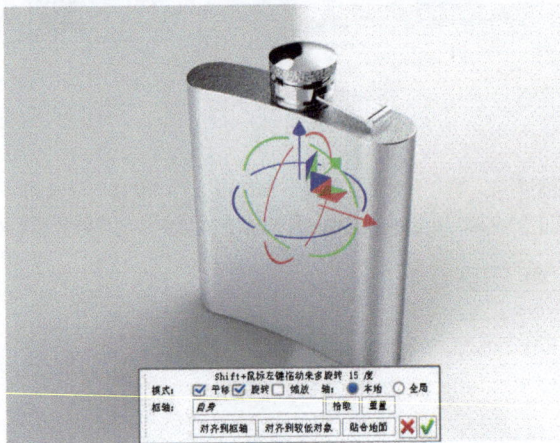

图4-126

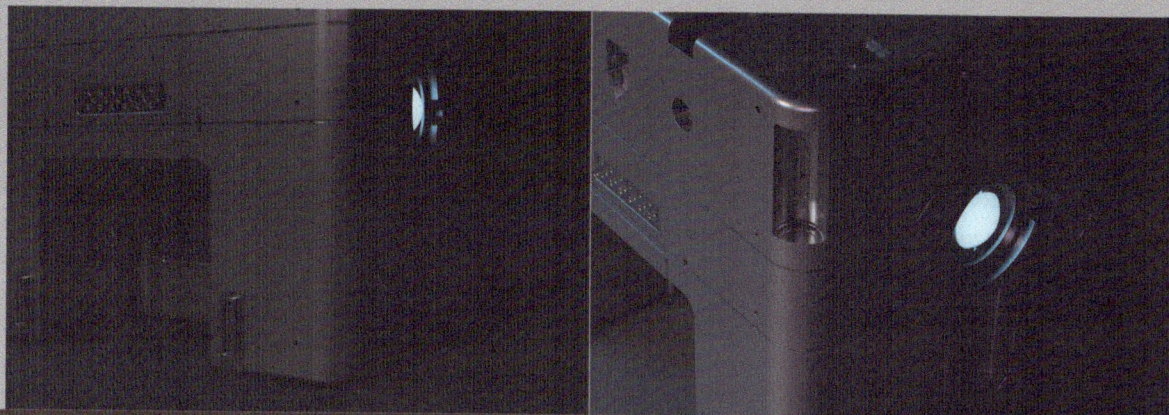

第5章 KeyShot环境渲染

■ 学习目的

KeyShot 提供了部分常用的预设库，在查看一些模型效果时可以快速调用。除此之外，KeyShot 还内置了 HDRI 编辑器。HDRI 编辑器通过简单直观的方式调整照明环境或创建新的照明环境，工作原理是通过调节光源来照亮模型。通过本章的学习，读者能掌握使用 KeyShot 渲染产品环境的方法。

■ 主要内容

预设环境库、HDRI 环境编辑、添加针等。

5.1 预设环境库

在左侧预设库中选择"环境"库，然后选择预览窗口内的环境，按住鼠标左键并将其拖入实时渲染窗口，这样即可应用该环境，如图5-1所示。预设环境中使用较多的为黑白灯光样式环境，根据产品特性，也可以选择一些室内场景预设。KeyShot的默认环境一般为startup，如图5-2所示。

在右侧项目窗口"环境"面板中的"设置"选项卡中对当前环境进行设置，如图5-3所示。下面介绍具体设置方法。

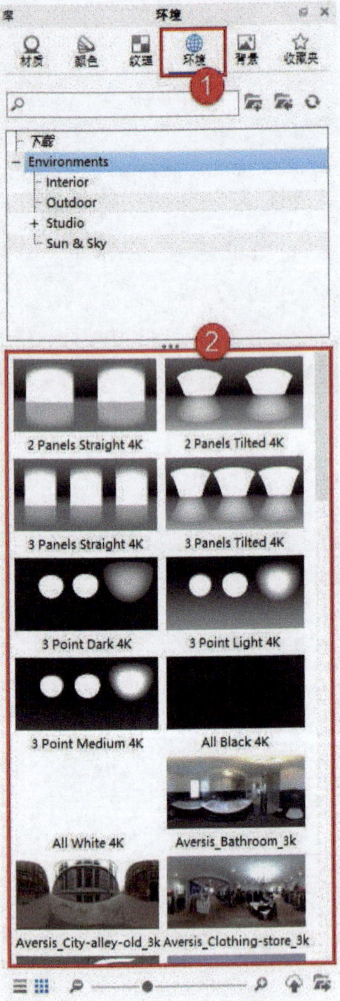

图5-1

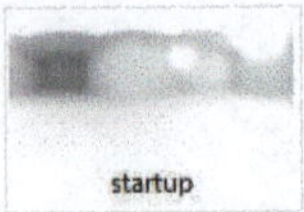

startup

图5-2

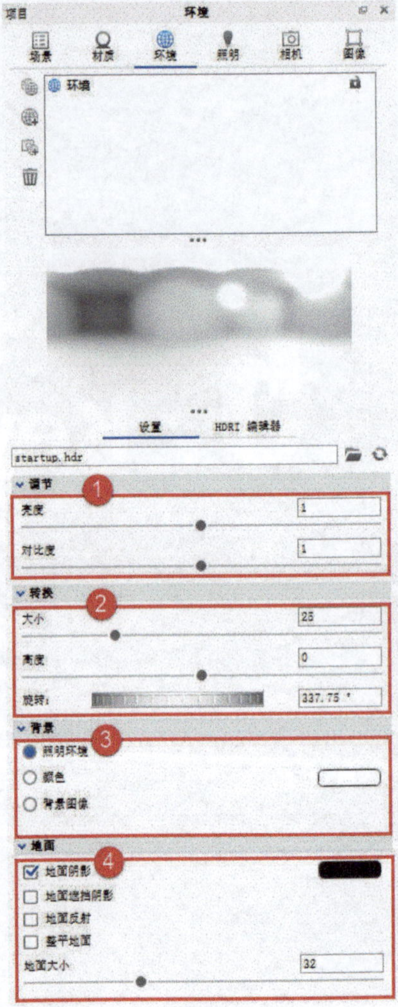

图5-3

① 设置当前环境的亮度和对比度，一般设置"亮度"为"1"。如果模型需要渲染出一些自发光效果（如电子产品的指示灯），可以调低环境的"亮度"。

② 设置当前环境的大小和高度，这两个参数影响模型的受光和投影。"旋转"是常用的环境调节选项，在左右拖曳滑块时，可以看到实时渲染窗口中的环境跟随转动。这个动作可以快速改变环境光源照射方向（在该环境有主要照射光源的情况下）。

③ 环境背景默认设置为"照明环境"，即当前环境预览中的真实环境。有时候渲染并不需要使用环境样式，这时选择"颜色"选项，既可以保留当前环境的光源照射，又可以任意修改背景颜色（这里的背景颜色不会对模型受光产生影响）。

④ 设置当前环境的地面。一般勾选"地面阴影"选项并设置颜色为深色；如果勾选"地面反射"选项则地面具有较高的反射率，可以映出模型模糊的倒影。

5.2 HDRI环境编辑

在右侧项目窗口的"环境"面板中选择"HDRI编辑器"选项卡就可以对该环境进行编辑。

可以使用KeyShot的HDRI编辑器创建照明环境或直接调整当前照明环境，通过调节光、图像和梯度系统为环境提供照明，如图5-4所示。

① 当前HDRI灯光效果预览。

② 当前HDRI环境中的照明文件列表。

③ 添加针，可单击"添加针"按钮往当前HDRI环境里插入一个光源。

④ 手动设置高光，将当前新建的针设置为高亮光源，单击模型确定照射位置，新建的针一般用来制作边缘高光。

⑤ 调节环境颜色、分辨率、亮度等。

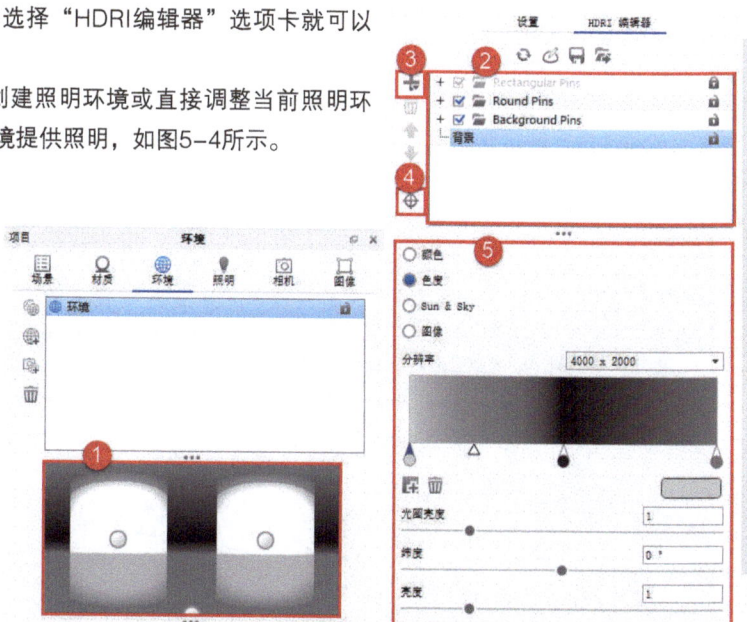

图5-4

5.3 添加针

单击图5-5所示的①处"添加针"按钮，弹出下拉列表；选择"添加针"选项②后可以在③处看到新增的光源；在光源上按住鼠标左键并拖曳鼠标指针，对其在环境中的位置进行调整，并在实时渲染窗口中观察变化。

在图5-6所示的界面中可以进行光源针的主要参数的调整。选择"圆形"或"矩形"可以改变光源针的形状，选择"圆形"的效果如图5-7所示，选择"矩形"的效果如图5-8所示。顾名思义，不同形状的光源发出的光的形状不同，这将影响模型表面的受光和光斑形状。

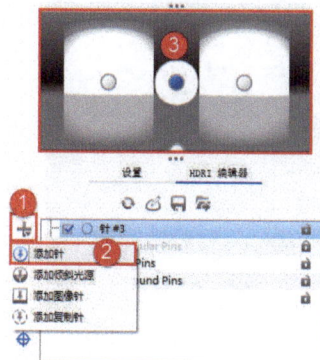

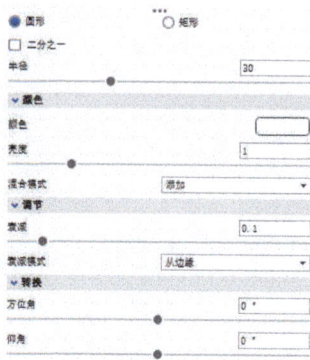

图5-5　　　　　　　　图5-6　　　　　　　　图5-7　　　　　　　　图5-8

提示　"半径"指光源的大小；"颜色"指光源的颜色；"亮度"控制光源的发光亮度；"混合模式"控制光源的混合模式，一般为"添加"；还可以调节"衰减"的数值，使灯光亮度从光源处向四周发散衰减。

实战：测试不同环境光源对模型的影响

素材文件	无
实例文件	实例文件>CH05>实战：测试不同环境光源对模型的影响.bip
视频文件	实战：测试不同环境光源对模型的影响.mp4
学习目标	掌握不同环境光的差异

本实战将通过改变光源大小、形状、颜色来比较不同的HDRI光源对模型的影响。不同环境光源的对比效果如图5-9所示。

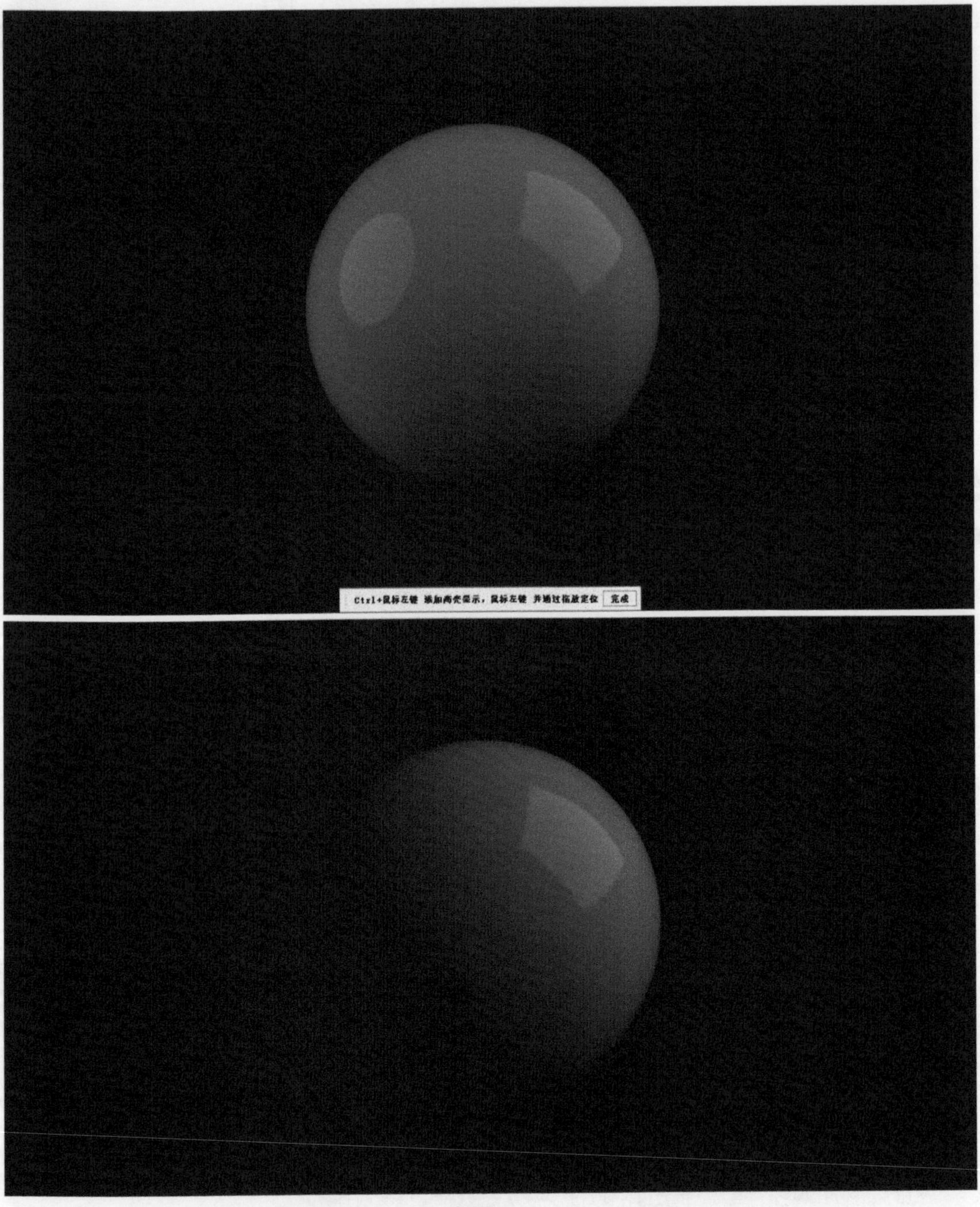

图5-9

01 选择"编辑>添加几何图形>球形"菜单命令，添加一个球体，如图5-10所示。

02 在实时渲染窗口中滚动鼠标滚轮，将球体调整到合适大小和位置，使用鼠标右键单击球体，在弹出的菜单中选择"编辑材质"命令，在右侧项目窗口"材质"面板中更改该球体的"材质类型"为"油漆"，更改"颜色"为"白色"，如图5-11所示。

图5-10

图5-11

03 为尽可能减小预设背景的影响，在"环境"库中选择"ALL Black 4K"，并将其拖入环境中，此时环境将会一片漆黑，如图5-12所示。

图5-12

04 打开项目窗口的"环境"面板,选择"HDRI编辑器"选项卡,单击编辑器左侧的"添加针"按钮,在弹出的列表中选择"添加针"选项,如图5-13所示。环境预览窗口中出现一个圆形光源针,实时渲染窗口也会随之发生变化,如图5-14所示。

图5-13

图5-14

05 在HDRI预览窗口中按住鼠标左键并拖曳鼠标指针,实时渲染窗口中的光源就会随之移动;移动光源针到左上位置时,可以看到灯光的变化,如图5-15所示。

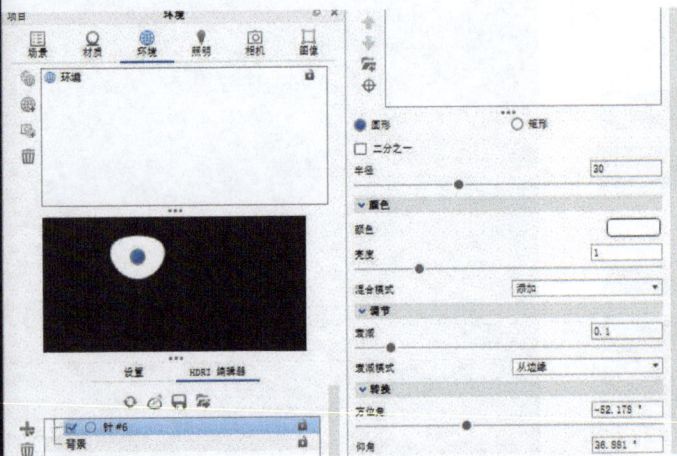

图5-15

06 在"HDRI编辑器"选项卡中，将光源形状改为"矩形"，可以看到光滑的材质表面反射出光源的形状，如图5-16所示。

图5-16

07 再次单击"添加针"按钮，向环境中添加一个光源针，并移动它的位置，如图5-17所示。

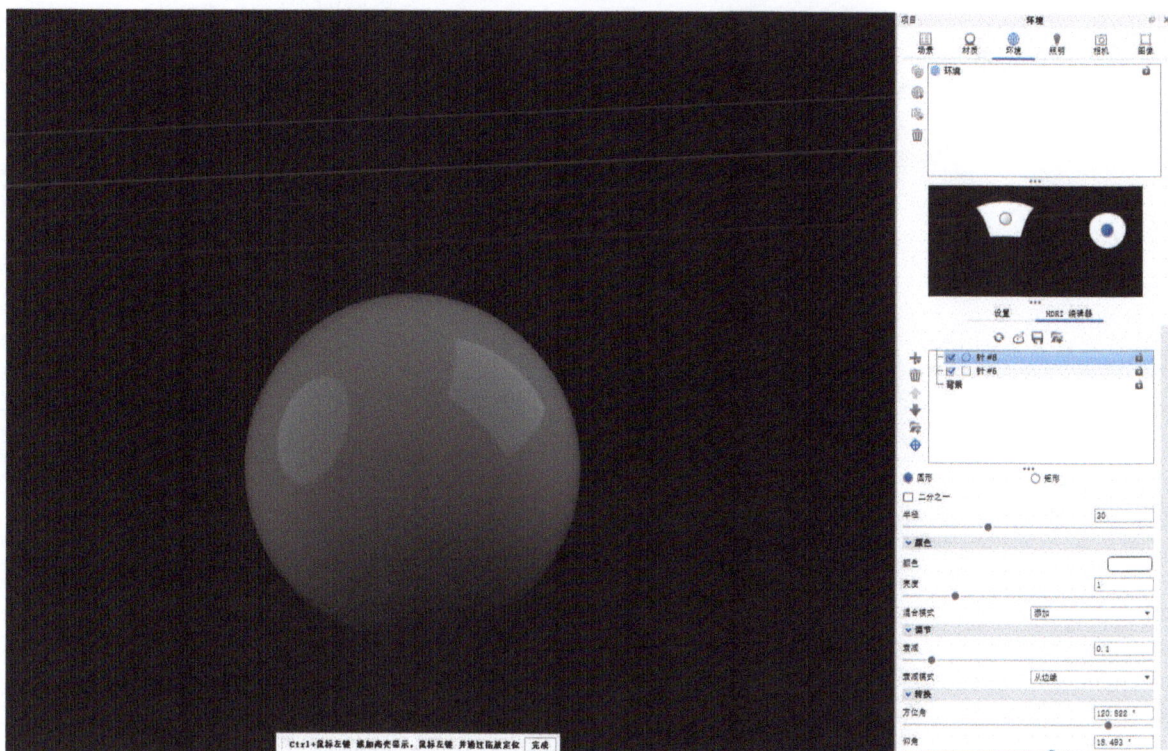

图5-17

08 改变该光源的颜色为黄色，材质表面颜色会随着光源颜色的改变而改变，如图5-18所示。

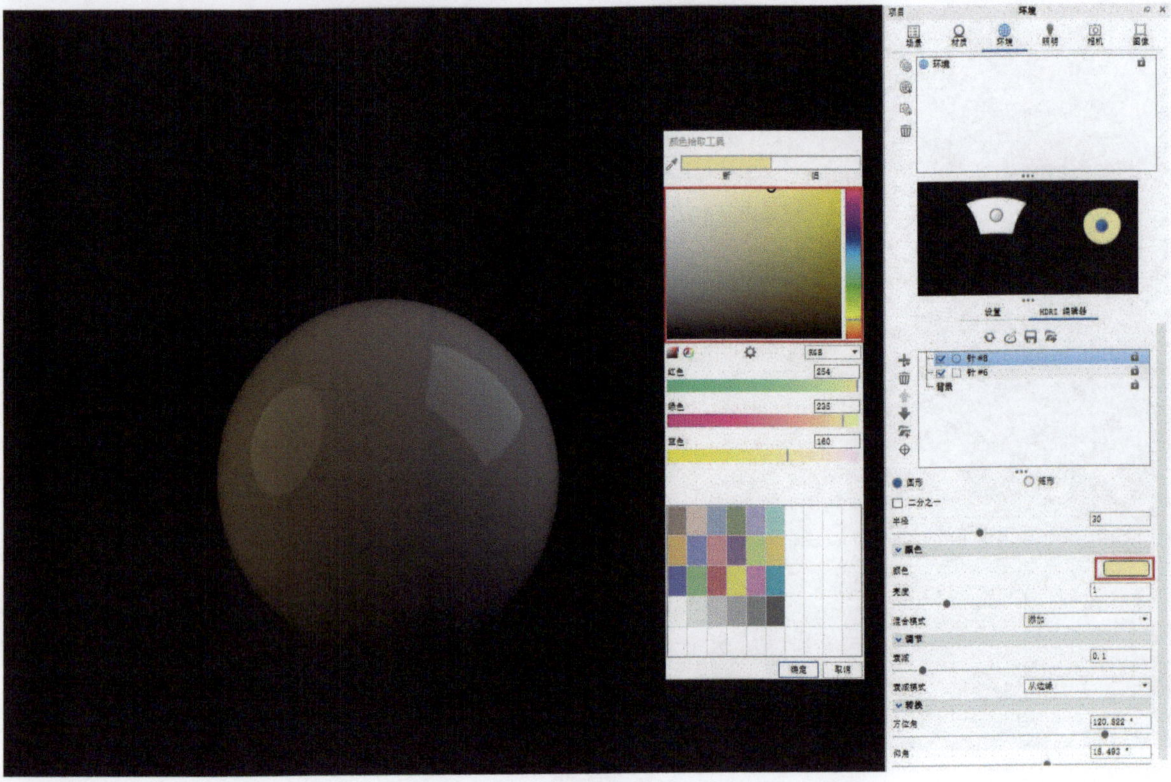

图5-18

第6章 Photoshop 后期处理

学习目的

本章将介绍 Photoshop 的常用操作。Photoshop 是设计行业很多专业方向都会使用到的软件，熟悉它的操作方法，对以后的学习和工作有非常大的好处。

主要内容

常用快捷键、常用工具和操作、常用构图等。

6.1 Photoshop的工作界面

新建文档 按快捷键Ctrl+N，打开“新建文档”对话框，如图6-1所示。

① 输入文档名称。

② 设置文档的宽度、高度以及单位。

③ 设置文档的分辨率。

④ 设置文档的颜色模式。

⑤ 常用的预设（可以双击预设快速创建文档）。

⑥ 单击“创建”按钮，完成新建文档的操作。

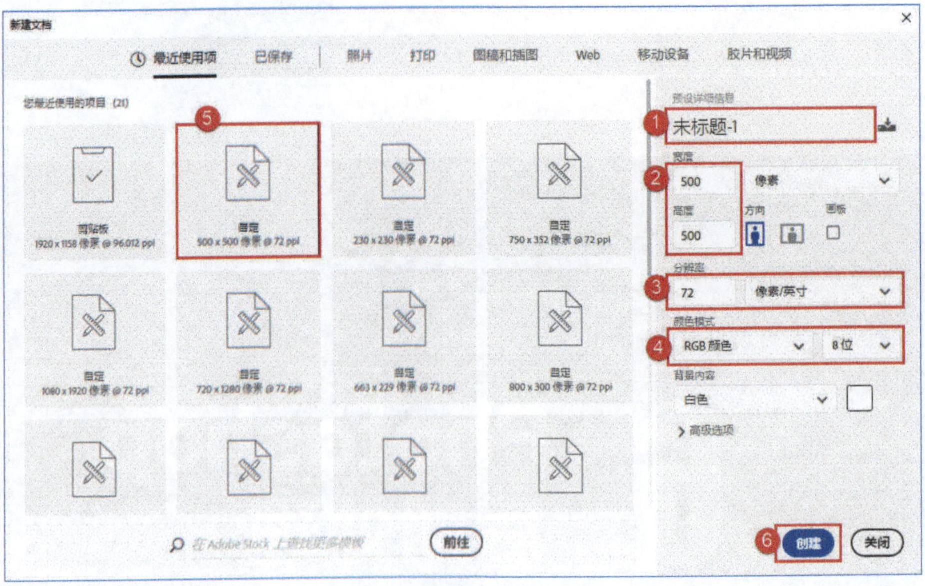

图6-1

工作界面 新建尺寸为500像素×500像素的画布，如图6-2所示。界面中的功能区域划分如图6-3所示。

图6-2

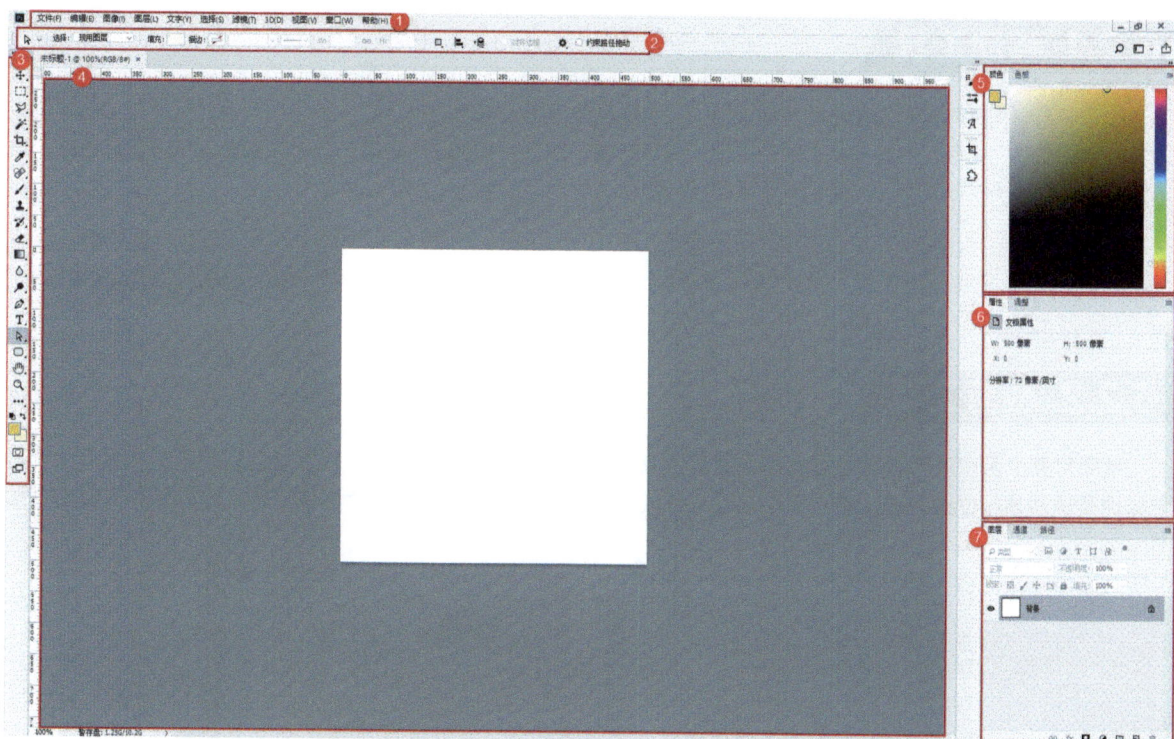

图6-3

① 菜单栏

② 工具选项栏

③ 工具箱

④ 文档窗口

⑤ "颜色"面板

⑥ "属性"面板

⑦ "图层"面板

这些区域是Photoshop中的主要功能区域，它们的位置大多是可以自由移动的。如果觉得区域的位置不符合自己的使用习惯，可以在界面顶部按住鼠标左键，拖曳鼠标指针，将其移动到合适位置。

常用快捷键

V ——移动工具	P ——钢笔工具	Shift+Ctrl+S ——另存为
M——选框工具	Ctrl+Z——撤销	Ctrl+C ——复制
E——橡皮工具	Ctrl+T ——自由变换	Ctrl+V ——粘贴
G ——渐变工具	Ctrl+S ——保存当前图像	Ctrl+J ——复制当前图层

6.2 Photoshop在产品设计中的常用工具

Photoshop的工具箱里有一些比较常用的工具，如图6-4所示。在调整产品渲染图片及排版的过程中，经常用到的有"移动工具" ⊕.、"裁剪工具" ⊡.、"模糊工具" ◠.、"横排文字工具" T.、"钢笔工具" ⌀.、"渐变工具" ▣.、"矩形工具" ▢.和"直接选择工具" ▹.等。

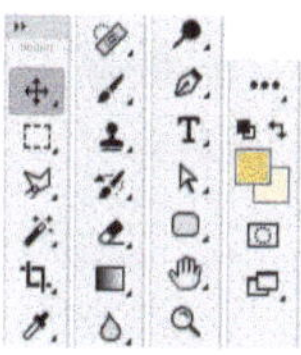

图6-4

6.2.1 移动工具

在选中某一图层时，可以使用"移动工具" ⊕ 随意移动该图层中的内容，也可以搭配"自动选择"功能使用。选择"移动工具" ⊕ 后，勾选工具选项栏中的"自动选择"选项，如图6-5所示，此时在画布内单击任意图层，该图层就会自动变为选中状态，以便于对该图层进行操作。

图6-5

> **提示** 在还不习惯使用"自动选择"功能时可以取消勾选该选项，避免误选图层。"自动选择"选项在按住Ctrl键时会切换状态。

6.2.2 裁剪工具

当要对整个画布进行裁剪时可使用"裁剪工具" ⊞ ，此时画布周围会出现裁剪虚线，如图6-6所示。使用鼠标调整这些虚线位置，可以在界面中实时看到裁剪位置的变化；红框内的数据表示画布裁剪后的宽和高，如图6-7所示。

图6-6

图6-7

6.2.3 模糊工具

"模糊工具" ◌ 主要用于快速对位图进行模糊处理。注意，使用"矩形工具" ▭ 创建的矩形并非位图，所以当使用"模糊工具" ◌ 对"矩形"图层进行模糊处理时，系统会弹出错误警示对话框，如图6-8所示。

图6-8

选择"模糊工具" ◌ 后，在工具选项栏中展开"画笔"下拉列表，调整模糊工具的大小和硬度到合适数值，如图6-9所示。在需要模糊处理的位置涂抹，模糊效果可以叠加，涂抹次数越多，图像越模糊。

> **提示** "模糊工具" ◌ 更多地用于模糊渲染图的产品边缘，以达到模拟景深、突出主体的效果，如图6-10和图6-11所示。

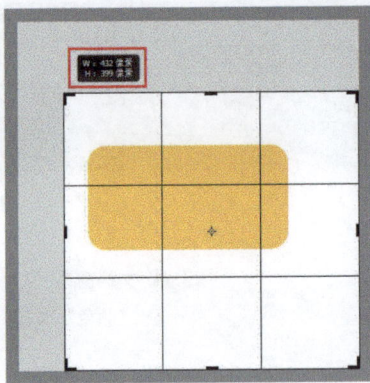

模糊前

模糊后

图6-10

图6-11

图6-9

6.2.4 文本工具

创建文本 文本工具多用于制作标签贴图或在渲染图中排版。选择"横排文字工具" T.，在画布中创建文本输入区域，在光标处输入文本，效果如图6-12所示。

编辑文本 在右侧"属性"面板中可以对创建的文本的属性进行编辑，如图6-13所示。图中①处可修改文本的字体和粗细，②处可修改文本的大小、字距、行距、对齐方向和颜色等。

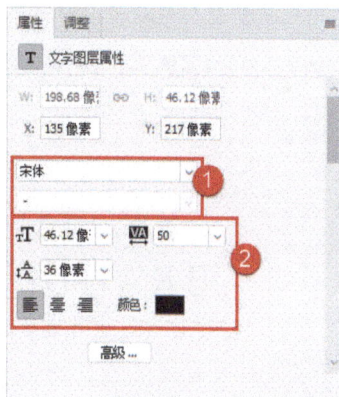

图6-12　　　　　　　　　　　　　　图6-13

01 **更改文字颜色** 单击"颜色"右侧的色块，打开"拾色器（文本颜色）"对话框，在其中选择合适的颜色，单击"确定"按钮后，文字颜色发生了改变，如图6-14所示。

图6-14

02 **更改文字间距** 文字间距默认为"0"，如图6-15所示；在字间距栏中设置字间距为"300"，效果如图6-16所示。

图6-15　　　　　　　　　　　　　　图6-16

03 修改字体 系统默认的字体为"宋体",如图6-17所示;选择"Baskerville Old Face"字体,可以看到字体发生了变化,如图6-18所示。

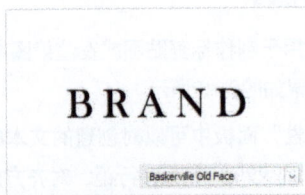

图6-17 · 图6-18

04 修改粗细 有些字体的字库内包含了该字体的多种字宽格式,Light(细)对应的效果如图6-19所示,Bold(粗)对应的效果如图6-20所示。

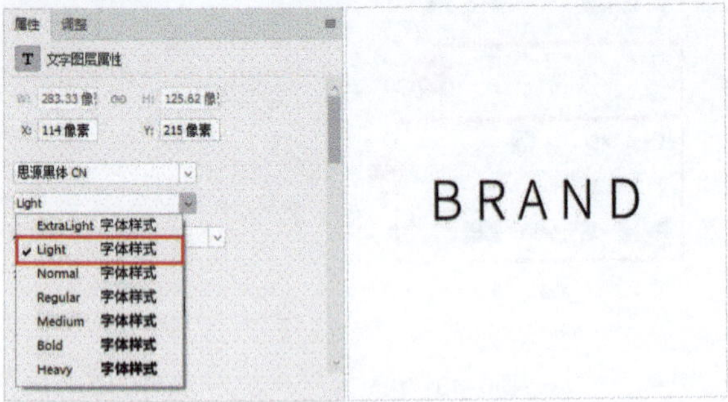

图6-19 · 图6-20

> **提示** 有的字库是针对某一特定语言的,例如一些英文字体不支持中文,中文文本会显示为空白框,表示当前字库并不包含这些字符,如图6-21所示。 
>
> 图6-21

6.2.5 矩形工具

单击"矩形工具" □ 下拉按钮,展开下拉列表,如图6-22所示,其中常用的是"矩形工具" □ 和"椭圆工具" ●。

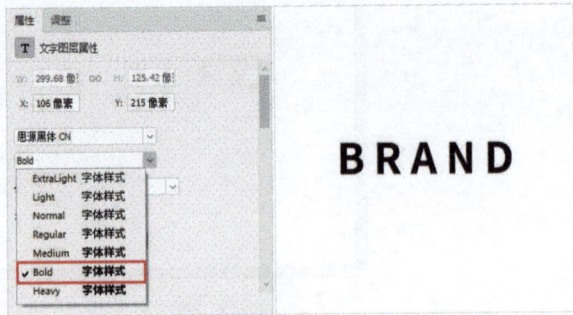

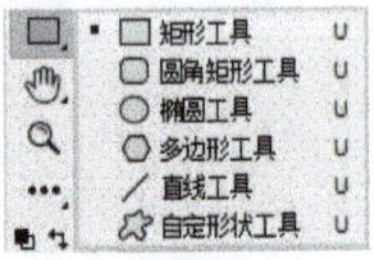

图6-22

01 创建矩形 选择"矩形工具" □,在画布中按住鼠标左键并拖曳鼠标指针即可创建矩形;也可以直接单击画布,打开"创建矩形"对话框,如图6-23所示,设置好具体参数后单击"确定"按钮即可创建矩形,如图6-24所示。

02 编辑矩形 在右侧"属性"面板中可以编辑"实时形状属性",如图6-25所示。①设置矩形的宽、高;②设置矩形的填充颜色、描边颜色、描边宽度、描边线型及内外描边等;③设置矩形圆角;④设置几个形状之间的布尔运算(合并、减去顶层、区域相交和排除重叠)。

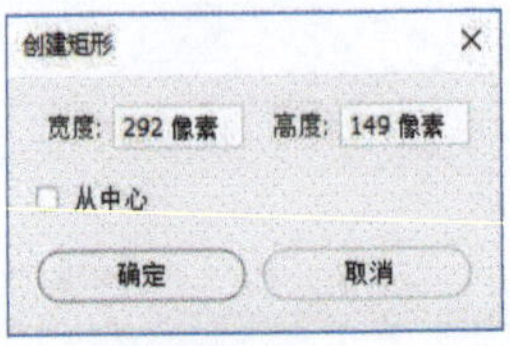

图6-23 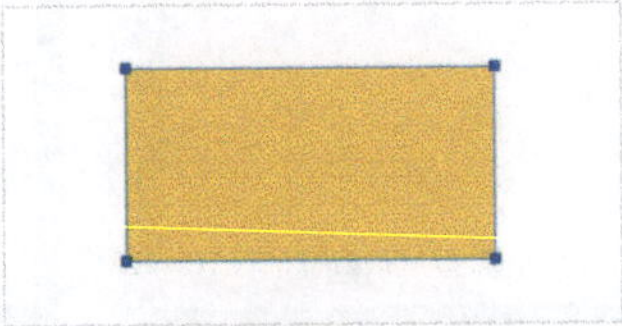 · · · · · · · · · · · · 图6-24 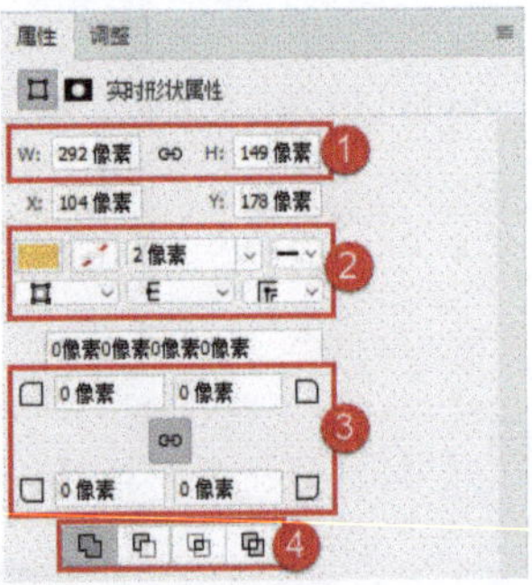 · · · · · · · · · · · · 图6-25

03 图6-26所示为4个圆角均为"0像素"的效果。设置4个圆角均为"20像素"，效果如图6-27所示。

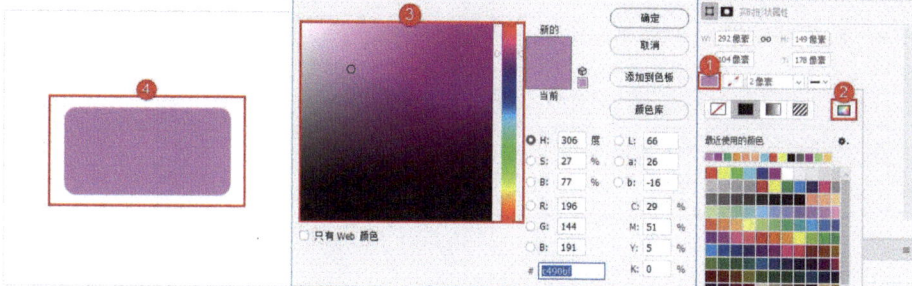

图6-26　　　　　　　　　　　　　　　图6-27

> **提示**　默认情况下，修改1个圆角参数，其他3个都会发生变化。单击"链接"按钮将圆角间的链接关闭，修改其中一个圆角参数为"0像素"，可以看到只有这个角不再是圆角，如图6-28所示。这便是"链接"的用法。

图6-28

04 改变形状的颜色　选择形状图层，单击"属性"面板①处的色块，单击②处的"拾色器"，在"纯色"对话框中选择颜色③，单击"确定"按钮后，形状的填充颜色即发生改变④，如图6-29所示。如果要取消填色或描边，那么可以单击色块下方的"关闭"按钮，如图6-30所示。

图6-29　　　　　　　　　　　　　　　　　图6-30

6.2.6 "图层"面板

在"图层"面板中可以对画布中图层的顺序和显示状态进行编辑，如图6-31所示。①处设置图层为显示或隐藏；②处表示现在图层的顺序，越靠上的图层层级越高，上面的图层会遮挡下面的图层；③处为"指示图层部分锁定"按钮，单击该位置出现锁定标识，单击锁定标识则解锁该图层，被锁定的图层无法进行移动和编辑操作；④处为"创建新的填充或调整图层"按钮，在调整图层上所做的操作将影响下面的所有图层；⑤处为"创建新图层"按钮，单击即可新建一个空白图层。

改变图层的顺序　可以直接将图层向上或向下拖曳到合适层级；也可以在选中图层后，按快捷键Ctrl+]将图层向上移动一级，按快捷键Ctrl+[将图层向下移动一级。以图6-31中的图层为例，如果改变图层的顺序，将形状图层上移，会发现文字图层被遮挡，如图6-32所示。

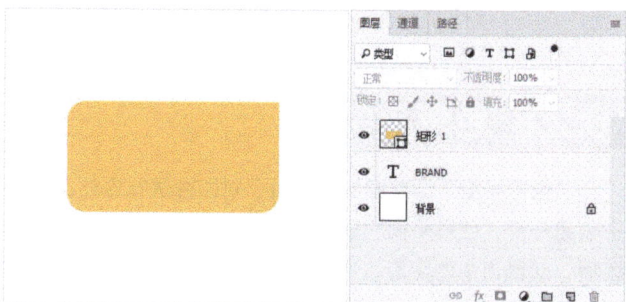

图6-31　　　　　　　　　　　　图6-32

6.2.7 色相/饱和度

选择"图像>调整"菜单命令，在打开的子菜单中选择命令对图像进行处理，如图6-33所示；也可以在"图层"面板中单击"创建新的填充或调整图层"按钮，新建一个调整图层，在弹出的列表中选择需要调整的选项，如图6-34所示。

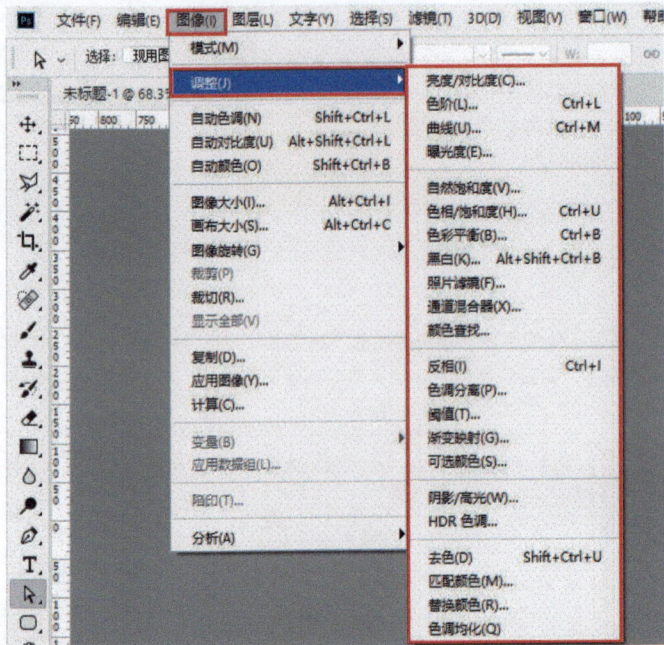

图6-33

图6-34

以新建"色相/饱和度"调整图层为例，在"图层"面板中会出现图6-35所示的调整图层，"属性"面板也更改为"色相/饱和度"属性，如图6-36所示。滑动"色相"滑块，可以在主视图内看到矩形色相发生了变化，如图6-37所示。

提示 调整图层将会对其层级以下的图层进行调整，如果只需要对层级以下的第一个图层进行调整，则右键单击该调整图层，选择"创建剪贴蒙版"命令即可，效果如图6-38所示。

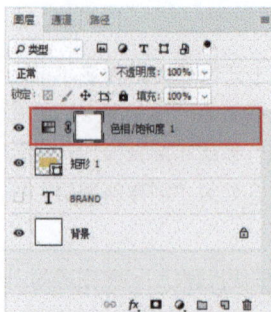

图6-35　　　　　　图6-36　　　　　　图6-37

图6-38

6.2.8 色彩平衡

"色彩平衡"调整图层主要用于对图片进行整体色调的调整。使用与上一小节相同的方法，在"图层"面板中创建一个"色彩平衡"调整图层，如图6-39所示。如图6-40所示，在"色调"下拉列表中，可以选择相应的选项，对画面中的阴影、中间调、高光进行定向调整，其中中间调用得较多。处理前后的对比效果如图6-41和图6-42所示。

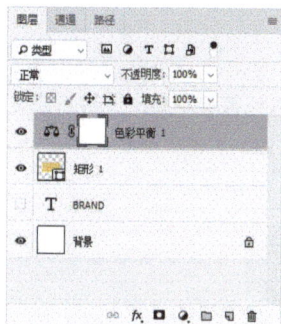

图6-39 图6-40 处理前 图6-41 处理后 图6-42

6.2.9 曲线

"曲线"调整图层主要用于调整图片的大基调，使用与前两小节相同的创建方法，在"图层"面板中创建一个"曲线"调整图层，如图6-43所示，"属性"面板也同步更新状态为"曲线"，如图6-44所示。

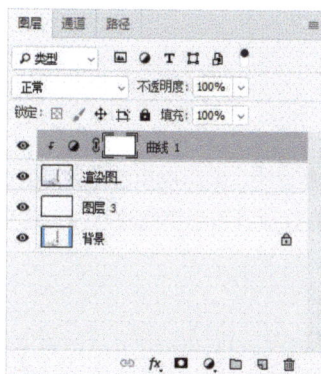

图6-43 图6-44

向上拖曳曲线可以增加画面曝光（变亮），向下拖曳曲线可以减少画面曝光（变暗）。注意，尽量不要大幅拖曳曲线，避免造成画面曝光异常。曲线调整前后的对比效果如图6-45和图6-46所示。

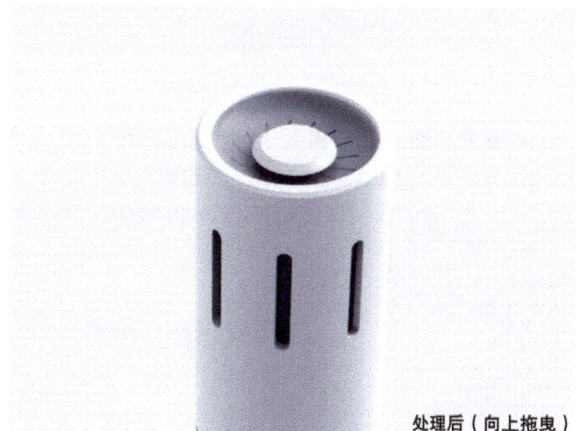

处理前 图6-45 处理后（向上拖曳） 图6-46

提示 有时候渲染的模型受HDRI影响，转折面、灰部画面会偏暗，看起来就显得"脏"。使用"曲线"调整图层让画面的整体曝光增加，画面会显得更干净，质感也会提升许多。不过调整曲线的幅度不可过大，适当即可。

6.2.10 污点修复工具

"污点修复工具"  是一个功能强大且比较有趣的工具,多用于对一些画面瑕疵进行擦除。单击"污点修复工具" ,在笔触调整区域调整修复工具的大小和硬度,如图6-47所示。污点修复前后的对比效果如图6-48和图6-49所示。

图6-47　　　　　　　　　图6-48　　　　　　　　　图6-49

6.3 常用构图

本节主要介绍常见的产品展示构图方式,这部分主要是理论,实际应用会在后面的综合案例中详细介绍。

物体居中 将物体放置于画面正中,可以突出主体,有效地吸引观者的注意力,这也是最常用的布局方式,如图6-50所示。

图6-50

平衡式构图 类似于黄金分割点布局,物件分为主要物件和次要物件,分别置于画面九宫格的对称点上,配合相机景深功能,虚化后置的物体,打造更好的空间感,如图6-51所示。

图6-51

垂直重复 沿画面垂线（y轴）分布两个物件，使画面充满动感，常用来表达物件的纤薄、便携等特征，如图6-52所示。

图6-52

交叉分割 有效引导观者注意力，富有形式美感，如图6-53所示。

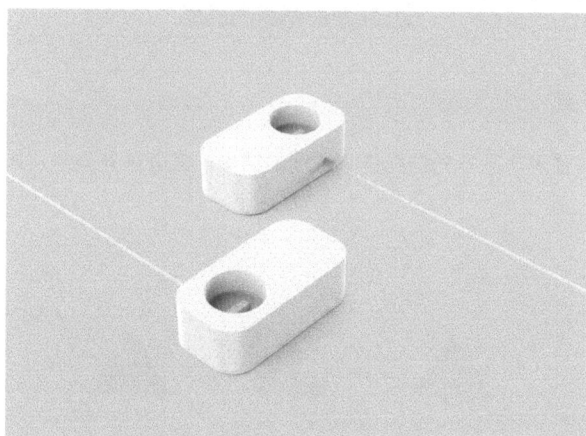

图6-53

平铺 将多个物件多次重复排列，形成平面构成中的矩阵点。这是产品美学的一种表达方式，渲染时配合适当的相机倾角及景深，可以得到更好的效果，如图6-54所示。

图6-54

居中垂直 常用于较薄、细长的产品，如手机、麦克风等。这种构图方式可以很好地表现产品的纤薄特性，富有仪式感，如图6-55所示。

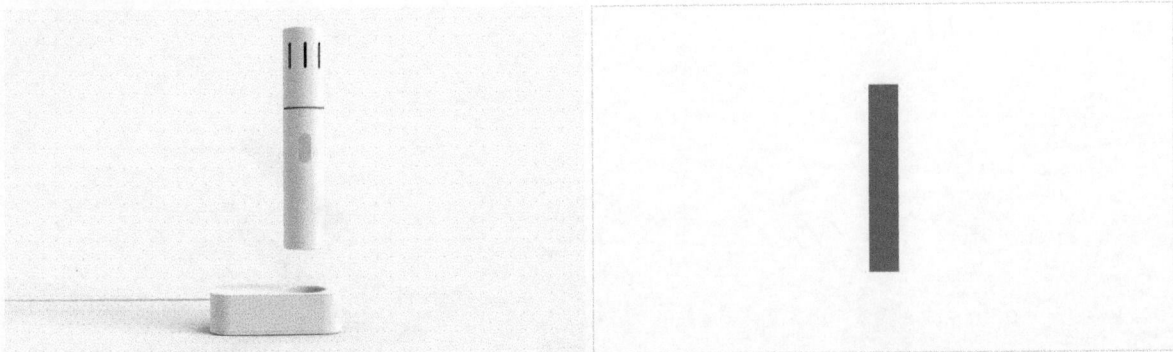

图6-55

居中水平 用来表现纤薄、细长的产品形态。在横构图中，可以较全面地展示产品的长度和比例关系，如图6-56所示。

图6-56

水平重复排列 展示一些小型物件时可以如此排列，以展示产品不同的配色、不同的结构，富有序列美感，如图6-57所示。

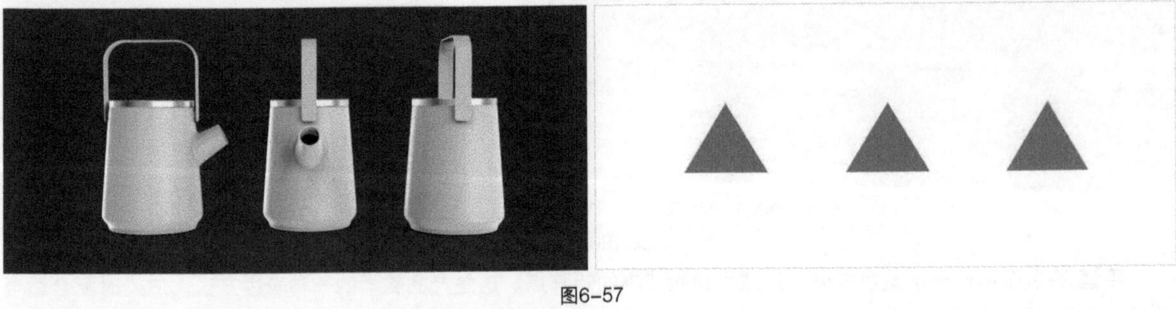

图6-57

斜置露出 可以从左上、右上、右下等方向斜置，一般露出产品一角，强调产品的质感和特性。此种构图也为电商平台或产品官网上的产品介绍文案留出了空间，如图6-58所示。

图6-58

主体衬托 类似于居中布局，为了使画面更有视觉冲击力，使用一个正方体底座托举主物件，提升物件的档次感，如图6-59所示。

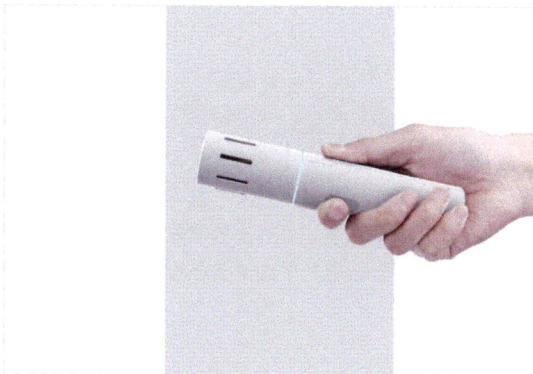

图6-59

实战：麦克风产品后期处理

素材文件　素材文件>CH06>01.png、02.png
实例文件　实例文件>CH06>实战：麦克风产品后期处理.psd
视频文件　实战：麦克风产品后期处理.mp4
学习目标　掌握产品的合成技术

麦克风产品合成效果如图6-60所示。

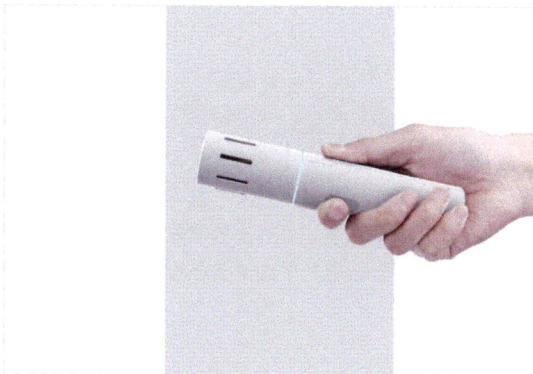

图6-60

01 导入素材 在Photoshop中打开学习资源中的"素材文件>CH06>01.png"文件，如图6-61所示。

02 在Photoshop中打开学习资源中的"素材文件>CH06>02.png"文件，如图6-62所示。

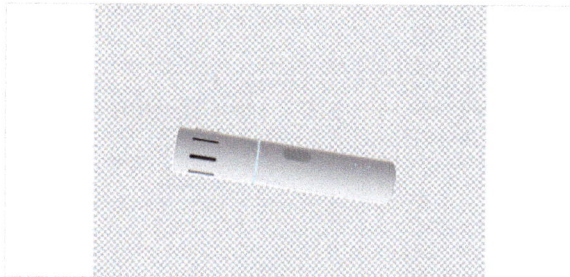

图6-61

图6-62

03 **调整产品展示角度和大小** 按快捷键Ctrl+N，打开"新建文档"对话框，设置"宽度"为"1000像素"、"高度"为"700像素"、"分辨率"为"72像素/英寸"，如图6-63所示。

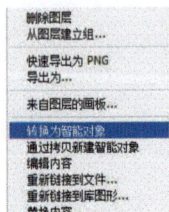

图6-63

04 选择"移动工具" ⊕，分别按住前面打开的两个素材文件的窗口栏，然后将其拖曳到步骤03新建的画布中，如图6-64和图6-65所示。

图6-64   图6-65

05 因为刚置入的麦克风图片较大，超出了画布范围，所以下一步要对其进行缩放。为了保证缩放后的图片质量不下降，可以将其变更为"智能对象"。选择"图层2"图层（麦克风），单击鼠标右键，在弹出的菜单中选择"转换为智能对象"命令，如图6-66所示。麦克风的图层缩略图如图6-67所示。

图6-66   图6-67

06 按快捷键Ctrl+T激活自由变换功能，如图6-68所示；按住Shift键，向内拖曳自由变换框的4个角，缩小麦克风图片，如图6-69所示；按住Alt键，滚动鼠标滚轮将画布放大，如图6-70所示。

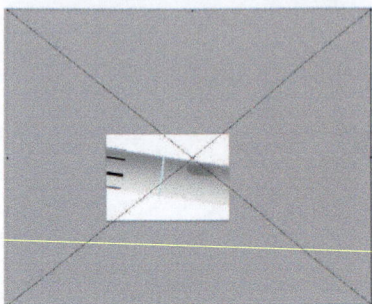

图6-68

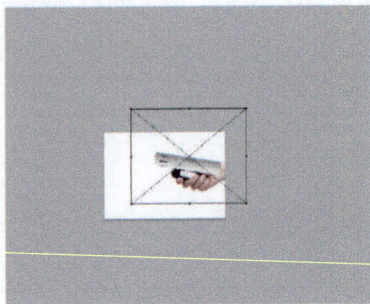

图6-69

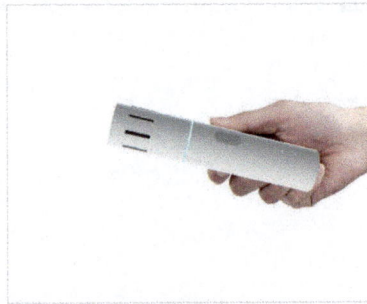

图6-70

07 按快捷键Ctrl+T激活自由变换状态，然后将鼠标指针移动到其中一个角，选中缩放后的图片，如图6-71所示。

08 观察画面整体，对光线方向进行分析，可以发现手的光是从上面照射而来的，而麦克风的光是从下面照射而来的，两者的光线方向不统一，如图6-72所示。

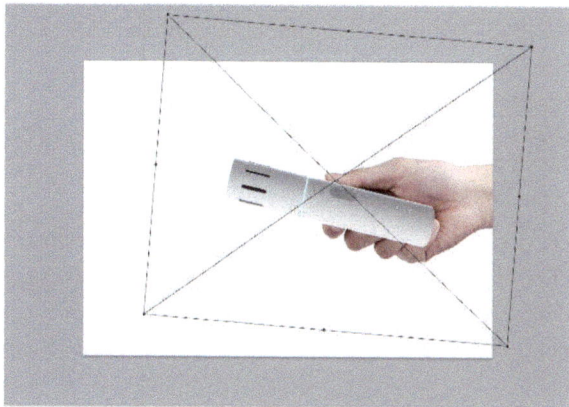

图6-71

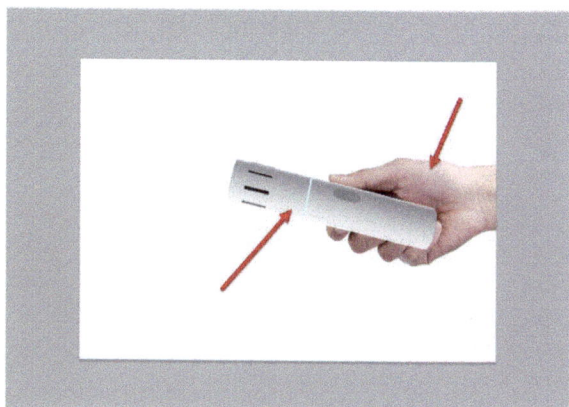

图6-72

09 在麦克风图片上单击鼠标右键，在弹出的菜单中选择"垂直翻转"命令，如图6-73所示，麦克风进行垂直方向上的翻转，然后按快捷键Ctrl+T激活自由变换功能，对麦克风图片的角度进行调整，如图6-74和图6-75所示。

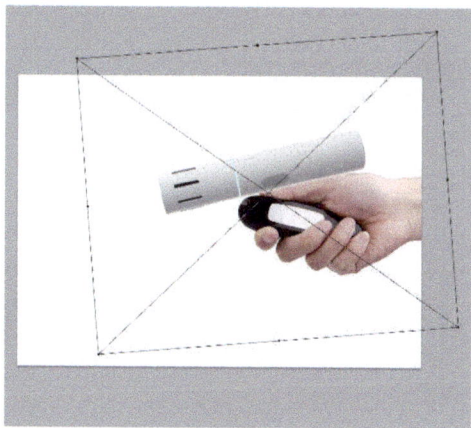

图6-73　　　　　　　　　　　　图6-74　　　　　　　　　　　　图6-75

10 **合成素材** 选择"图层2"图层（麦克风），单击"添加蒙版"按钮 ▫ ，为图层添加一个图层蒙版，设置"不透明度"为"70%"，如图6-76所示，效果如图6-77所示。

11 选择"画笔工具" ✐ ，设置前景色为黑色（R:0，G:0，B:0）■ ，选择"图层2"图层（麦克风）的蒙版区域，如图6-78所示，在画布中涂抹手指部分，将麦克风与手指的重叠部分擦除，效果如图6-79所示。

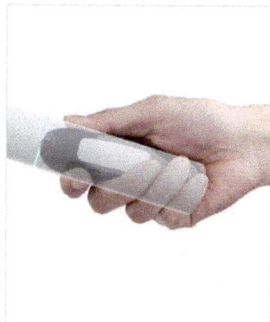

图6-76

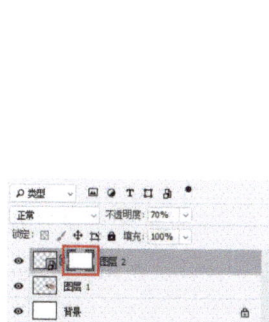

图6-77

图6-78

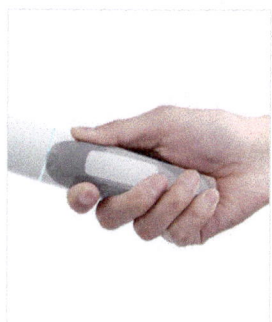

图6-79

12 设置"图层2"图层（麦克风）的"不透明度"为"100%"，如图6-80所示，效果如图6-81所示。

13 单击"图层"面板中的"新建图层"按钮◻，新建一个图层，按快捷键Ctrl+Alt+G创建剪贴蒙版，并设置图层模式为"正片叠底"，如图6-82所示。

14 选择"画笔工具"◢，设置前景色为灰色（#898989），在手指边缘位置涂抹，制作手在麦克风上产生的投影，如图6-83所示。注意，涂抹范围一定要点到即止，不可过度。

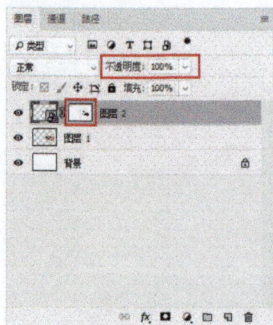
图6-80

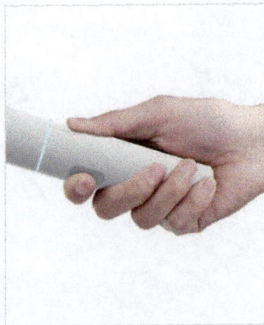
图6-81

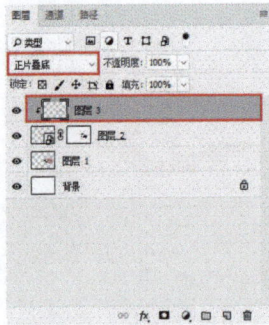
图6-82

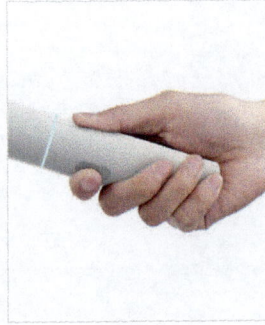
图6-83

15 **调整素材间的色调** 手的颜色与产品的颜色相差过大，需要将它们的色调统一。选择"图层1"图层（手），单击"图层"面板底部的"创建新的填充或调整图层"按钮◒，在弹出的列表中选择"色彩平衡"选项，如图6-84所示；按快捷键Ctrl+Alt+G创建剪贴蒙版，让"色彩平衡1"图层只对"图层1"图层（手）起作用，如图6-85所示。

16 在"属性"面板中对"色彩平衡"的"中间调"进行调整。设置"青色-红色"为"-12"，减少少许红色；设置"黄色-蓝色"为"+5"，增加一点蓝色。参数设置如图6-86所示，效果如图6-87所示。

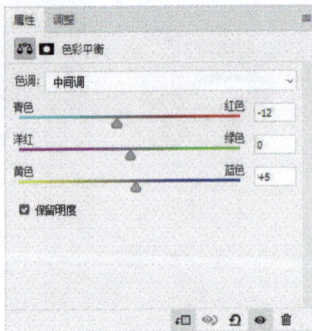
图6-84   图6-85   图6-86

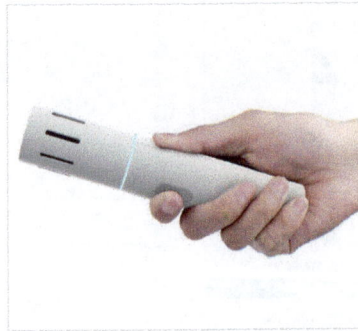
图6-87

17 **提高手的亮度** 为"图层1"图层（手）添加"曲线"调整图层，如图6-88所示；同理，按快捷键Ctrl+Alt+G创建剪贴蒙版，使"曲线1"图层只对"图层1"图层（手）起作用，如图6-89所示。

18 在"属性"面板中将曲线中心部分向上拖曳，如图6-90所示，效果如图6-91所示。

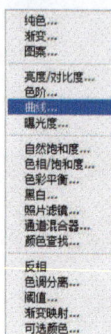
图6-88

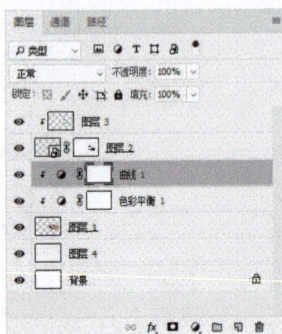
图6-89

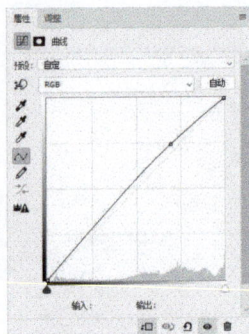
图6-90

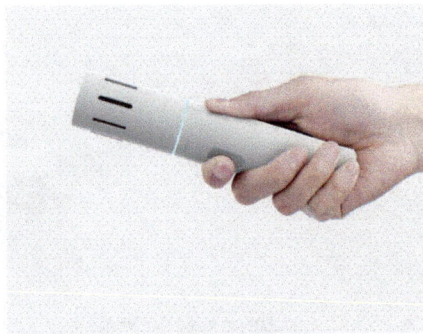
图6-91

19 添加简单背景 现在背景中的空白区域过多，接下来在背景处绘制一个灰色矩形，让画面更丰富一些。选择"背景"图层，单击"新建图层"按钮 ◻️，新建一个"图层4"图层，如图6-92所示。

20 单击"矩形工具" ▭，在画布中绘制一个矩形（颜色为#dedede），如图6-93所示。因为是在最底下的图层中绘制的，所以矩形在手和麦克风的后面。

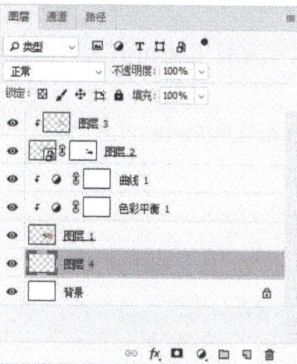

图6-92

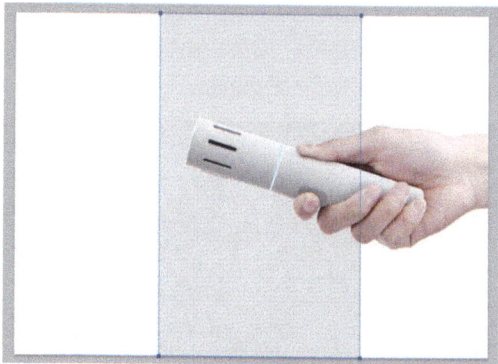

图6-93

21 统一整体色彩 选择"图层3"图层，新建一个"色彩平衡"调整图层，如图6-94所示，对所有图层进行色彩的调整；在"中间调"中减少一点绿色、增加一点蓝色，使画面更有科技感和质感，具体参数设置如图6-95所示，整体效果如图6-96所示。

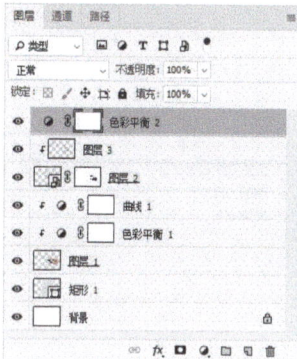

图6-94

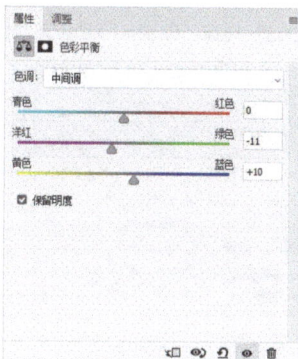

图6-95

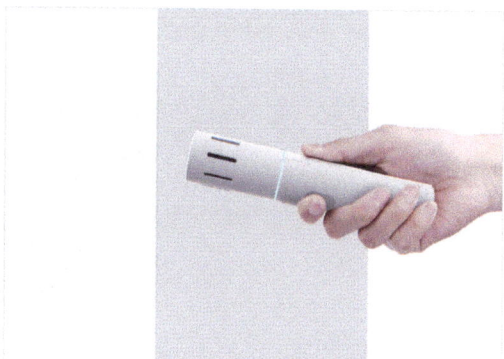

图6-96

实战：腕表产品文字排版

素材文件	素材文件>CH06>03.jpg
实例文件	实例文件>CH06>实战：腕表产品文字排版.psd
视频文件	实战：腕表产品文字排版.mp4
学习目标	掌握文字的排版技术

在渲染完成的图片上加上文字，是电商平台展示产品和产品官网宣传产品的常见形式。文字主要用于阐述产品本身的功能和特点。常用的文字排版对齐方式有左对齐、居中对齐和右对齐。本例的腕表产品采用文字左对齐的方式，效果如图6-97所示。

图6-97

01 **导入素材** 在Photoshop中打开学习资源中的"素材文件>CH06>03.jpg"文件，这是腕表产品的渲染效果图，如图6-98所示。直接打开的图片是作为"背景"图层且被"锁定"的，如图6-99所示。进行图片处理前应该保留"原始图层"，这是为了保护原始图片，保证有可逆的修改空间。

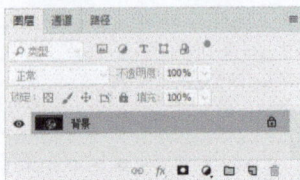

02 **创建展示画面** 单击"图层"面板下方的"创建新图层"按钮 新建一个"图层1"图层，如图6-100所示。

图6-98

图6-99

图6-100

03 按快捷键Shift+F5，打开"填充"对话框，设置"内容"为"黑色"，如图6-101所示，单击"确定"按钮，图层内容变为黑色，如图6-102所示。

04 选择"背景"图层，按快捷键Ctrl+J复制，得到一个"背景 拷贝"图层，移动该图层到"图层1"图层的上方，如图6-103所示。

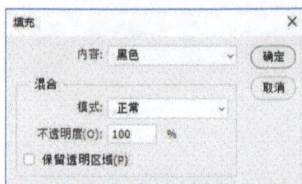

图6-101

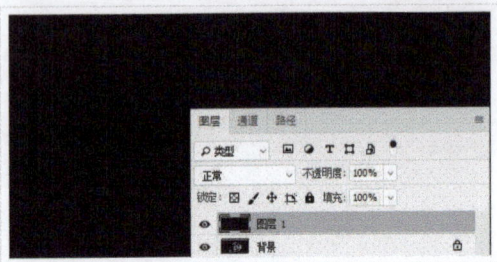

图6-102

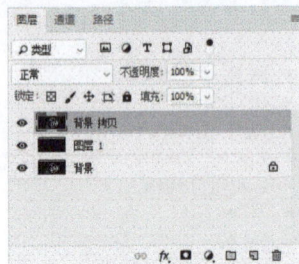

图6-103

05 **划分版面区域** 在画布中观察，效果如图6-104所示；单击"移动工具" ，选择"背景 拷贝"图层，在画布中按住鼠标左键向右拖曳，如图6-105所示。

图6-104

图6-105

提示 将腕表产品图向右移动一定距离是为了留出更多的文字区域，如图6-106所示。

图6-106

06 排版时可以用"参考线"进行约束。在主视图的顶部和左侧有一排标尺,按住标尺并拖曳,可以拖出参考线。如图6-107所示,这里拖曳出了4条参考线来约束排版,即文字内容不应该超出参考线范围,并且都应该以最左侧的竖线为基准左对齐分布。

提示 激活标尺的快捷键为Ctrl+R。

图6-107

07 **添加文字** 单击"横排文字工具" **T.**,在画布中拖曳出文字区域,输入标题,如图6-108所示;再次添加一个文字区域并输入描述性文本,注意文字的字体和大小,如图6-109所示。

图6-108　　　　　　　　　　　　　　　　　　　　　　　　图6-109

08 选中WRIST WATCH图层,按快捷键Ctrl+T激活自由变换功能,按住文本框角点并向外拖曳,将其放大,如图6-110所示。

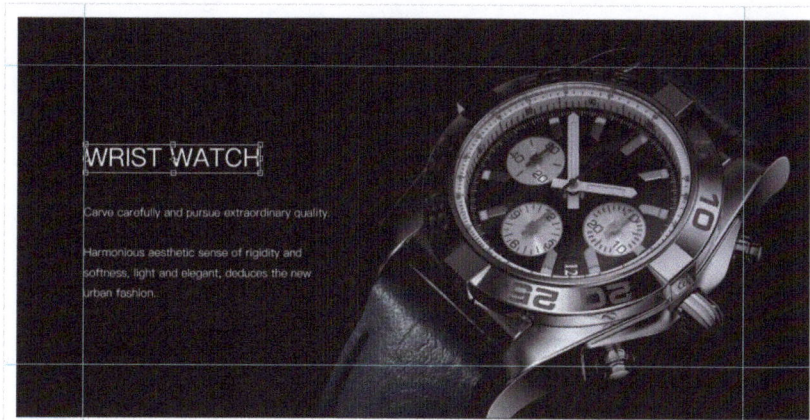

图6-110

09 细节处理 为了使排版更加出彩且保持简洁，我们在画面中增加一个小的矩形。使用"矩形工具" ▢ 在画布中绘制图6-111所示的橙色矩形，为画面带来一些动感；考虑到画面的平衡感和突出标题的需要，将橙色矩形移动到标题上面，并按快捷键Ctrl+H取消显示参考线，如图6-112所示。

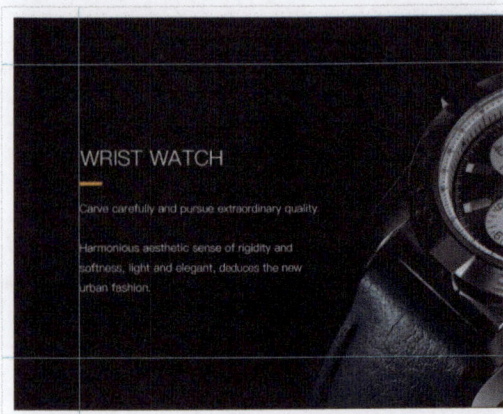

图6-111

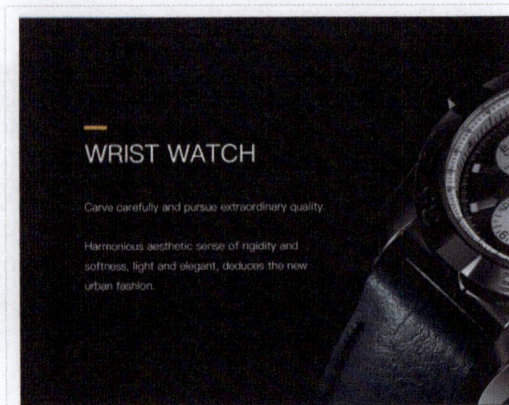

图6-112

10 此时，文字排版就完成了，还可以根据需要加入一些图标，以强调功能，如图6-113所示。

图6-113

提示 关于添加图标的操作方法，大家可以观看视频学习。

第7章 产品设计商业项目实战

■ 学习目的

　　本章将应用前面学习的所有内容进行商业综合实战,这些实战内容都是真实的商业项目。通过本章的学习,读者可以对产品设计形成完整的认识并初步掌握相关的方法。另外,由于本章内容过多,只在书中展示部分制作流程图,具体操作步骤请读者观看配套教学视频。

■ 主要内容

　　吹风机、手机、边桌、概念适配器、水壶、创意麦克风、入耳式耳机产品设计案例。

7.1 吹风机产品设计

素材文件　无
实例文件　实例文件>CH07>吹风机产品设计.3dm
视频文件　吹风机产品设计.mp4
学习目标　掌握小型电器产品设计的思路

本节内容为一个吹风机的产品设计，最终效果如图7-1所示。制作流程包括草图手绘、产品建模、材质制作、渲染和后期处理。

图7-1

7.1.1 绘制吹风机设计图

01 绘制吹风机侧视图的轮廓，如图7-2所示。

02 在轮廓图上绘制中间线和风筒后部的进气孔，如图7-3所示。

03 吹风机是立体对象，风筒部分和手柄部分都可以看作圆柱体，所以在中间线两侧绘制一些阴影，塑造立体的转折关系。吹风机的设计草图最终如图7-4所示。

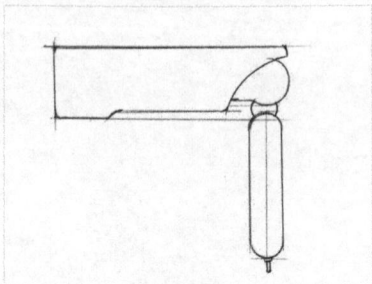

图7-2

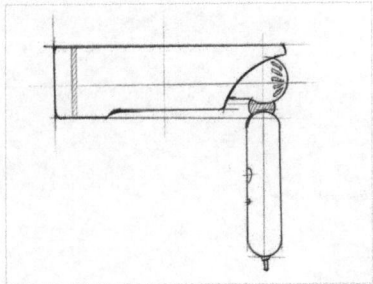

图7-3

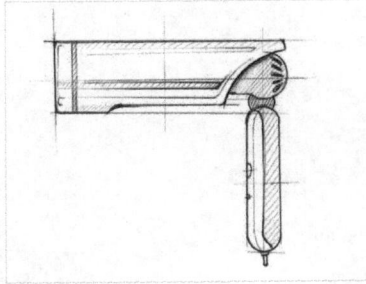

图7-4

7.1.2 制作吹风机模型

01 **制作风筒外壳** 使用"圆柱管"工具●在前视图中绘制圆柱管，透视视图中的效果如图7-5所示。

02 使用"圆柱体"工具●在右视图中绘制图7-6所示的圆柱体底面，然后拖曳鼠标指针调整圆柱体的高度，单击确认，使圆柱体穿透圆柱管，如图7-7所示。

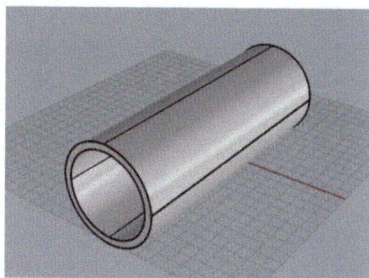

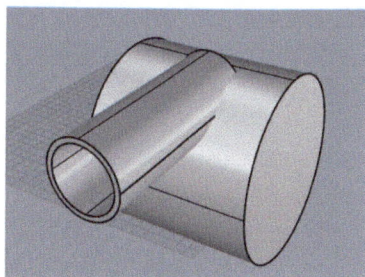

图7-5 图7-6 图7-7

03 单击"布尔运算差集"工具 ，选择圆柱管，按Enter键确认，再选择圆柱体，按Enter键确认，差集运算后的圆柱管如图7-8所示。

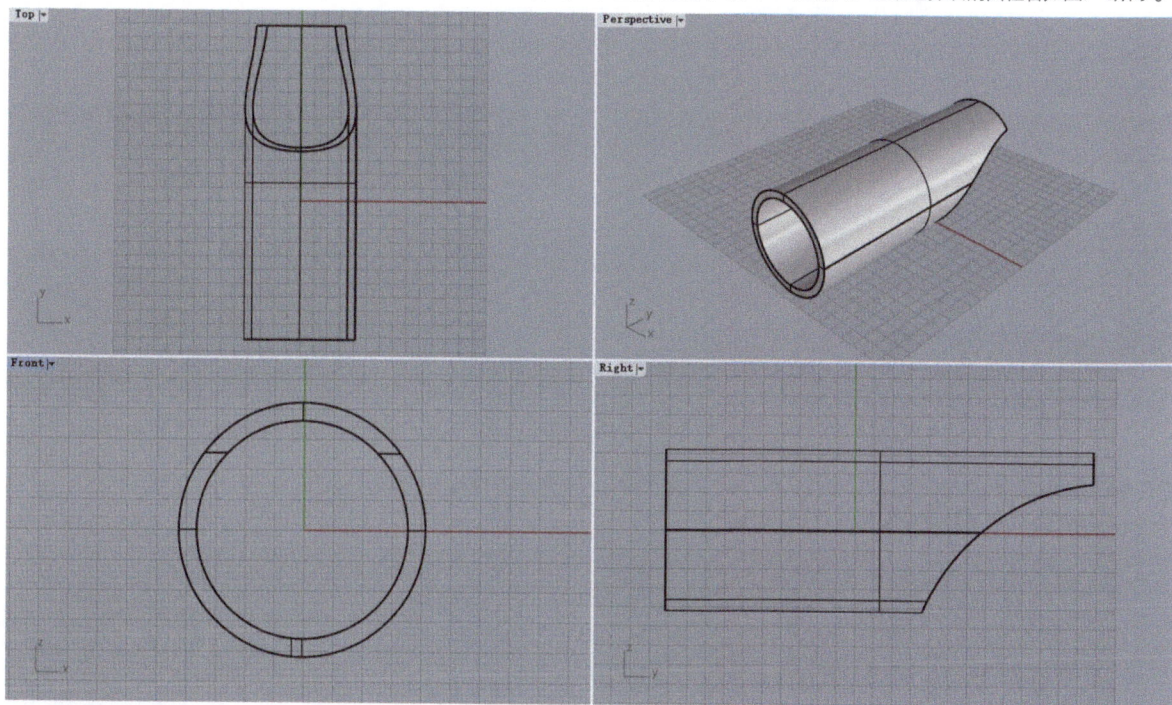

图7-8

04 **制作风筒内部结构** 单击"圆柱体"工具 ，以圆柱管中心点为圆柱体底面中心点，以圆柱管内壁直径为圆柱体底面直径，绘制一个与圆柱管长度相同的圆柱体，如图7-9所示。

05 单击"边缘圆角"工具 ，在命令栏输入合适的数值（接近圆柱体直径的1/2），然后选择圆柱体的底边，按两次Enter键确认，经圆角处理后的圆柱体效果如图7-10所示。

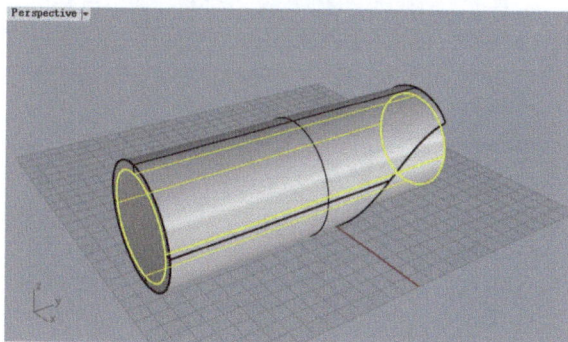

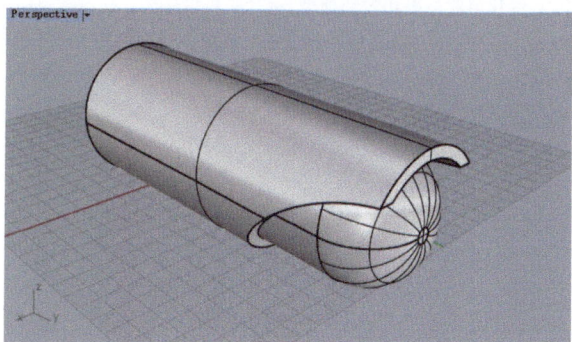

图7-9 图7-10

06 制作手柄 使用"圆角矩形"工具口在右视图中绘制图7-11所示的圆角矩形，在透视视图中的效果如图7-12所示。

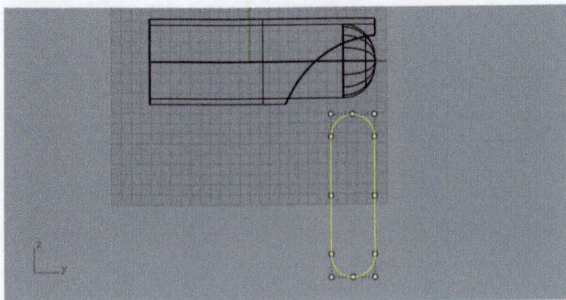

图7-11

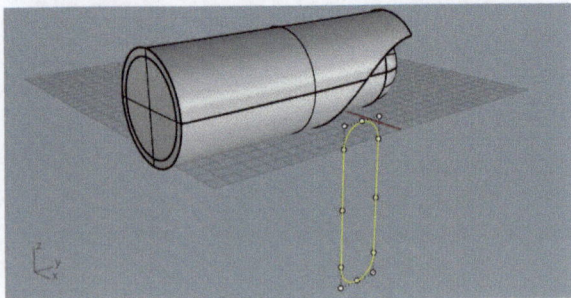

图7-12

07 单击"旋转成形"工具💡，选择圆角矩形作为旋转对象，选择圆角矩形中心线作为旋转轴，如图7-13所示；旋转成形的效果如图7-14所示。

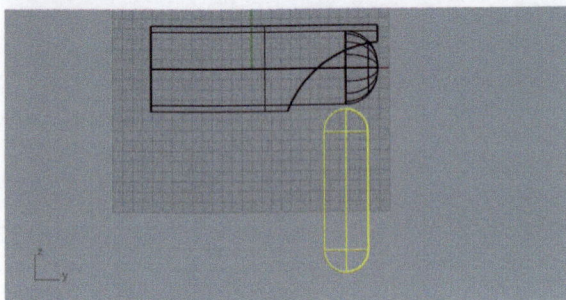

图7-13

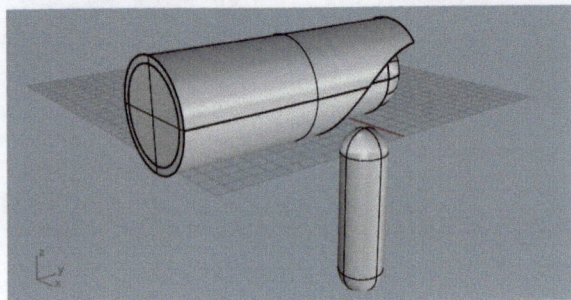

图7-14

08 制作连接轴 单击"圆柱体"工具🖱，在风筒和手柄之间的位置绘制圆柱体的底面圆；如图7-15所示；拖曳鼠标指针，将圆柱体调整到合适的高度并单击确认，如图7-16所示。

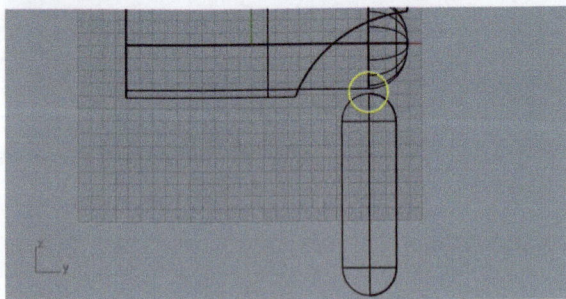

图7-15

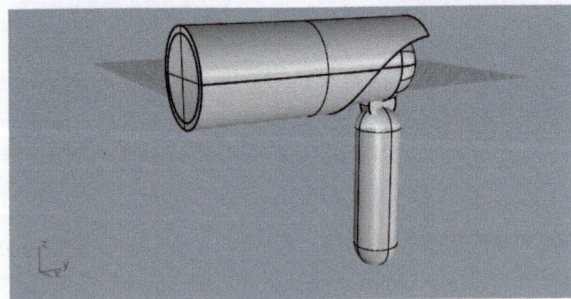

图7-16

09 优化风筒外壳和内部造型 选择吹风机手柄，按快捷键Ctrl+C复制，再按快捷键Ctrl+V原位粘贴一个手柄，如图7-17所示。单击"旋转"工具🖱，以手柄顶部为旋转中心，将其中一个手柄顺时针旋转90°，如图7-18所示。

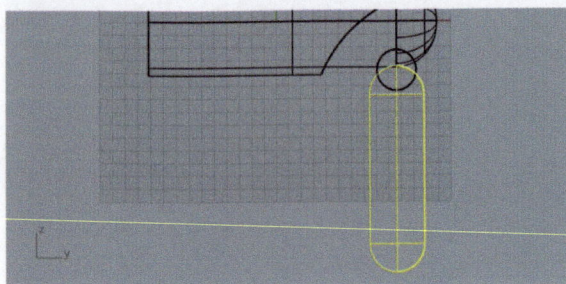

图7-17

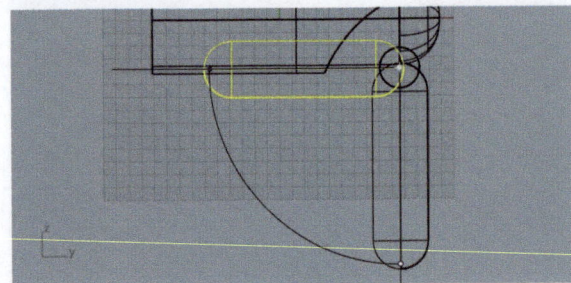

图7-18

10 选择旋转后的手柄，按快捷键Ctrl+C复制，再按快捷键Ctrl+V原位粘贴一个手柄，如图7-19所示。

11 单击"布尔运算差集"工具 🔵，选择风筒外壳，按Enter键确认，选择旋转后的一个手柄，按Enter键确认，得到差集运算后的风筒外壳；再次单击"布尔运算差集"工具 🔵，选择风筒内部的圆柱体，按Enter键确认，再选择旋转后的另一个手柄，按Enter键确认，得到差集运算后的风筒内部的圆柱体。处理后的效果如图7-20和图7-21所示。

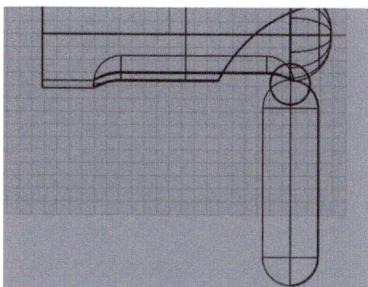

图7-19

图7-20

图7-21

12 **制作尾部造型** 在前视图中滚动鼠标滚轮，放大风筒显示比例，使用"圆：中心点、半径"工具 ⊙ 绘制图7-22所示的圆，再次使用"圆：中心点、半径"工具 ⊙ 绘制一个小一点的圆，如图7-23所示。

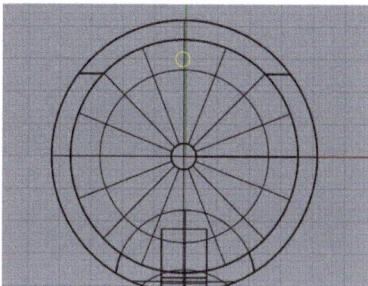

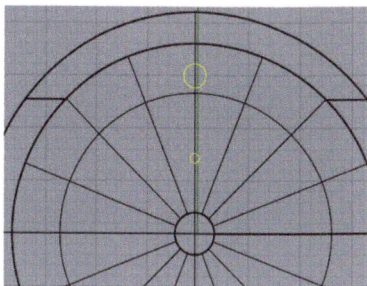

图7-22

图7-23

13 勾选"物件锁点"的"切点"选项，使用"多重直线"工具 ⋀ 绘制两个圆之间的切线，如图7-24所示；单击"修剪"工具 ✂，选择两条切线，按Enter键确认，再分别单击两个圆内侧的曲线，修剪后的效果如图7-25所示；按Enter键确认后，选择修剪后的曲线，使用"组合"工具 ⋐ 将它们组合起来，如图7-26所示。

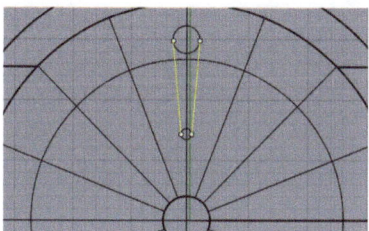

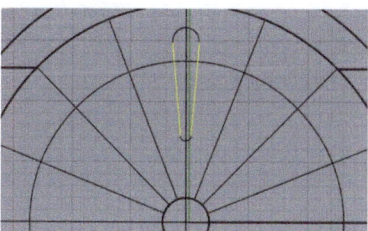

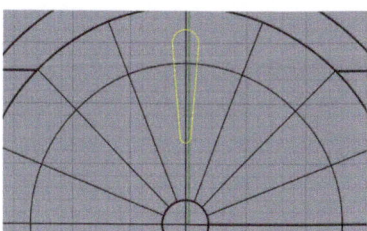

图7-24

图7-25

图7-26

14 单击"圆形阵列"工具 ❀，选择组合后的曲线，按Enter键确认，然后选择风筒中心点作为旋转阵列的中心点，如图7-27所示；在命令栏设置"阵列数"为18，按Enter键确认，预览效果如图7-28所示；按两次Enter键确认，效果如图7-29所示。

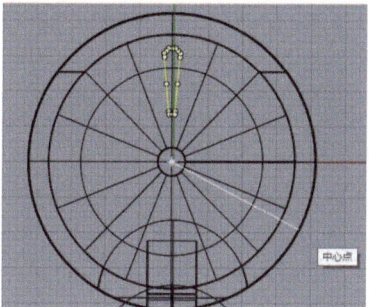

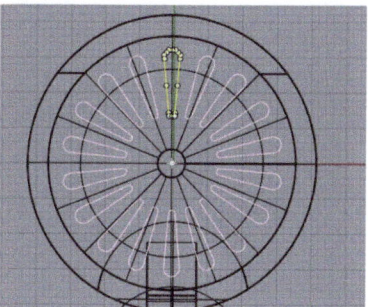

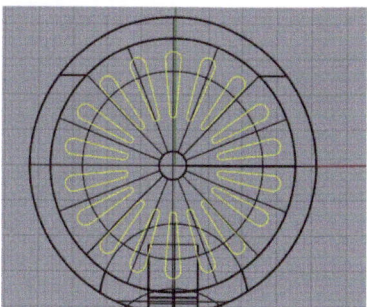

图7-27

图7-28

图7-29

15 切换到右视图，将阵列后的曲线移动到风筒右侧，使用"挤出封闭的平面曲线"工具 ，挤出曲线，如图7-30和图7-31所示。

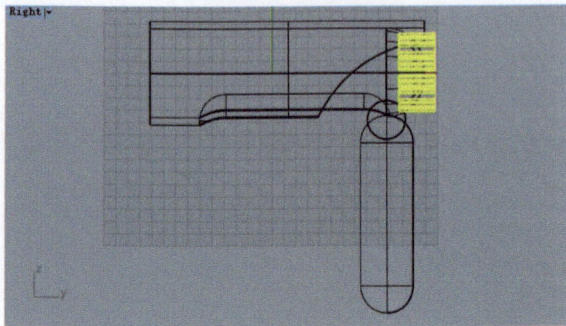

图7-30

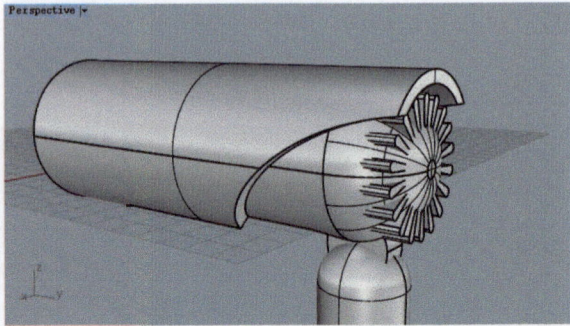

图7-31

16 单击"扭转"工具 ，选择挤出的曲面，按Enter键确认，设置扭转轴起点为风筒中心点，在右视图中拖曳鼠标指针并单击确定扭转轴终点；在前视图中单击右侧水平位置确定起点，拖曳鼠标指针，使曲面扭转30°，单击确定终点，如图7-32所示；效果如图7-33和图7-34所示。

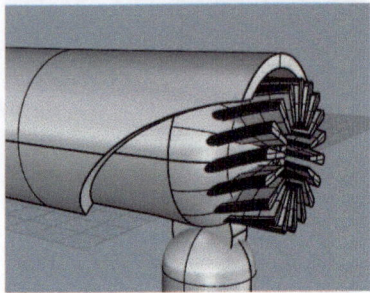

图7-32

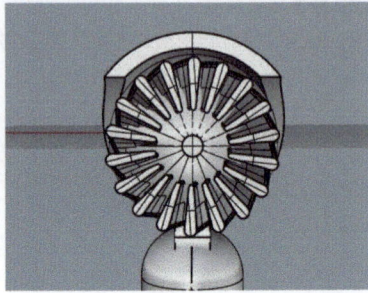

图7-33

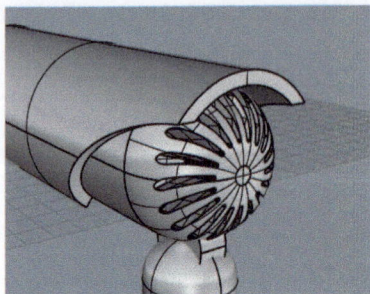

图7-34

17 单击"布尔运算差集"工具 ，选择风筒内部的圆柱体，按Enter键确认，选择扭转后的全部对象，按Enter键确认，结果如图7-35所示。

18 优化连接件 选择风筒与手柄间的圆柱形连接件，按快捷键Ctrl+C复制，再按快捷键Ctrl+V原位粘贴，如图7-36所示。

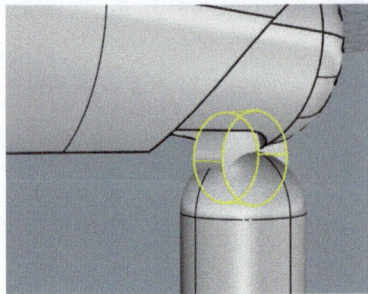

图7-35

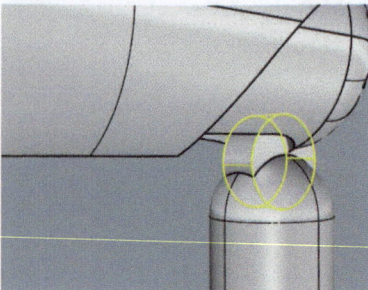

图7-36

19 单击"布尔运算差集"工具 ，选择手柄，按Enter键确认，选择其中一个连接件，按Enter键确认，差集运算的结果如图7-37所示；单击"布尔运算差集"工具 ，选择风筒内部的圆柱体，按Enter键确认，选择连接件，按Enter键确认，差集运算的结果如图7-38所示。整体效果如图7-39所示。

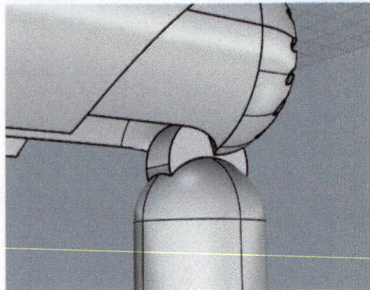

图7-37

图7-38

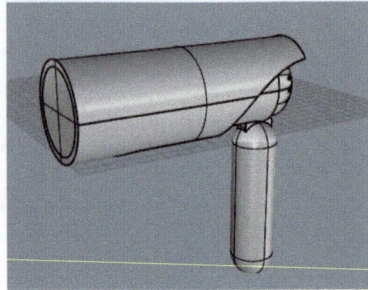

图7-39

20 优化风筒 单击"圆柱体"工具 ⬚，以风筒中心点为圆柱体底面中心点，如图7-40所示；绘制一个直径比风筒外壳体更大的圆柱体，如图7-41所示。

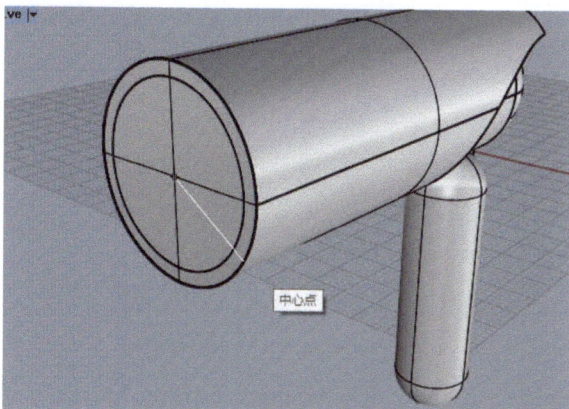 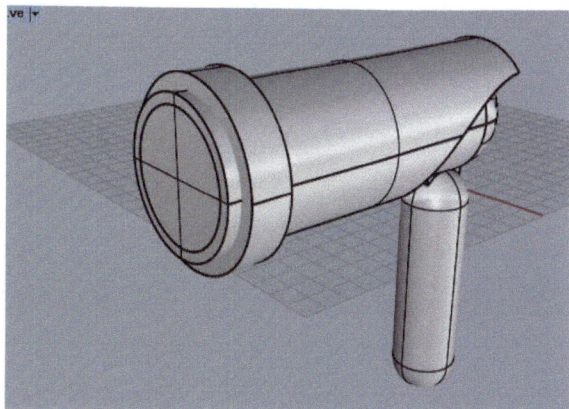

图7-40 图7-41

21 切换到右视图，如图7-42所示。单击"布尔运算差集"工具 ⬚，选择风筒内部的圆柱体，按Enter键确认，选择上一步创建的圆柱体，按Enter键确认，结果如图7-43所示。

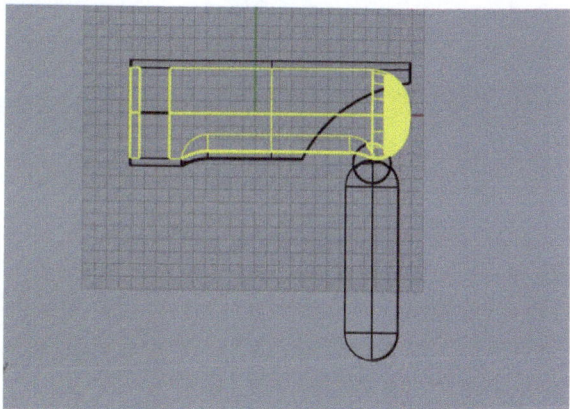

图7-42 图7-43

22 使用"圆柱管"工具 ⬚绘制一个内径比风筒外壳体稍小、外径比外壳体大、高度很小的圆柱管，如图7-44所示，在右视图中的效果如图7-45所示。

23 单击"布尔运算差集"工具 ⬚，选择风筒外壳体，按Enter键确认，选择上一步绘制的圆柱管，按Enter键确认，差集运算的结果如图7-46所示。

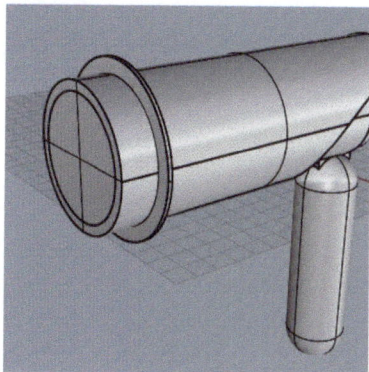 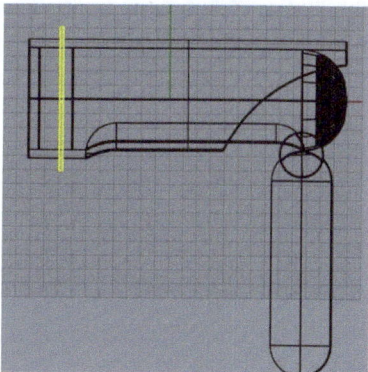 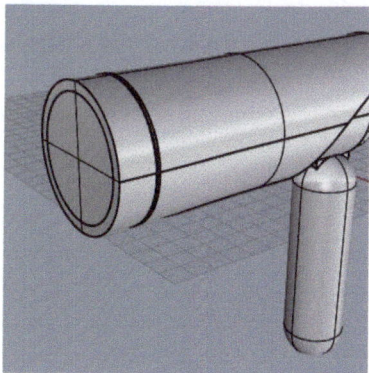

图7-44 图7-45 图7-46

24 单击"边缘圆角"工具 ◉，在命令栏输入合适的数值，选择风筒的出风口边缘，按两次Enter键确认，效果如图7-47所示；再次单击"边缘圆角"工具 ◉，在命令栏输入稍小的数值，选择风筒前端凹槽的边缘，如图7-48所示；按两次Enter键确认，效果如图7-49所示。

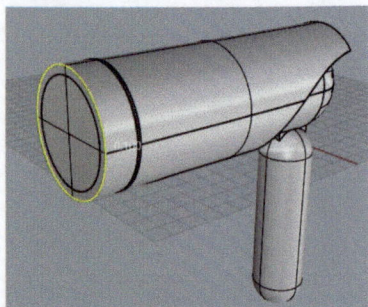

图7-47

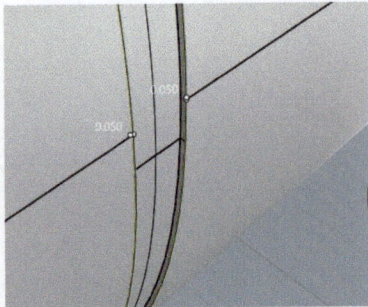

图7-48

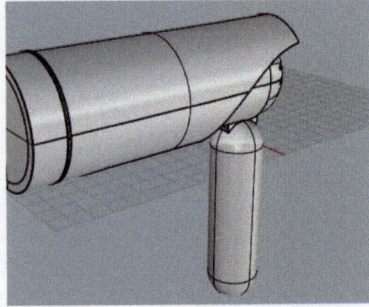

图7-49

25 **制作电源线** 单击"圆柱体"工具 ◉，以手柄底部中心点为圆柱体底面中心点绘制图7-50所示的圆柱体；继续使用"圆柱体"工具 ◉，以刚才绘制的圆柱体底面中心作为中心点，绘制直径小一些的圆柱体，如图7-51所示。透视视图中的整体效果如图7-52所示。

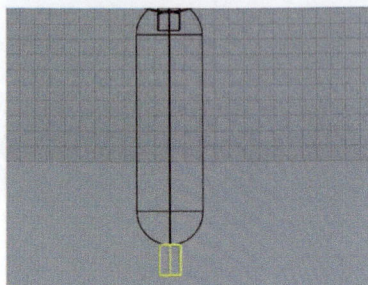

图7-50

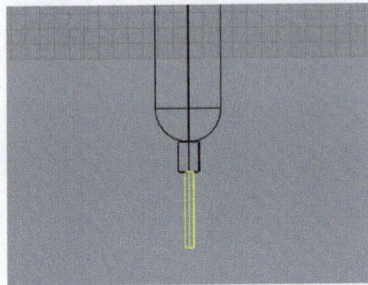

图7-51

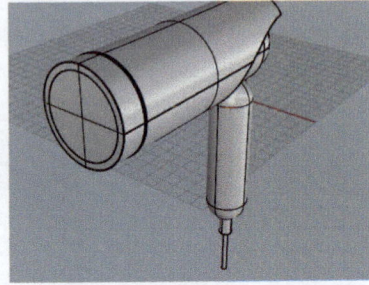

图7-52

26 单击"边缘斜角"工具 ◉，在命令栏中输入合适的数值，按Enter键确认；选择手柄底部大圆柱体的底面边缘，如图7-53所示，按两次Enter键确认。单击"圆柱管"工具 ◉，以大圆柱体中心点为圆柱管中心，绘制一个内径比圆柱体直径小、外径比圆柱体直径大的圆柱管，如图7-54所示。

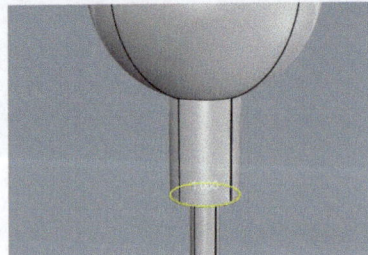

图7-53

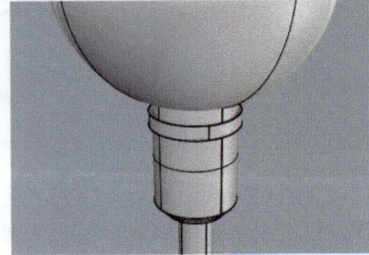

图7-54

27 使用"复制"工具 ◙ 复制3个圆柱管，并将其均匀排列在圆柱体上，如图7-55所示。单击"布尔运算差集"工具 ◉，选择圆柱体，按Enter键确认，选择4个圆柱管，按Enter键确认，差集运算的结果如图7-56所示。

28 单击"边缘圆角"工具 ◉，在命令栏中输入合适的数值，按Enter键确认，框选上一步绘制的圆柱管，如图7-57所示，按两次Enter键确认。

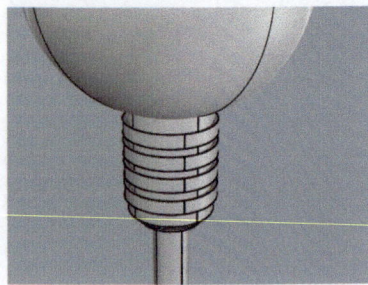

图7-55

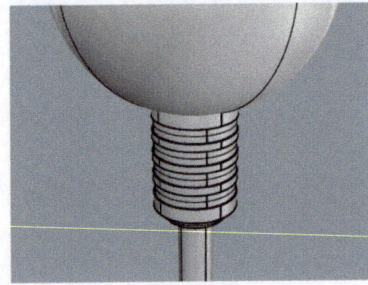

图7-56

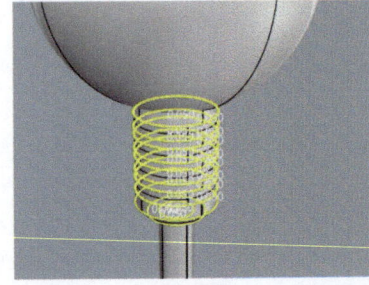

图7-57

29 **制作手柄按钮** 切换到前视图，使用"圆角矩形"工具□在手柄处绘制图7-58所示的圆角矩形；单击"投影曲线"工具🔧，选择圆角矩形，按Enter键确认，选择手柄，按Enter键确认，将圆角矩形投影到手柄上，如图7-59所示。

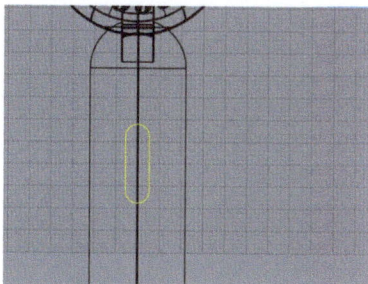

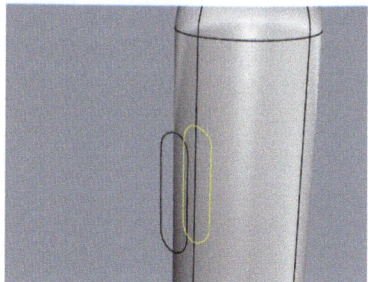

图7-58　　　　　　　　　　　　　　　　　图7-59

30 选择投影前的圆角矩形，单击"挤出封闭的平面曲线"工具🔧，将其挤出至手柄内，如图7-60所示；单击"布尔运算差集"工具🔧，选择手柄，按Enter键确认，选择挤出的实体，按Enter键确认，差集运算的结果如图7-61所示。

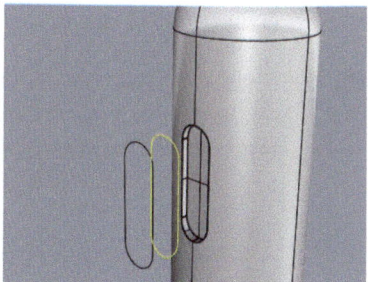

图7-60　　　　　　　　　　　　　　　　　图7-61

31 单击"隐藏"工具💡，将投影前的圆角矩形隐藏起来。单击"多重直线"工具🔺，在投影后的圆角矩形上绘制中轴线，如图7-62所示；单击"嵌面"工具🔧，选择投影后的圆角矩形和中轴线，按Enter键确认，在"嵌面曲面选项"对话框中设置图7-63所示的参数，结果如图7-64所示。

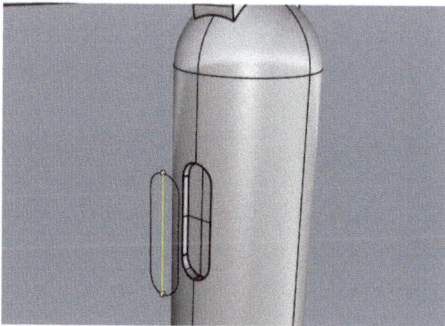

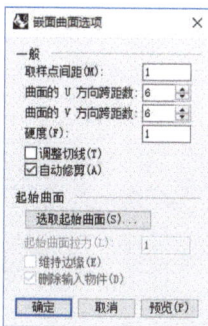

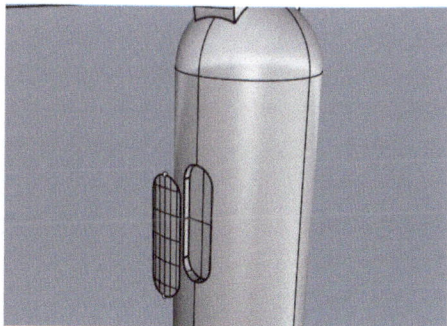

图7-62　　　　　　　　　　图7-63　　　　　　　　　　图7-64

32 单击"挤出曲面"工具🔧，选择上一步创建的曲面，按Enter键确认，挤出的效果如图7-65所示；单击"曲面圆角"工具🔧，在命令栏输入合适的数值，按Enter键确认，按C键选择连锁边缘，按Enter键确认，然后选择挤出实体的外侧边缘，按两次Enter键确认，处理后的效果如图7-66所示；切换到右视图，按住Shift键拖曳按钮，将该按钮向手柄方向平移，将其填入孔位内，如图7-67所示。

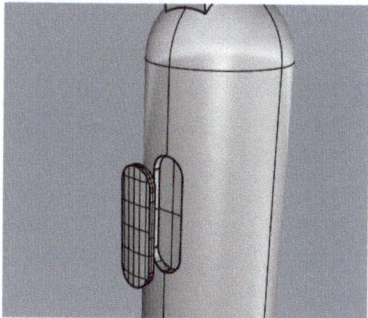

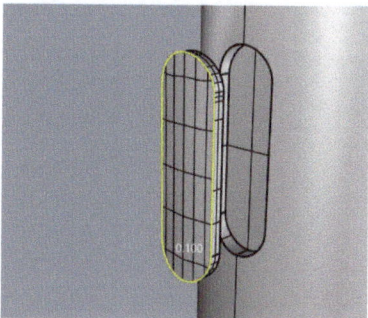

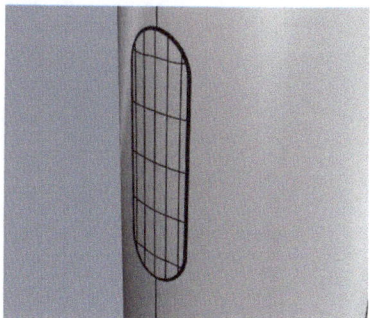

图7-65　　　　　　　　　　图7-66　　　　　　　　　　图7-67

33 **制作指示灯** 切换到前视图，单击"圆：中心点、半径"工具 ⊘，绘制3个不同大小的圆，如图7-68所示；单击"投影曲线"工具 🗂，选择这3个圆，按Enter键确认，选择手柄，按Enter键确认，将3个圆投影至手柄上，如图7-69所示。

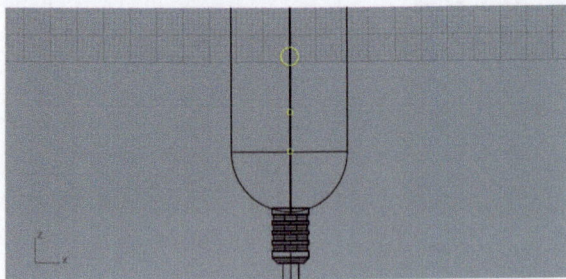

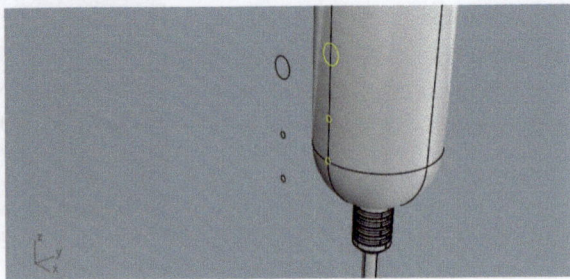

图7-68   图7-69

34 单击"挤出封闭的平面曲线"工具 🗂，将投影前的曲线挤出到手柄内，如图7-70所示；单击"布尔运算差集"工具 ⊘，选择手柄，按Enter键确认，选择挤出的实体，按Enter键确认，差集运算的结果如图7-71所示。

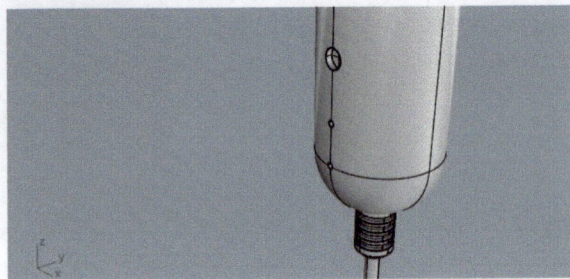

图7-70   图7-71

35 使用"嵌面"工具 ◈ 对最大的投影曲线圆进行嵌面，如图7-72所示；如果曲面方向错误，则使用"反转方向"工具 ⇔ 反转曲面方向；单击"挤出曲面"工具 🗂，将该曲面挤出为实体，然后将实体平移到孔位内，如图7-73所示。用同样的方法对下方两个投影曲线圆进行相同的处理。

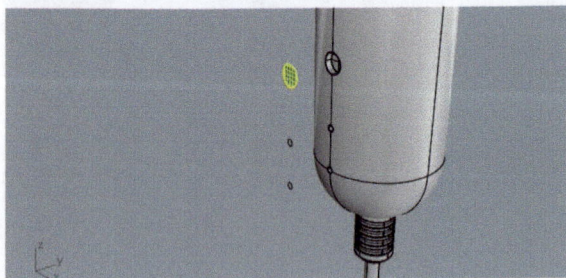

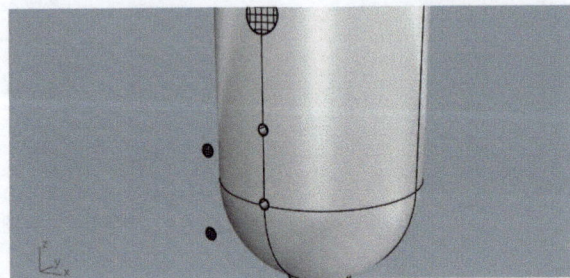

图7-72   图7-73

36 绘制两个圆柱体，在右视图中的效果如图7-74所示；按住Shift键将它们平移至手柄内，如图7-75所示；切换到透视图，效果如图7-76所示。

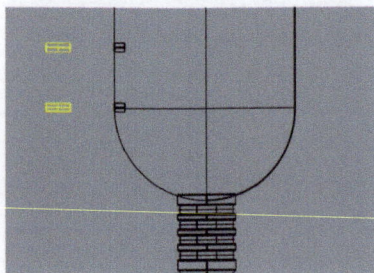

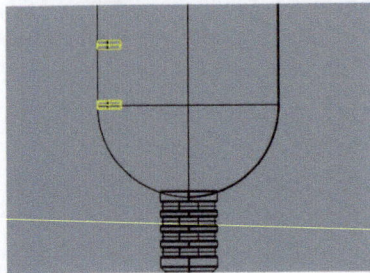

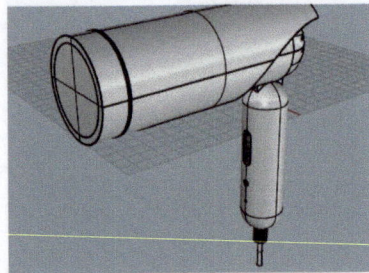

图7-74   图7-75   图7-76

37 制作细节 使用"多重直线"工具∧绘制一条线段，如图7-77所示；单击"投影曲线"工具♨，选择线段，按Enter键确认，选择手柄，按Enter键确认，将线段投影至手柄上，如图7-78所示。

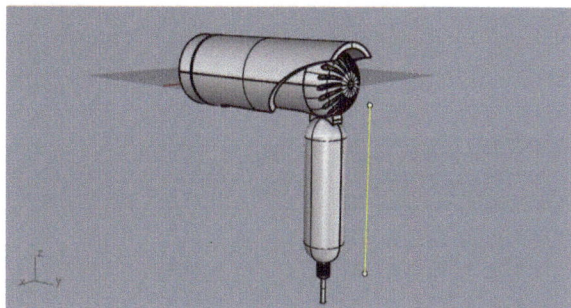

图7-77

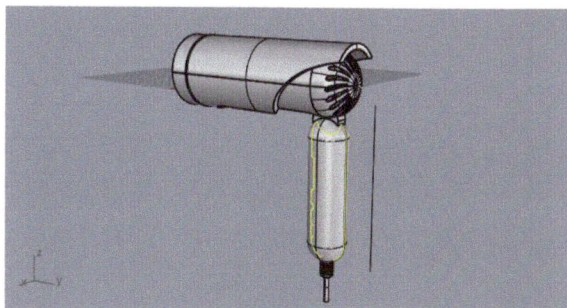

图7-78

38 选择投影后的直线，单击"圆管（圆头盖）"工具♨，在命令栏输入合适的管径，按Enter键确认，结果如图7-79所示，右视图中的效果如图7-80所示。

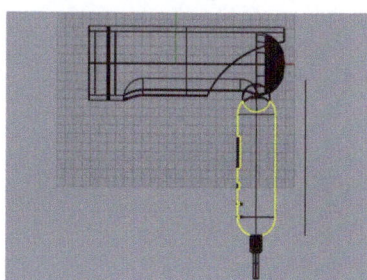

图7-79

图7-80

39 单击"布尔运算差集"工具♨，选择手柄，按Enter键确认，选择圆管，按Enter键确认，差集运算的结果如图7-81所示。

40 使用"多重直线"工具∧在右视图中绘制图7-82所示的线段；单击"投影曲线"工具♨，选择线段，按Enter键确认，选择风筒内部圆柱体，按Enter键确认，将线段投影到风筒内部，如图7-83所示。

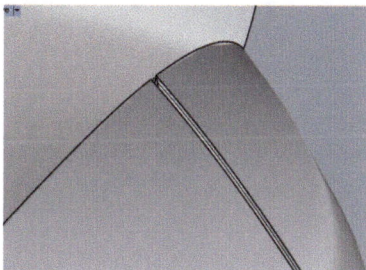

图7-81

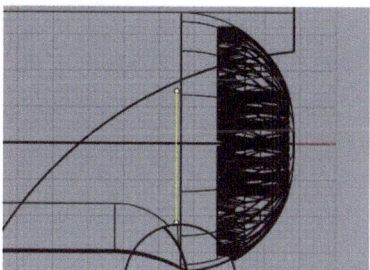

图7-82

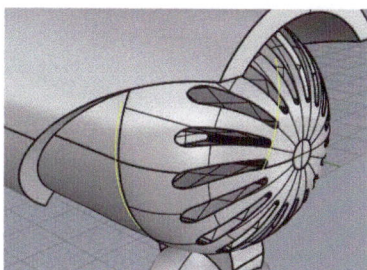

图7-83

41 单击"圆管（圆头盖）"工具♨，在命令栏输入合适的圆管直径，选择这两条投影曲线，按Enter键确认，如图7-84所示。

42 单击"布尔运算差集"工具♨，选择风筒内部圆柱体，按Enter键确认，选择两条圆管，按Enter键确认，差集运算结果如图7-85和图7-86所示。

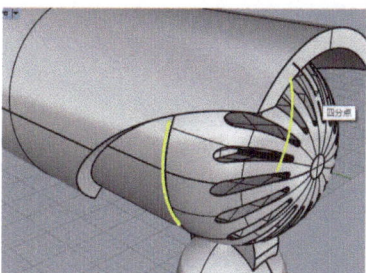

图7-84

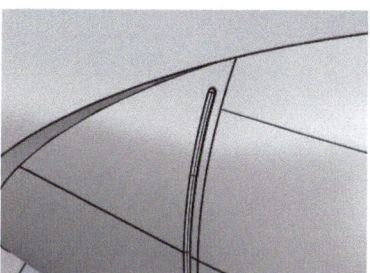

图7-85

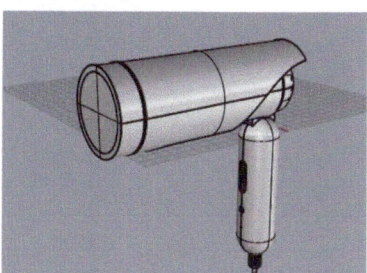

图7-86

43 单击"边缘圆角"工具 ◉，在命令栏输入合适的数值，选择风筒外壳体边缘，如图7-87所示，按两次Enter键确认，对边缘进行圆角处理；继续使用"边缘圆角"工具 ◉处理细节部分，位置如图7-88~图7-90所示。

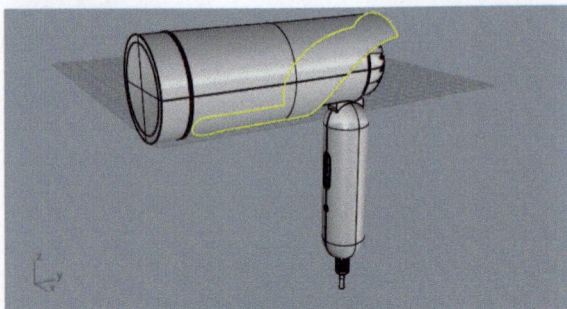
图7-87

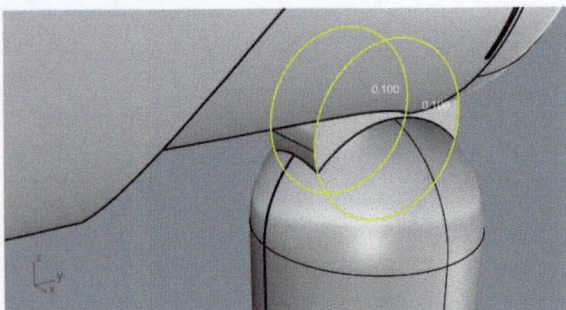
图7-88

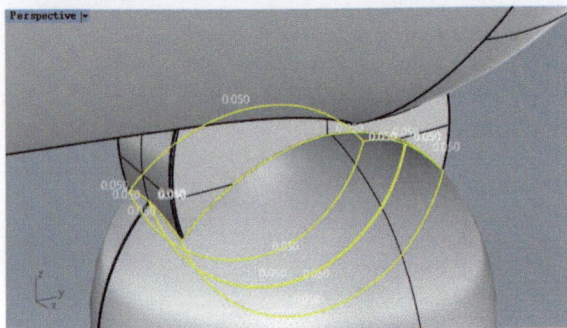
图7-89

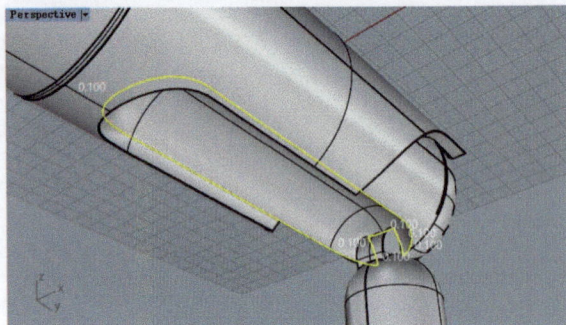
图7-90

44 **划分材质区域** 在"图层"面板中新建6个图层，并设置不同的颜色，如图7-91所示。将这些图层分别作为吹风机各个部位的指定图层，从而区分模型区域，如图7-92所示。

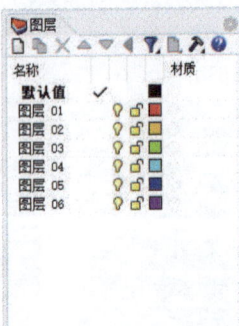
图7-91

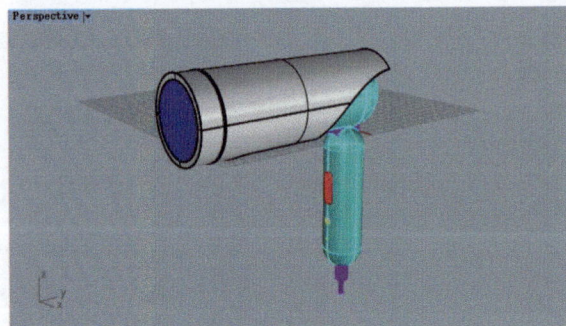
图7-92

45 调整视角，观察出风口，如图7-93所示；单击"边缘斜角"工具 ◉，对出风口的内边缘进行倒角处理，结果如图7-94所示。

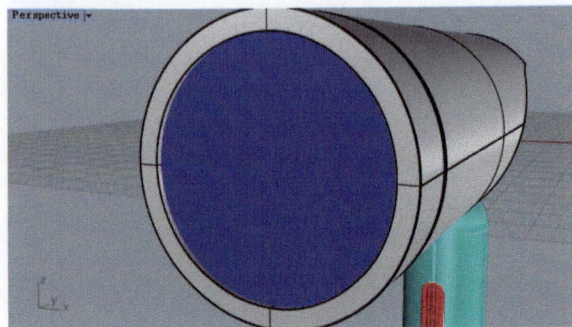
图7-93

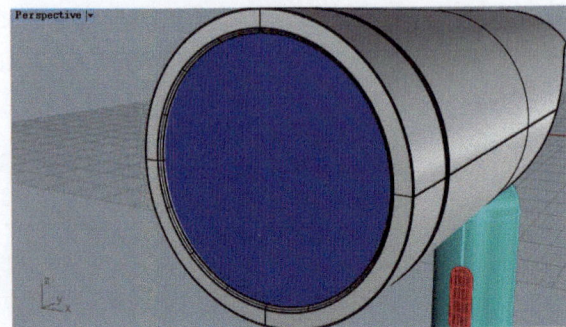
图7-94

提示 至此，吹风机建模完成，将其保存为.3dm后缀名的文件。

7.1.3 制作吹风机材质

01 导入模型 将保存的模型文件拖曳到KeyShot中，弹出"KeyShot导入"对话框，设置"向上"为Z，如图7-95所示；单击"导入"按钮，导入后的模型如图7-96所示。

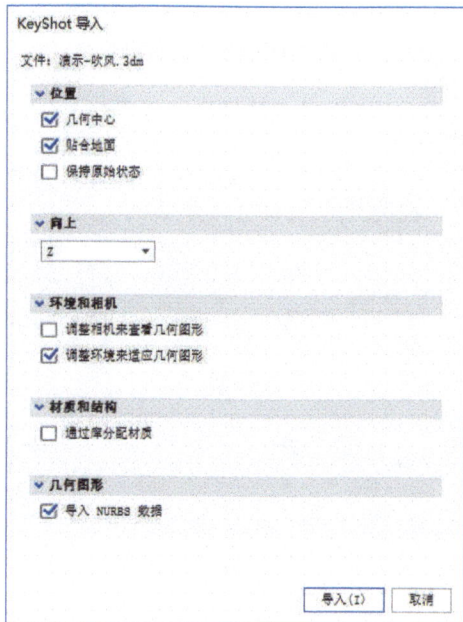

图7-95

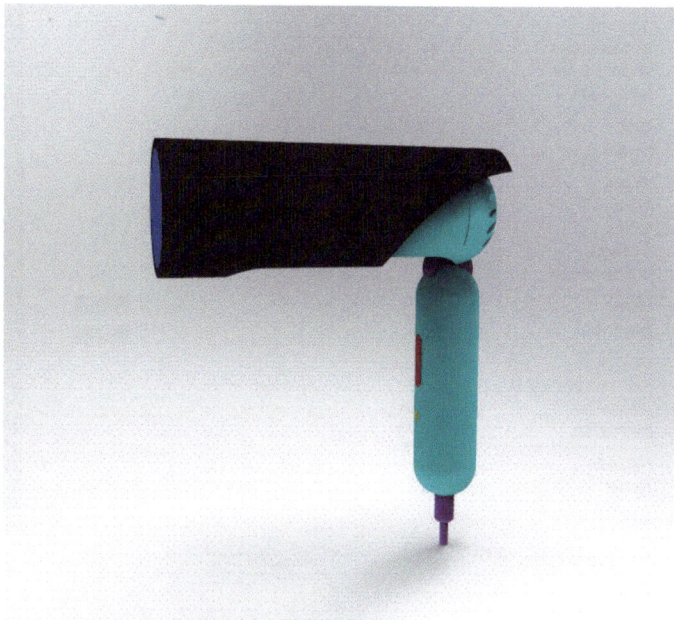

图7-96

02 切换到"环境"库，选择预设的环境startup，如图7-97所示；将其拖入实时渲染窗口，在右侧项目窗口"环境"面板的"设置"选项卡中设置"背景"为"颜色"，并设置颜色为深灰色（R:60，G:60，B:60），如图7-98所示。

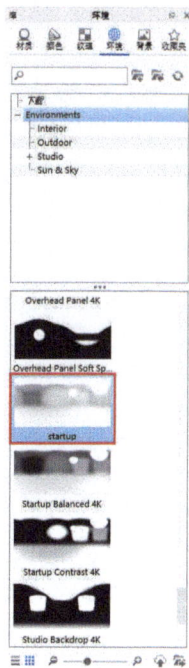

图7-97

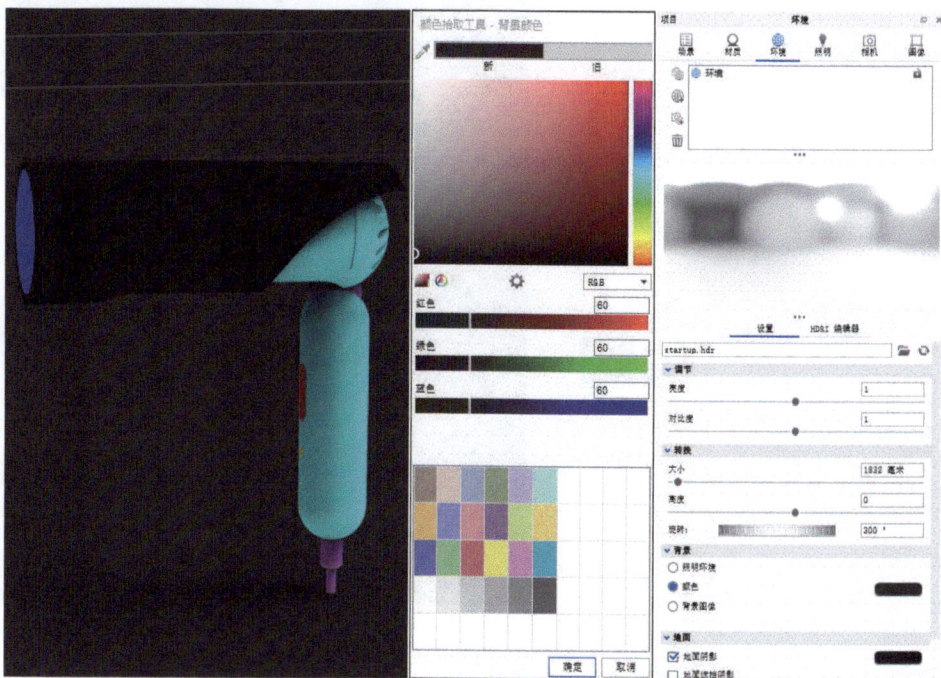

图7-98

03 **设置风筒外壳材质** 在吹风机风筒外壳上单击鼠标右键，在弹出的菜单中选择"编辑材质"命令，如图7-99所示；设置"材质类型"为"高级"、"漫反射"为浅灰色（R:218，G:218，B:218）、"高光"为白色（R:250，G:250，B:250）、"氛围"为中灰色（R:166，G:166，B:166）、"粗糙度"为0.1、"折射指数"为1.2，如图7-100所示。实时渲染窗口的效果如图7-101所示。

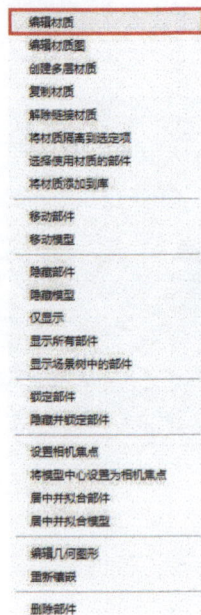
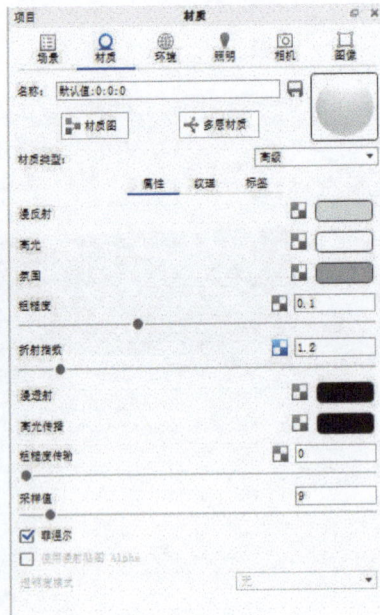
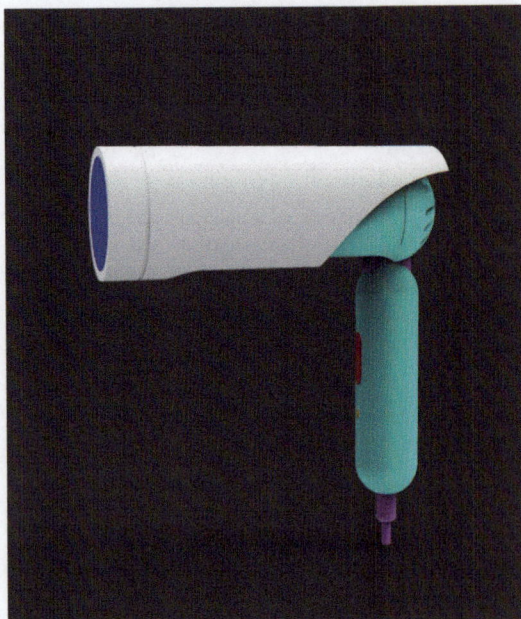

图7-99　　　　　　　　　　图7-100　　　　　　　　　　　　　　　　图7-101

04 **设置手柄和内壳材质** 选择手柄和内壳，在"材质"面板中设置"材质类型"为"高级"、"漫反射"为浅灰色（R:211，G:211，B:211）、"高光"为灰白色（R:236，G:236，B:236）、"氛围"为中灰色（R:165，G:165，B:165）、"粗糙度"为0.07、"折射指数"为1.2，如图7-102所示。材质效果如图7-103所示。

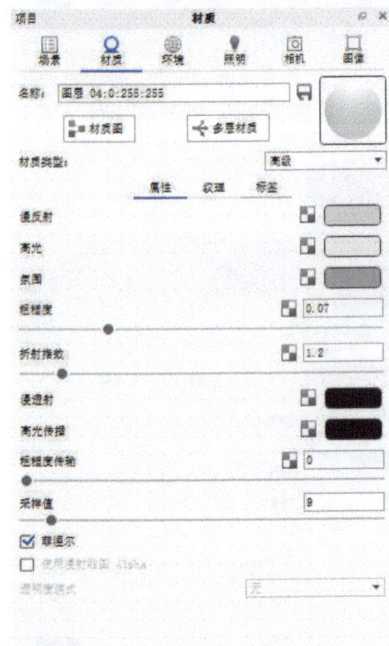
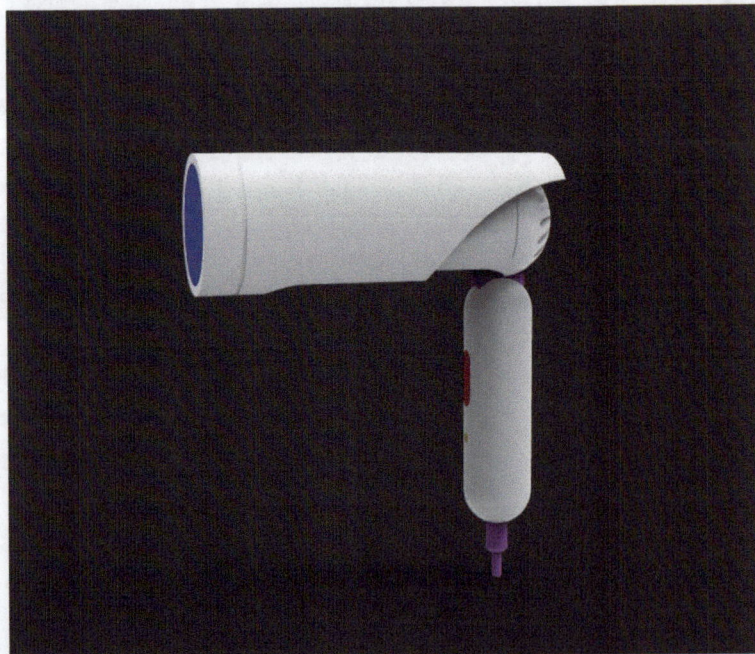

图7-102　　　　　　　　　　　　　　　　图7-103

提示 将手柄颜色设置得比风筒外壳稍深一些，可以在渲染中体现出层次感。

05 设置手柄按钮材质 选择手柄按钮，在"材质"面板中设置"材质类型"为"高级"、"漫反射"为中灰色（R:185，G:185，B:185）、"高光"为白色（R:255，G:255，B:255）、"氛围"为深灰色（R:76，G:76，B:76）、"粗糙度"为0.07、"折射指数"为1.2，如图7-104所示。材质效果如图7-105所示。

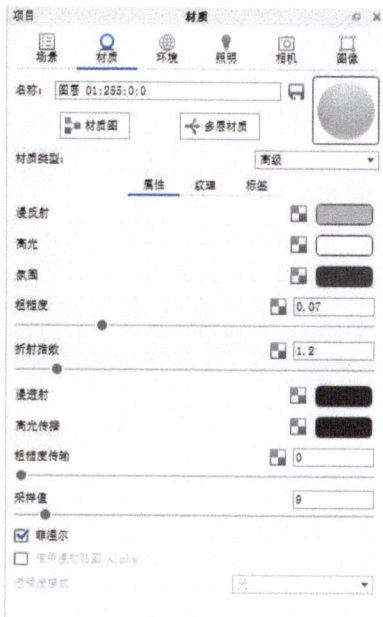

图7-104

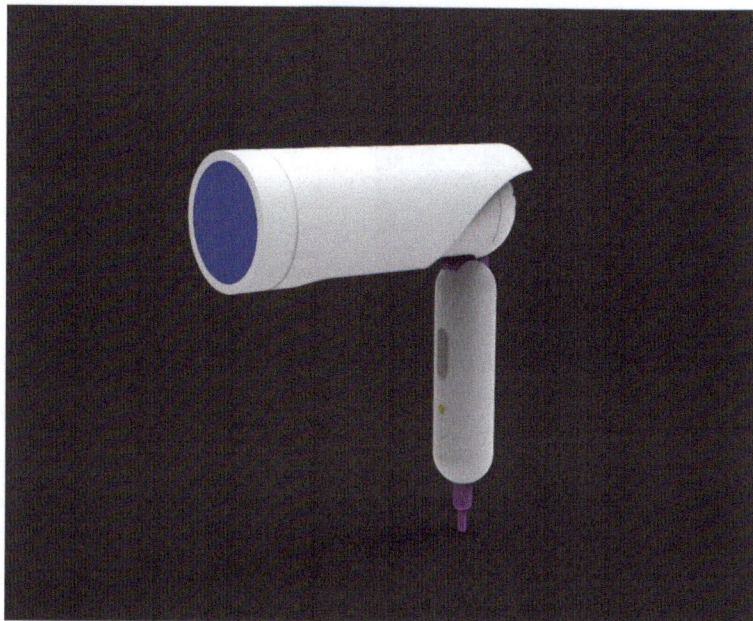

图7-105

06 设置手柄按钮下方圆形按钮/风筒和手柄的连接轴材质 在手柄按钮上单击鼠标右键，在弹出的菜单中选择"复制材质"命令，如图7-106所示；在圆形按钮上单击鼠标右键，在弹出的菜单中选择"粘贴材质"命令，如图7-107所示。粘贴后的效果如图7-108所示。

07 用同样的方法将手柄按钮的材质复制给连接轴，效果如图7-109所示。

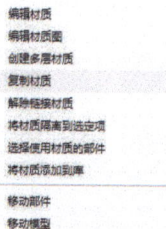

图7-106

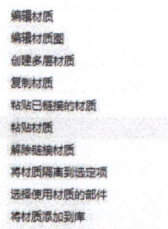

图7-107

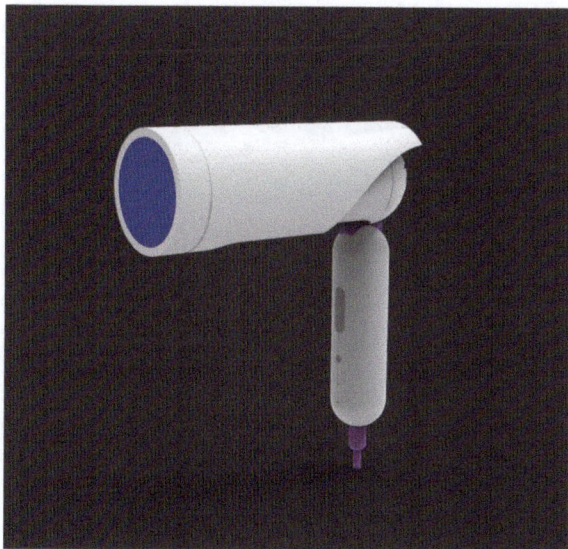

图7-108

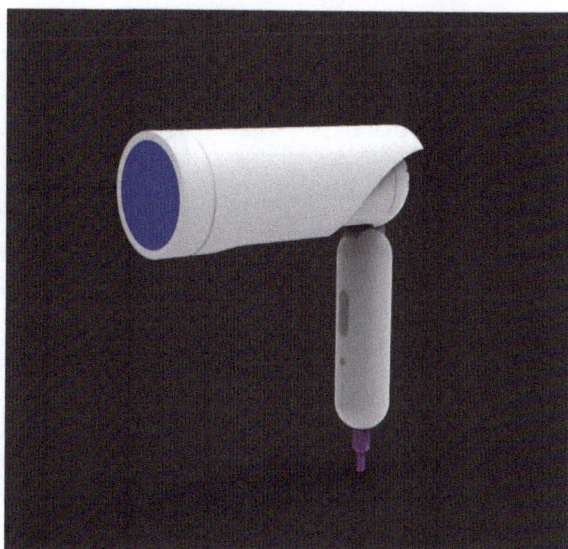

图7-109

08 **设置指示灯/电源线材质** 滚动鼠标滚轮放大视图，观察按钮下方的两个指示灯，如图7-110所示；为其中一个指示灯设置材质，设置"材质类型"为"自发光"、"强度"为1、"颜色"为荧光青（R:0，G:246，B:255），如图7-111所示；将材质复制给另一个指示灯，并将手柄按钮的材质复制给电源线，效果如图7-112所示。

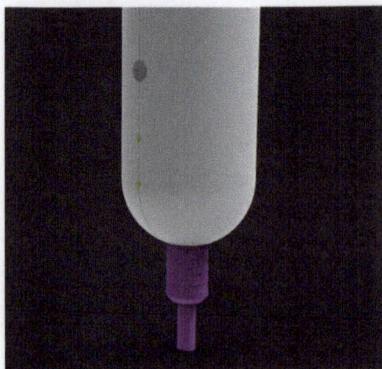

图7-110

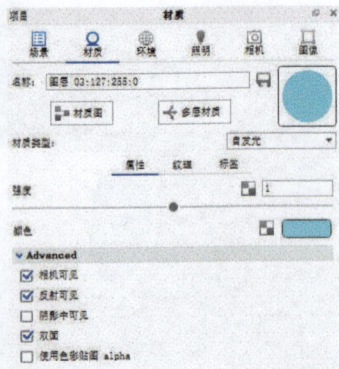

图7-111

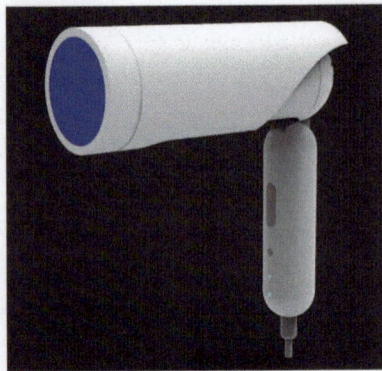

图7-112

09 **设置出风口材质** 在"材质"库中选择"Aluminum Rough 10mm Circular Mesh"材质，如图7-113所示；将材质拖曳到吹风机出风口位置，单击鼠标右键，在弹出的菜单中选择"编辑材质"命令，在"材质"面板中切换到"纹理"选项卡，勾选"凹凸"和"不透明度"选项，在"形状"选项组中设置"形状"为"六边形"、"形状宽度"为"1毫米"，如图7-114所示；切换到"属性"选项卡，设置"漫反射"为灰色（R:183，G:183，B:183）、"高光"为白色（R:255，G:255，B:255）、"氛围"为黑色（R:0，G:0，B:0）、"粗糙度"为0.164、"折射指数"为1.5，如图7-115所示。材质效果如图7-116所示。

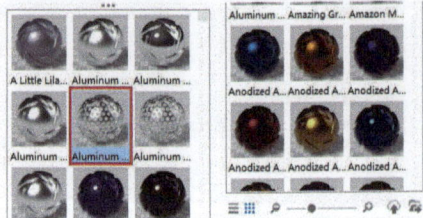

图7-113

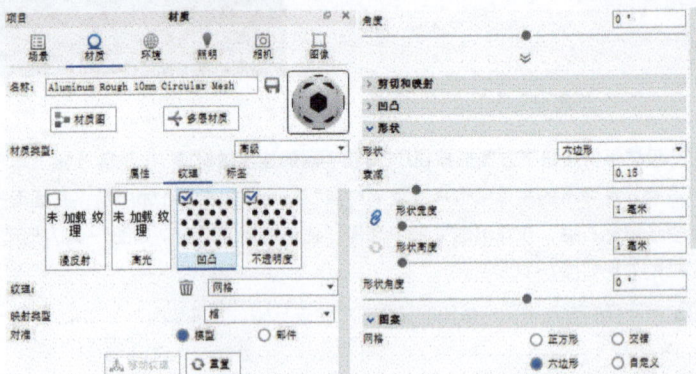

图7-114

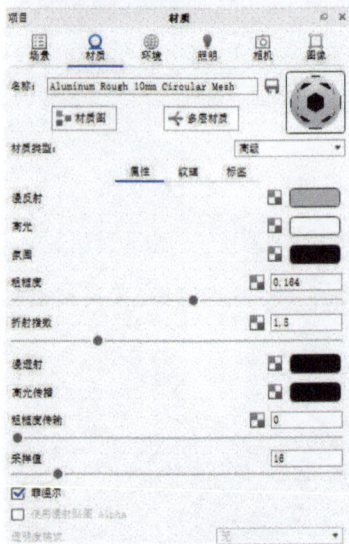

图7-115

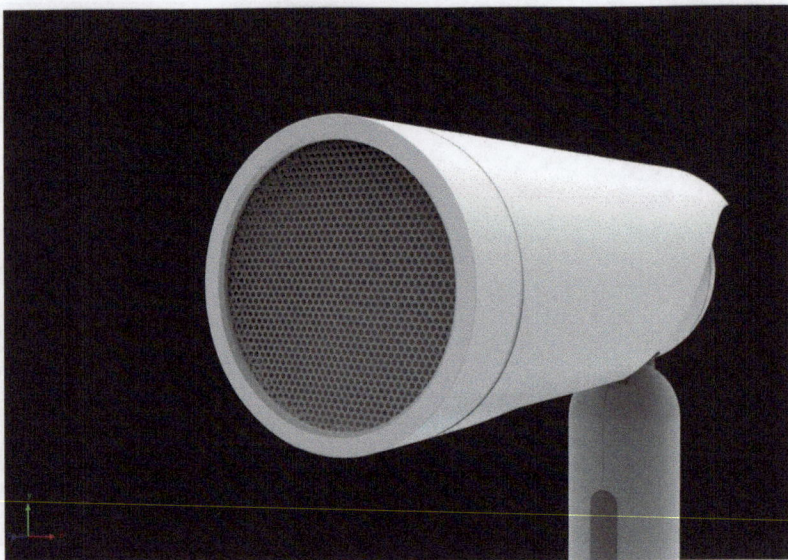

图7-116

10 **添加标签文字** 在风筒外壳上单击鼠标右键，在弹出的菜单中选择"编辑材质"命令，在"材质"面板中切换到"标签"选项卡，单击"添加标签"按钮╬，添加"KeyShot>贴图>塑料/hair dryer2"文件，设置"尺寸和映射"选项组中的参数来控制标签大小，如图7-117所示；在"颜色"选项组中勾选"与颜色混合"选项，设置颜色为黑色，如图7-118所示；在实时渲染窗口观察标签的状态，如图7-119所示；单击☑按钮确认，效果如图7-120所示。

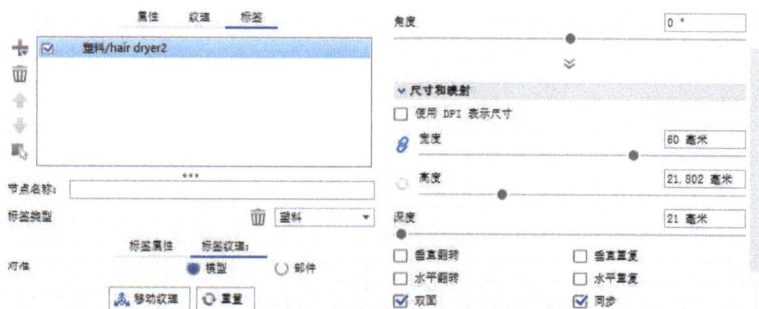

图7-117

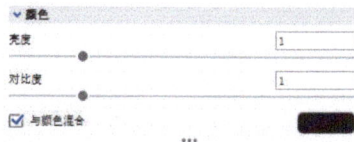

图7-118

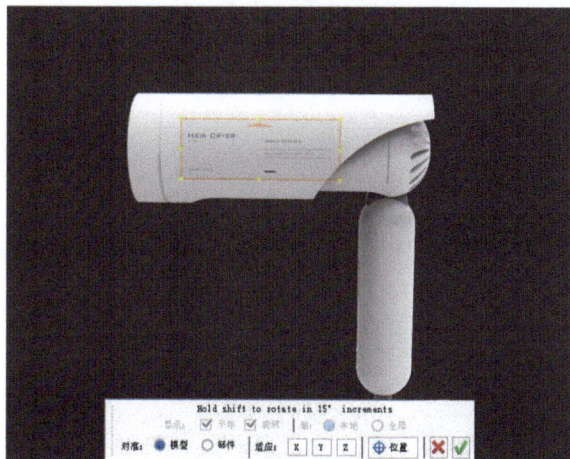

图7-119

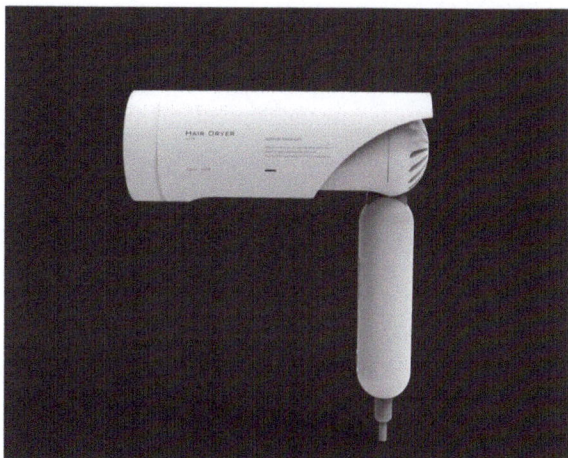

图7-120

7.1.4 制作吹风机背景

在项目窗口切换到"环境"面板，在"设置"选项卡中设置"背景"为"颜色"，单击右侧色块，设置环境的背景颜色为浅灰色（R:200，G:200，B:200），如图7-121所示，效果如图7-122所示。

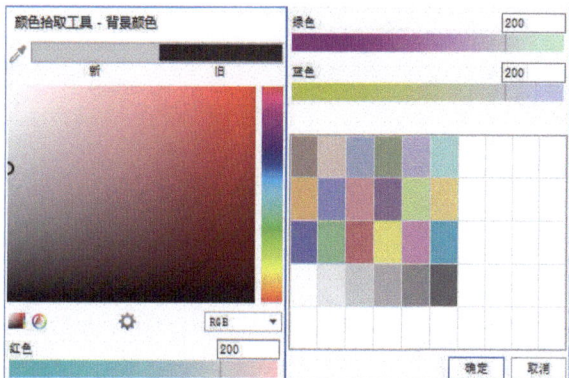

图7-121

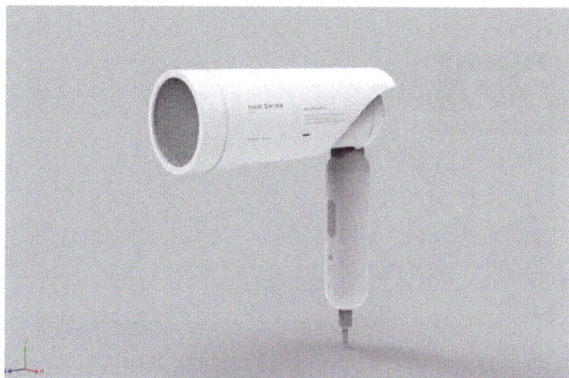

图7-122

7.1.5 渲染输出吹风机

01 在"渲染"对话框中选择"输出"选项卡,设置图7-123所示的参数,这里主要设置"格式"和"分辨率","格式"可以是TIFF和JPEG,渲染效果如图7-124所示。

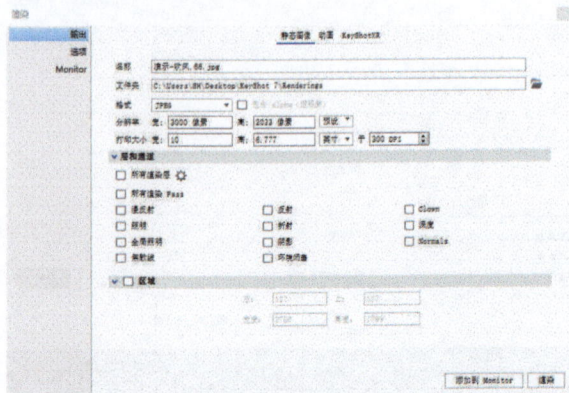
图7-123

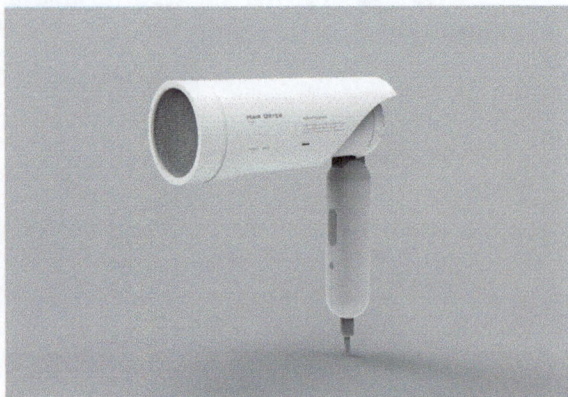
图7-124

02 通过调整视角、微调模型、复制和修改颜色等方法,获得不同的渲染效果,如图7-125和图7-126所示。

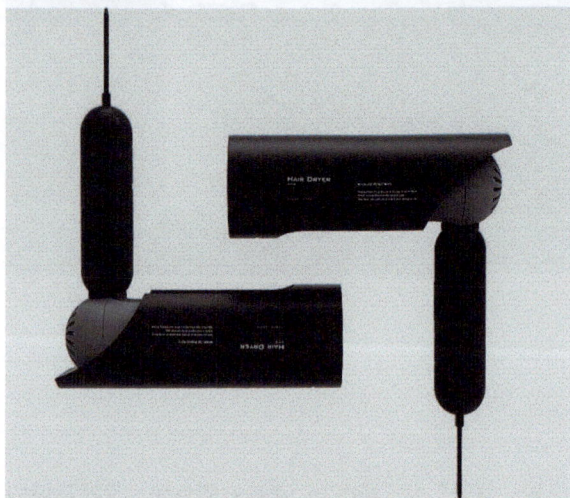
图7-125

图7-126

7.2 手机产品概念展示设计

素材文件	素材文件>CH07>01.png、02.png
实例文件	实例文件>CH07>手机产品概念展示设计.3dm
视频文件	手机产品概念展示设计.mp4
学习目标	掌握产品的概念展示设计方法

　　iPhone X是已经上市的手机产品,这类产品的模型不需要设计,仅仅需要根据实物或照片进行建模,然后根据客户的需求制作出相应的展示效果即可。iPhone X的产品概念展示效果如图7-127所示。

图7-127

7.2.1 制作手机模型

01 **导入素材** 将"素材文件>CH07>01.png"文件（iPhone X照片）拖曳到 Rhino的前视图中，在"图像选项"对话框中选择"图像"选项，如图7-128 所示；在前视图视中拖曳鼠标指针，拉出参考图，如图7-129所示。

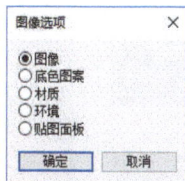

图7-128　　　　　　　　　图7-129

提示 导入的图片经过拉伸，手机的尺寸与实际相比会有所不同，再加上这是概念展示，在建模时并没有相关的数值标准，如倒角数值、挤出长度等。希望读者发挥主观能动性，多做尝试，脱离具体数值的束缚，创造出更精美的模型。

02 **绘制手机外轮廓** 单击"圆角矩形"工具，选择手机正面左上顶点作为起点，如图7-130所示；拖曳鼠标指针到手机正面右下顶点，单击确定，如图7-131所示；使用鼠标调整圆角，使圆角紧贴手机边缘，如图7-132所示；单击确定，手机外轮廓曲线如图7-133所示。

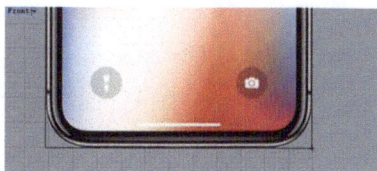

图7-131

图7-130　　　　　　　　　图7-132　　　　　　　　　图7-133

03 绘制屏幕轮廓 单击"偏移曲线"工具↗，选择上一步绘制的外轮廓曲线，在命令栏输入合适的数值，使偏移后的曲线贴近手机屏幕边缘，单击确认，如图7-134所示；使用"圆角矩形"工具▭绘制图7-135所示的矩形。

图7-134

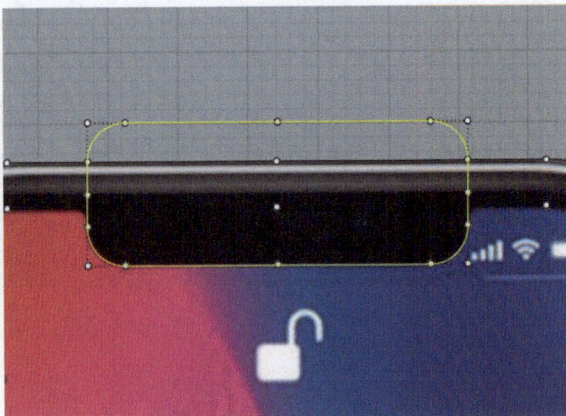

图7-135

04 单击"修剪"工具⊣，选择屏幕轮廓曲线，按Enter键确认，选择顶部超出参考图的圆角矩形，修剪效果如图7-136所示；使用"修剪"工具⊣继续修剪曲线，如图7-137所示。

05 选择两段处理后的曲线，单击"组合"工具⊛，将两段曲线组合起来；单击"曲线圆角"工具↗，在命令栏输入合适的数值，对曲线进行圆角处理，屏幕的轮廓曲线如图7-138所示。

图7-136

图7-137

图7-138

06 使用"圆角矩形"工具▭绘制听筒的轮廓曲线，使用"圆：中心点、半径"工具⊙绘制前置摄像头的轮廓曲线，如图7-139所示。所有曲线的前视图效果如图7-140所示。

图7-139

图7-140

07 **绘制后置摄像头轮廓** 使用"圆角矩形"工具□绘制手机后置摄像头的外边缘轮廓曲线,如图7-141所示;单击"偏移曲线"⌐工具,选择刚绘制的外边缘轮廓曲线,将其向内偏移到镜头内边框位置,如图7-142所示;使用"圆:中心点、半径"工具⊘绘制镜头和闪光灯的轮廓曲线,如图7-143所示。

图7-141

图7-142

图7-143

08 **挤出手机厚度** 选择手机外轮廓曲线,如图7-144所示;单击"旋转"工具↺,选择曲线的中点,在顶视图中单击确定旋转起点,按住Shift键的同时拖曳鼠标指针,使外轮廓曲线旋转90°,如图7-145所示。前视图中的效果如图7-146所示。

图7-144

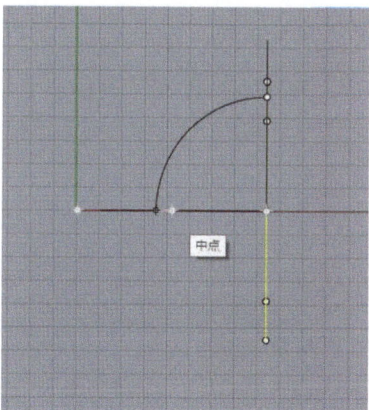

图7-145

图7-146

09 在前视图中按住Shift键,将外轮廓曲线移动到手机素材侧视图的一侧,如图7-147所示;使用"挤出封闭的平面曲线"工具□参考图片中手机的厚度为曲线挤出厚度,如图7-148所示。

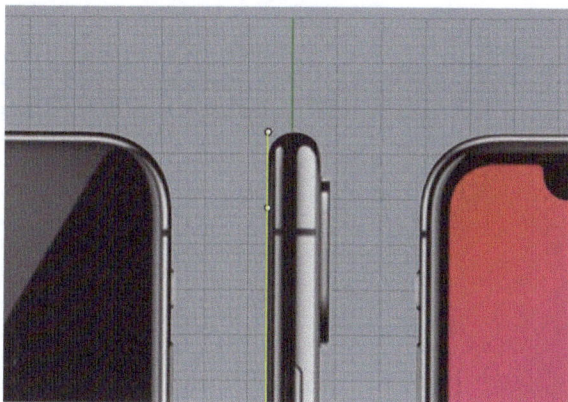

图7-147

图7-148

10 **制作手机边缘倒角** 使用"直线尺寸标注"工具 ⌐, 测量挤出的手机厚度, 如图7-149所示; 单击"边缘圆角"工具 ◎, 在命令栏设置圆角半径为2.973, 按Enter键确认, 再输入C, 设置连锁边缘, 选择挤出实体的边缘, 按两次Enter键确认, 效果如图7-150和图7-151所示。

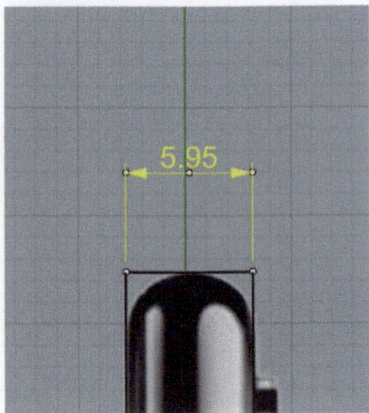

图7-149

图7-150

图7-151

提示 这里可以将手机边缘圆角看作一个半圆, 其直径为5.95, 半径为2.975, 为了在处理圆角时不破角, 使用稍小一点的值（2.973）作为圆角半径即可。

11 切换到前视图, 选择圆角处理后的模型, 如图7-152所示; 单击"旋转"工具 ┅┅, 在顶视图中单击中点并拖曳鼠标指针, 使模型旋转90°, 如图7-153所示。旋转后的效果如图7-154和图7-155所示。

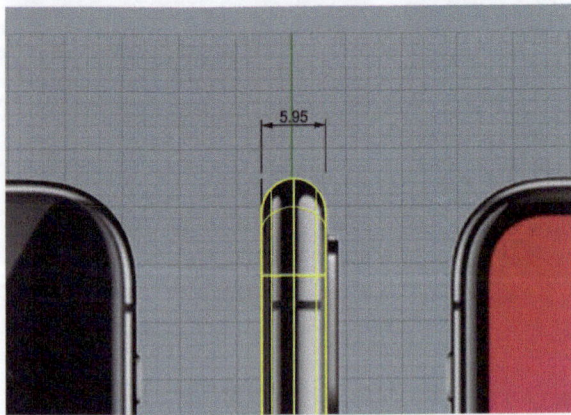

图7-152

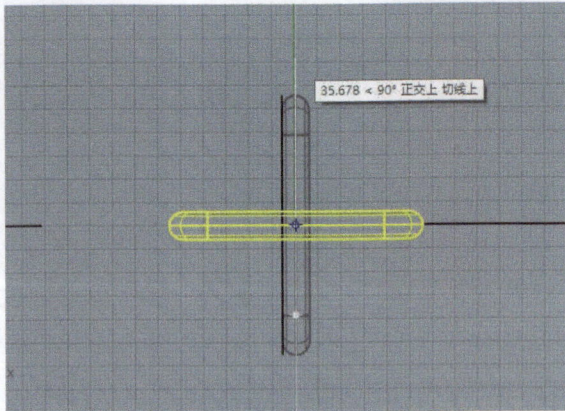

图7-153

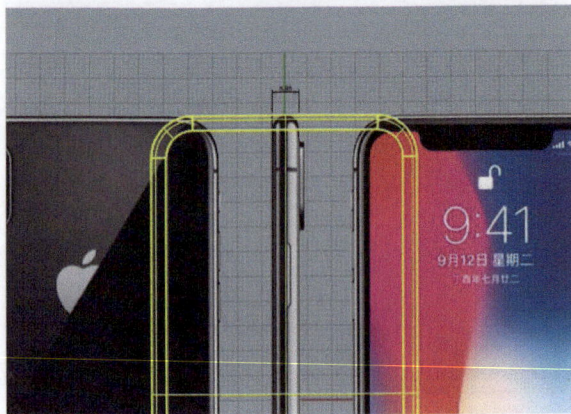

图7-154

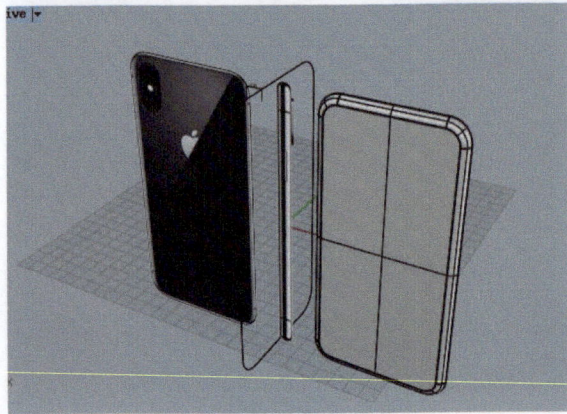

图7-155

12 挤出后置摄像头厚度 选择摄像头区域的曲线，如图7-156所示；与挤出机身的方法一样，将摄像头区域的曲线在顶视图中旋转90°，并将其移动到素材图的镜头位置，如图7-157所示。

图7-156

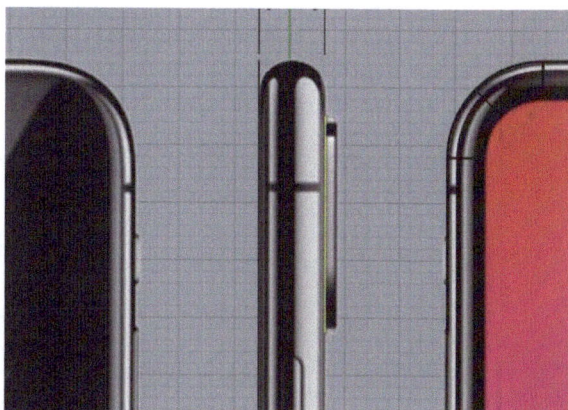

图7-157

13 选择摄像头的两条边缘线，如图7-158所示；单击"挤出封闭的平面曲线"工具 ，挤出图7-159所示的实体。

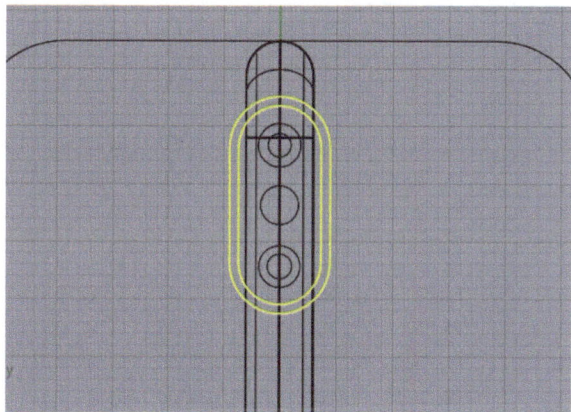

图7-158

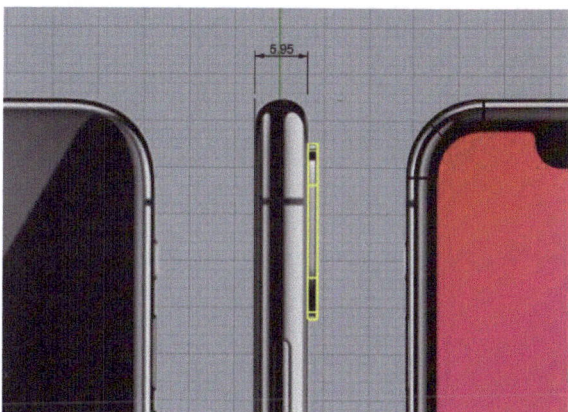

图7-159

14 单击"旋转"工具 ，选择所有的后置摄像头对象（包括镜头、闪光灯等曲线），将其在顶视图中旋转90°，如图7-160所示；移动后置摄像头组件到素材图的相应位置上，如图7-161所示。其在透视视图中的位置如图7-162所示。

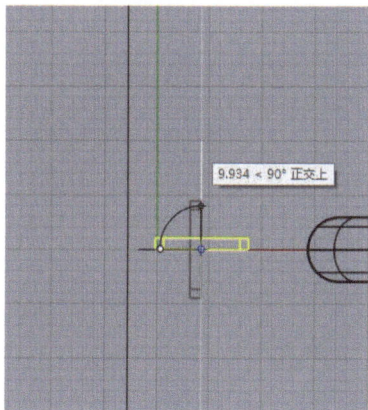

图7-160

图7-161

图7-162

15 单击"挤出封闭的平面曲线"工具 ，选择摄像头框内侧曲线，如图7-163所示；按Enter键确认，在右视图中向内挤出适当深度，如图7-164所示；将对象稍微向内平移，其在透视视图中的效果如图7-165所示。

图7-163

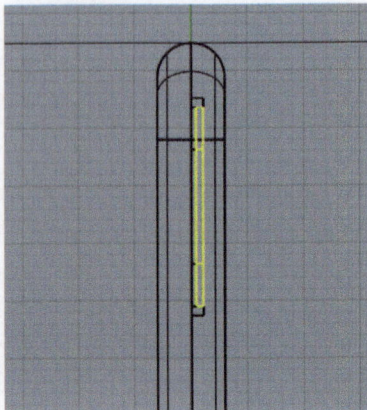

图7-164

图7-165

16 单击"挤出封闭的平面曲线"工具 ，选择摄像头组件内的3个圆，如图7-166所示；向外挤出厚度，如图7-167所示。

图7-166

图7-167

17 单击"布尔运算差集"工具 ，选择摄像头底部区域，按Enter键确认，选择挤出的3个圆柱体，按两次Enter键确认删除，效果如图7-168所示。

18 单击"挤出封闭的平面曲线"工具 ，选择摄像头组件内的所有圆，如图7-169所示；向外挤出厚度，如图7-170所示。

图7-168

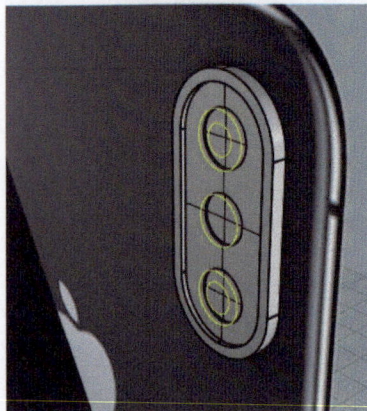

图7-169

图7-170

19 在"图层"面板中新建一个图层，并设置图层的颜色，如图7-171所示；选择挤出的镜头圆环，在"属性"面板中将它们的图层设置为新建的图层（可通过颜色区分），如图7-172所示。圆环效果如图7-173所示。

图7-171

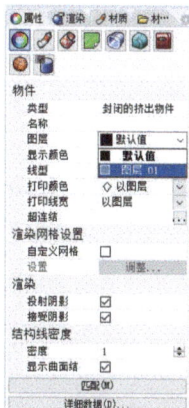
图7-172

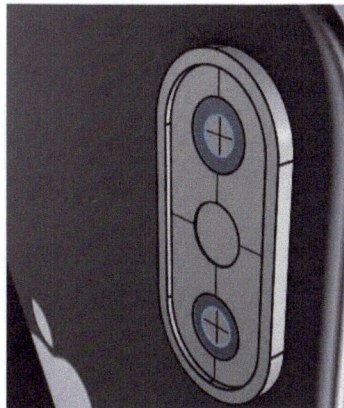
图7-173

20 用同样的方法新建一个图层，并设置图层的颜色，如图7-174所示，将图层颜色指定给镜头圆环中间的闪光灯部件；单击"边缘圆角"工具 ，在命令栏输入合适的圆角半径，选择镜头圆环和闪光灯被差集运算后的边缘，按两次Enter键确认，效果如图7-175所示。

图7-174

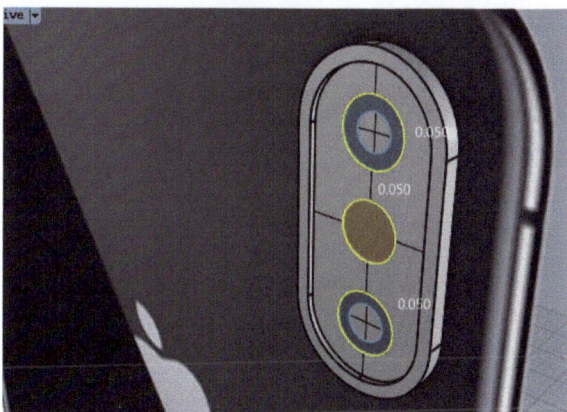
图7-175

21 单击"球体：中心点、半径"工具 ，在前视图中参考镜头的位置绘制大小合适的球体，如图7-176所示；将球体向摄像头内拖曳，如图7-177所示。使用同样的方法绘制并拖曳下方镜头的球体，如图7-178所示。

图7-176

图7-177

图7-178

22 同理，为两个球体指定新的图层，并设置图层的颜色，如图7-179和图7-180所示。

23 单击"边缘圆角"工具 ⊙，在命令栏输入合适的数值，选择摄像头外框外侧边缘曲线，按两次Enter键确认，圆角效果如图7-181所示。

图7-179

图7-180

图7-181

24 新建一个图层，设置图层的颜色，并将其指定给摄像头的底部区域，如图7-182和图7-183所示。

图7-182

图7-183

25 **制作镜头盖** 单击"挤出封闭的平面曲线"工具 ⊙，选择摄像头外框内侧边缘曲线，如图7-184所示；将其挤出适当厚度，如图7-185所示。

图7-184

图7-185

26 使用"边缘圆角"工具 对挤出对象的边缘进行适当的圆角处理，如图7-186和图7-187所示。

图7-186

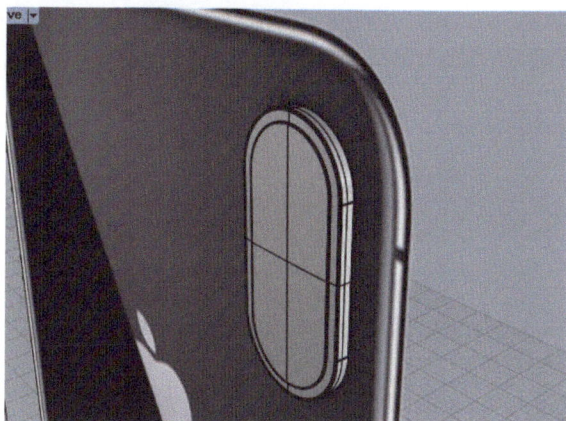
图7-187

27 **制作闪光灯** 在前视图中选择闪光灯的轮廓曲线，如图7-188所示；使用"挤出封闭的平面曲线"工具 挤出厚度；使用"布尔运算差集"工具 ，用镜头盖部分减去挤出的对象，如图7-189所示。

图7-188

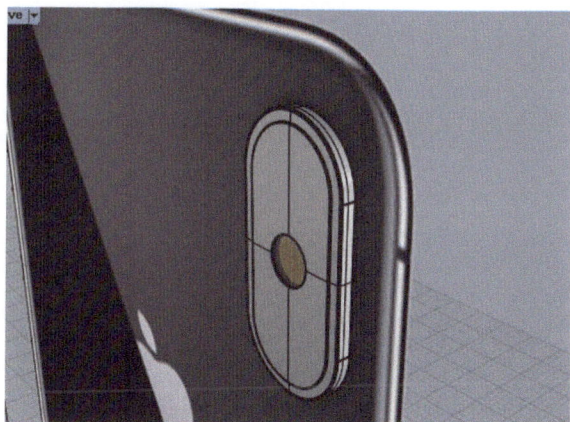
图7-189

28 单击"挤出曲面"工具 ，选择闪光灯部件的表面曲面，如图7-190所示；按Enter键确认，将其向外挤出，使挤出的实体与镜头表面玻璃有相同的高度，如图7-191所示。

图7-190

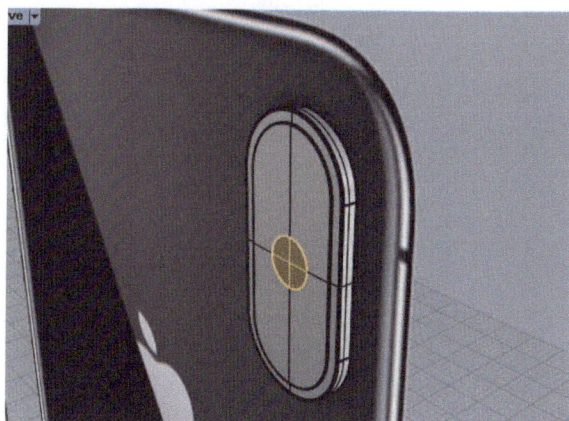
图7-191

29 单击"边缘圆角"工具 ◉，在命令栏输入合适的数值，对挤出的闪光灯部件和差集运算后的孔洞边缘进行圆角处理，如图7-192所示。按两次Enter键确认，结果如图7-193所示。

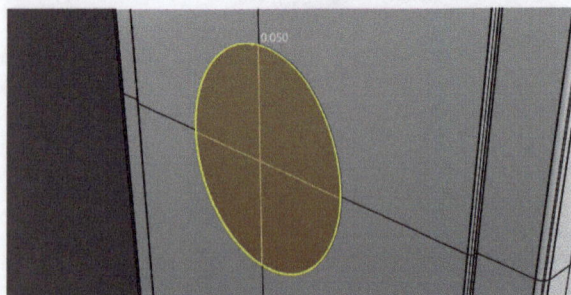
图7-192

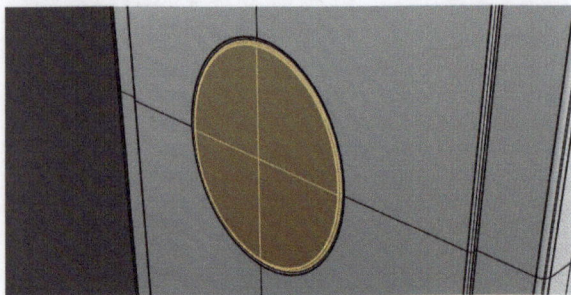
图7-193

30 同样，为摄像头的表面玻璃指定图层，如图7-194和图7-195所示。透视视图中的后置摄像头如图7-196所示。

图7-194

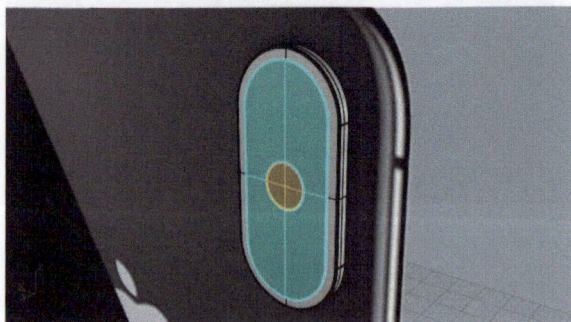
图7-195

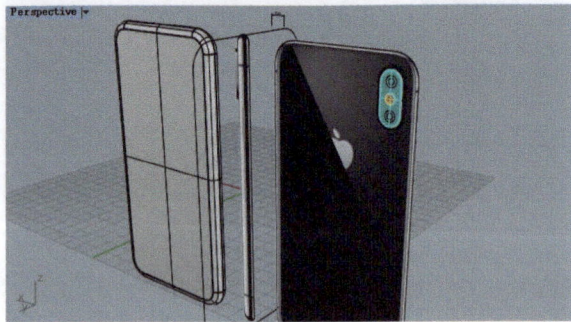
图7-196

31 切换到前视图，框选屏幕位置的所有曲线，如图7-197所示；按住Shift键，将其拖曳到素材背面位置，使其与背面轮廓对齐，如图7-198所示。

图7-197

图7-198

32 选择摄像头模型，如图7-199所示；单击"镜像"工具🔘，以屏幕模型中轴线为镜像轴，将摄像头模型镜像复制，如图7-200所示。

图7-199

图7-200

提示 镜像完成后，删除镜像前的模型。

33 框选所有模型，如图7-201所示；按住Shift键，将它们平移到素材屏幕位置，如图7-202所示。

图7-201

图7-202

34 将摄像头模型移动到模型的背面，使其紧贴模型背面曲面；单击"布尔运算联集"工具🔘，选择摄像头外框和手机主体，按Enter键将它们合并；单击"边缘圆角"工具🔘，在命令栏输入合适的数值，选择摄像头与手机主体的接缝，按两次Enter键确认，对接缝进行圆角处理，如图7-203和图7-204所示。

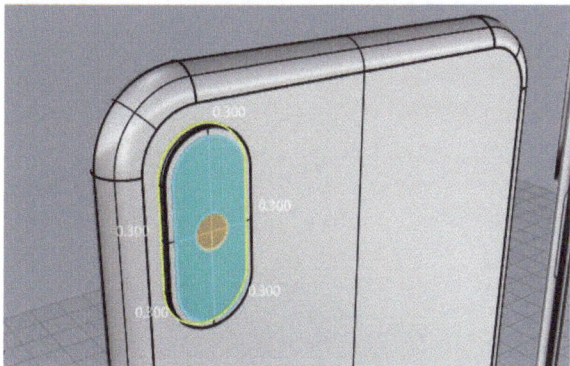

图7-203

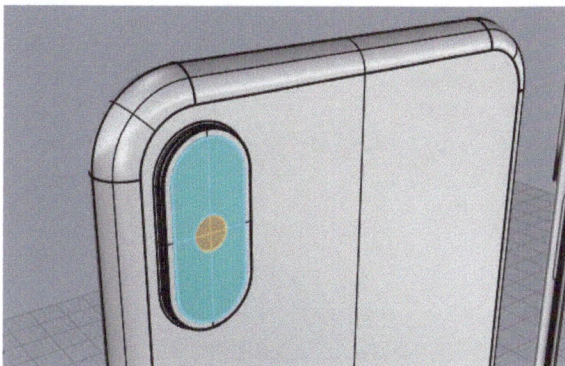

图7-204

35 切换到透视视图，将屏幕轮廓曲线向外侧移动一点，以便更好地观察和选择，如图7-205所示；单击"分割"工具 ，选择手机主体，按Enter键确认，选择屏幕轮廓曲线，按Enter键将屏幕曲面分割，得到屏幕曲面如图7-206所示。

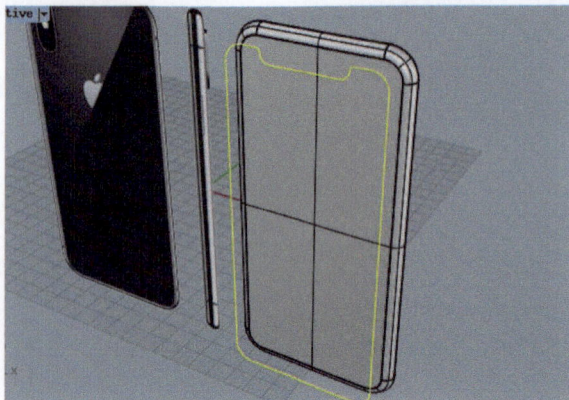

图7-205

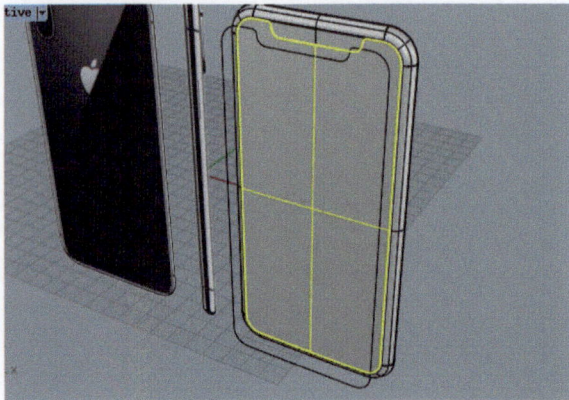

图7-206

36 单击"挤出封闭的平面曲线"工具 ，选择之前绘制的听筒和前置摄像头的曲线，按Enter键确认，挤出适当厚度，如图7-207所示；使用"布尔运算差集"工具 ，选择手机主体，按Enter键确认，选择挤出的实体，按Enter键确认，差集运算得到的听筒和前置摄像头的孔位如图7-208所示。

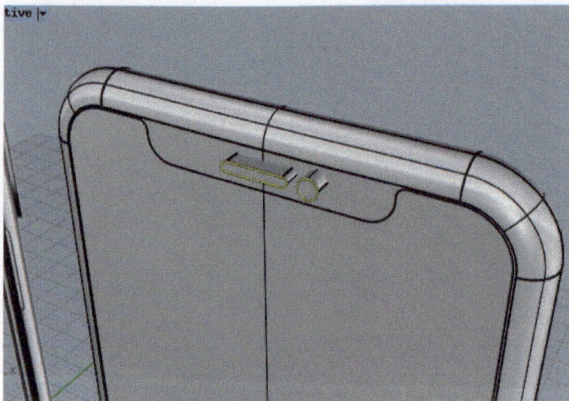

图7-207

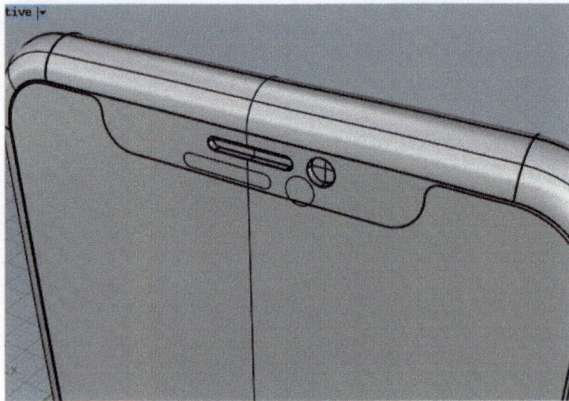

图7-208

37 再次选择听筒和前置摄像头曲线，单击"挤出封闭的平面曲线"工具 ，挤出适当厚度，如图7-209所示。

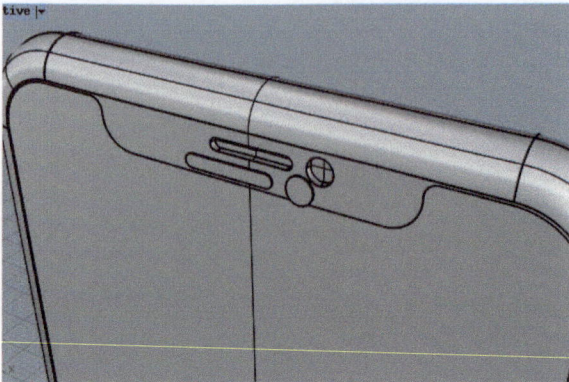

图7-209

38 选择挤出的对象，按住Shift键的同时将其移动到孔位内，使其贴着孔位底部；单击"球体：中心点、半径"工具 ，以前置摄像头孔位中心点为中心点绘制一个球体，如图7-210所示。

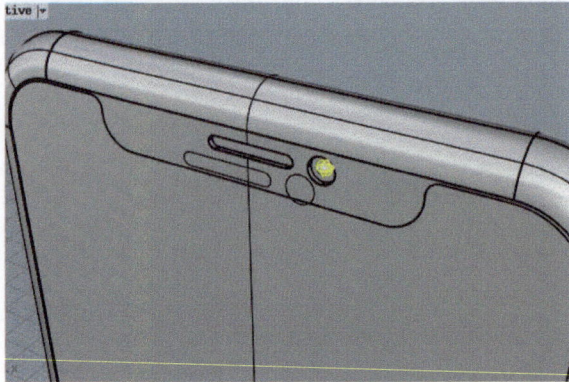

图7-210

39 选择听筒孔位内的挤出实体，为其指定新图层，如图7-211和图7-212所示；选择前置摄像头孔位内的挤出实体，为其指定与后置摄像头底部区域相同的图层，如图7-213所示；选择上一步创建的球体，为其指定与后置摄像头中的球体相同的图层，如图7-214所示。

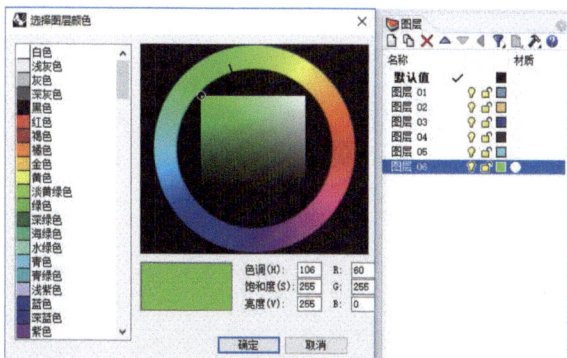

图7-211

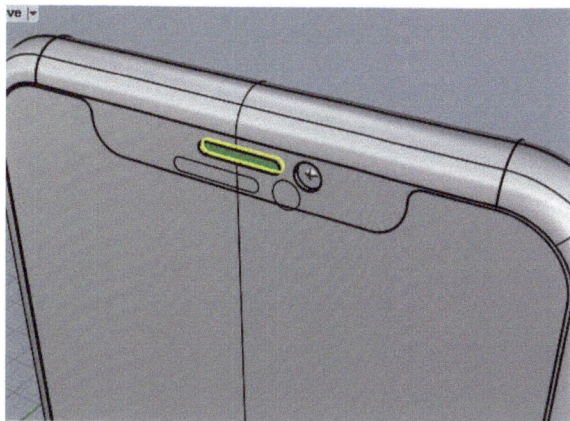

图7-212

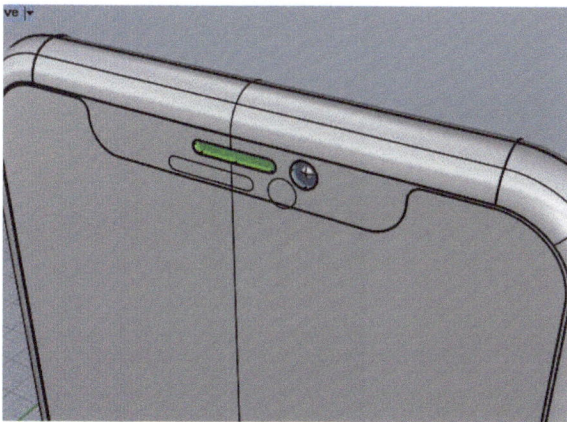

图7-213

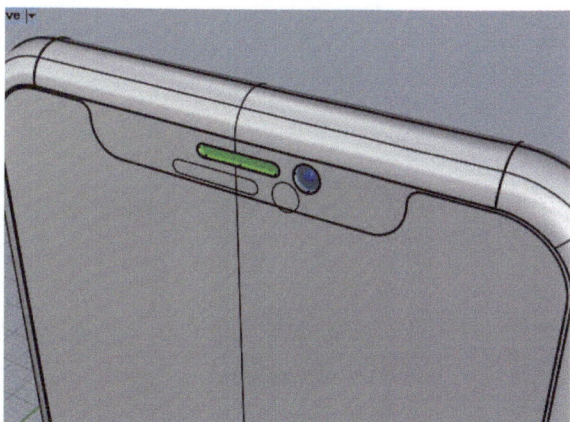

图7-214

40 为了方便后期渲染，为听筒和前置摄像头覆盖一层玻璃。单击"以平面曲线建立曲面"工具 🔵，选择听筒的边缘曲线，如图7-215所示；按Enter键确认，生成的封闭曲面如图7-216所示。

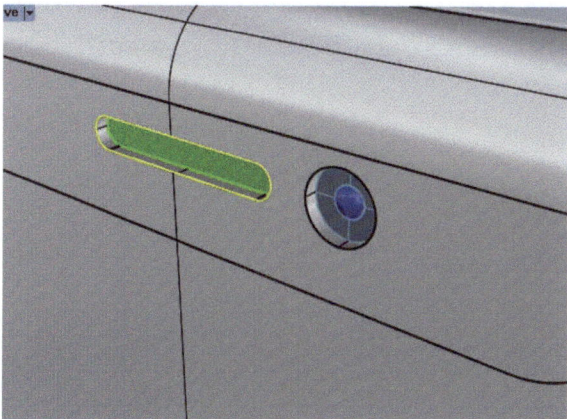

图7-215

图7-216

41 使用相同的方法为前置摄像头建立曲面，如图7-217所示；选择两个新建的曲面，为它们指定与后置摄像头相同的玻璃图层，如图7-218所示。

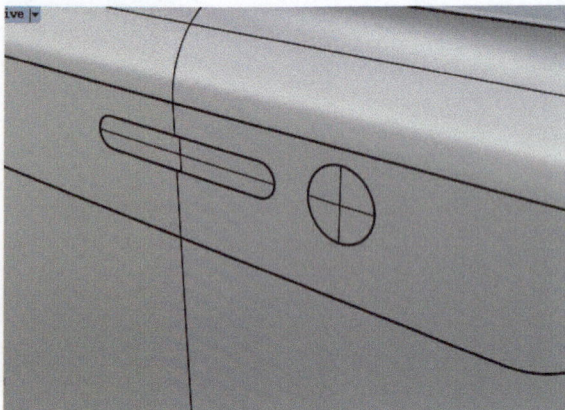

图7-217

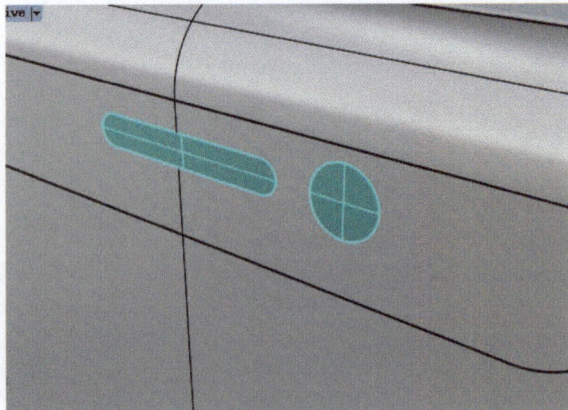

图7-218

42 新建一个图层，并设置颜色，如图7-219所示；选择手机屏幕曲面，为其指定新建的图层，如图7-220所示。模型状态如图7-221所示。

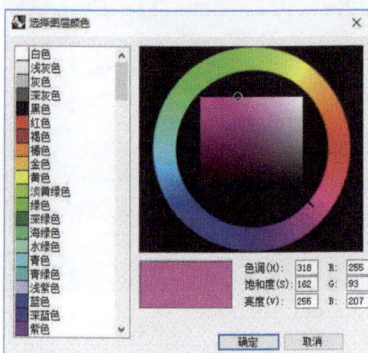

图7-219

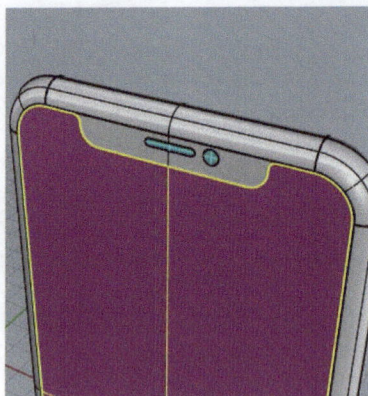

图7-220

图7-221

43 **制作手机侧边按钮** 在前视图中滚动鼠标滚轮放大素材，单击"圆角矩形"按钮▢，参考按钮形状，在素材侧视图中绘制按钮的轮廓曲线，如图7-222所示。切换到顶视图，使用"旋转"工具▣将轮廓曲线旋转90°，并将其移动到手机模型右侧，曲线在右视图中的位置如图7-223所示。

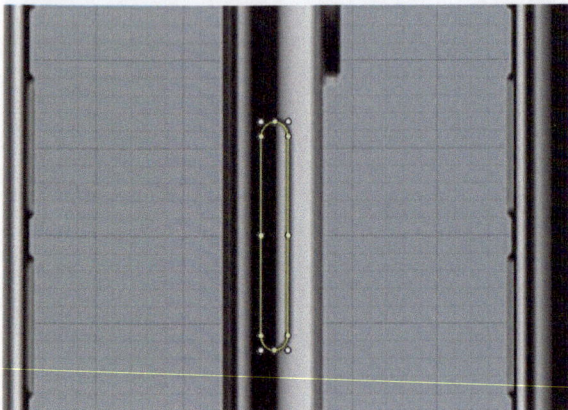

图7-222

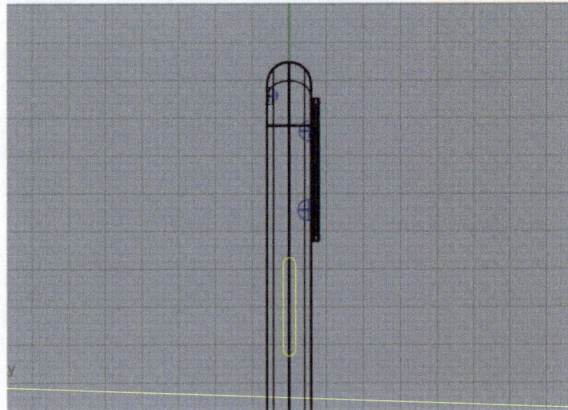

图7-223

44 单击"投影曲线"工具🖐️，选择按钮轮廓曲线，如图7-224所示，按Enter键确认；选择手机侧面，按Enter键确认，将该曲线投影到手机模型上，如图7-225所示；选择投影后的曲线，将其移动到外侧，如图7-226所示。

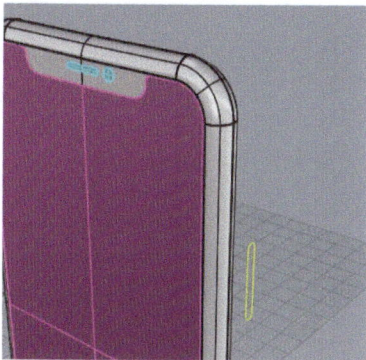

图7-224

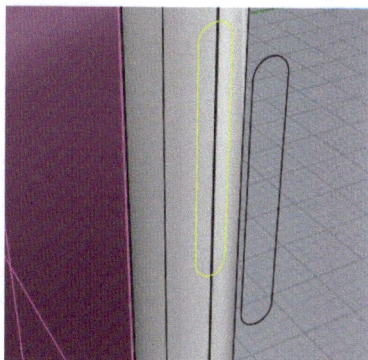

图7-225

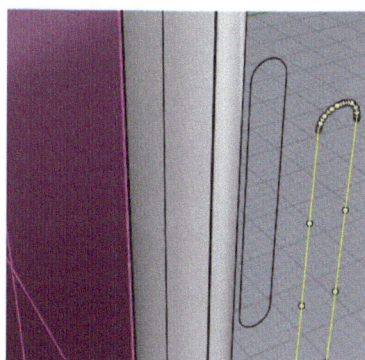

图7-226

45 单击"挤出封闭的平面曲线"工具🖐️，将之前绘制的按钮轮廓曲线挤出到手机主体内，如图7-227所示；单击"布尔运算差集"工具🖐️，用手机模型减去挤出的实体，如图7-228所示。

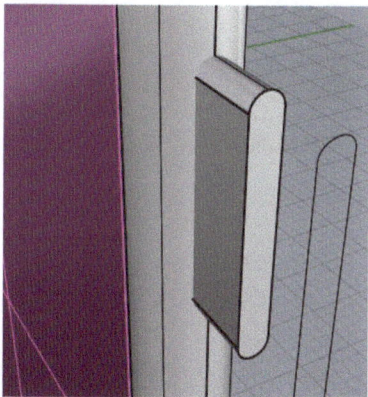

图7-227

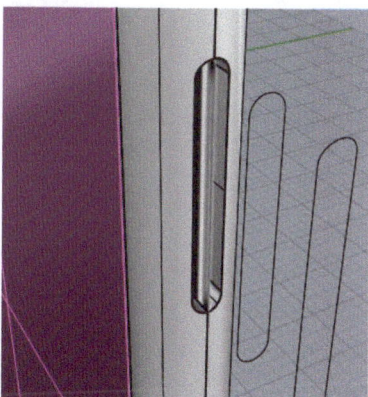

图7-228

提示 图7-228所示的孔内灰色渐变为导入的素材背景图。读者可以将它解除锁定，并沿垂直于屏幕的方向移开，如图7-229所示。

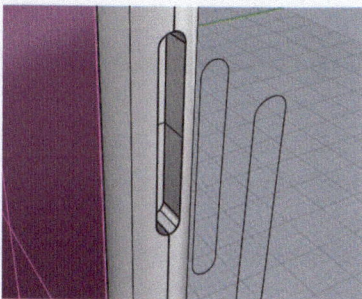

图7-229

46 单击"边缘圆角"工具🖐️，对孔位的边缘进行圆角处理，效果如图7-230所示。

47 单击"多重直线"工具🖐️，绘制一条连接投影曲线顶端中点和底端中点的线段，如图7-231所示；单击"嵌面"工具🖐️，选择整个投影曲线和连接线，按Enter键确认，在"嵌面曲面选项"对话框中设置图7-232所示的参数，并单击"确定"按钮确认嵌面操作。

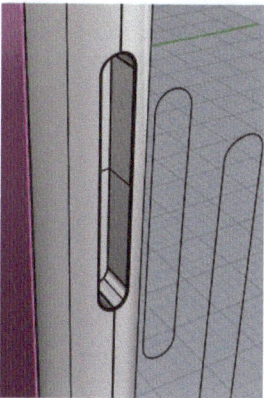

图7-230

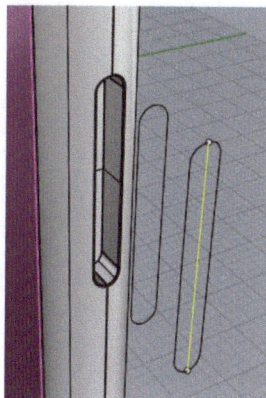

图7-231

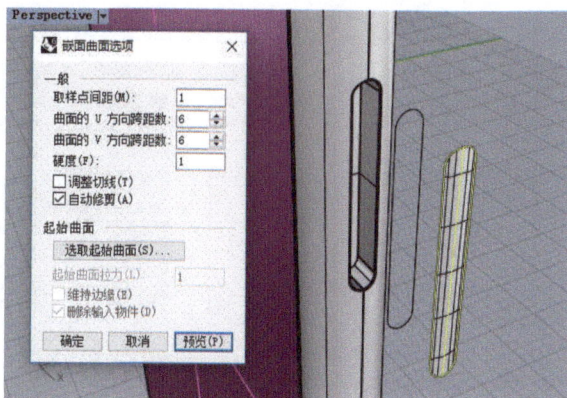

图7-232

48 单击"挤出曲面"工具 ❖，选择嵌面后的曲面，将其向手机方向挤出，如图7-233所示，挤出的按钮如图7-234所示；将其向孔洞方向平移，如图7-235所示，透视视图中的效果如图7-236所示。

图7-233

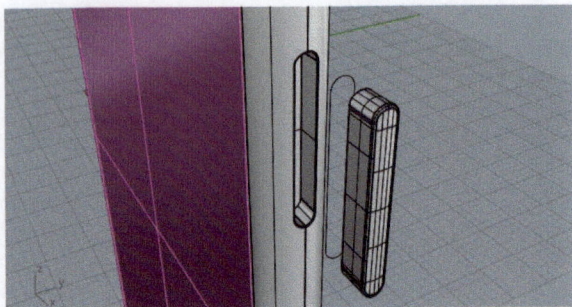

图7-234

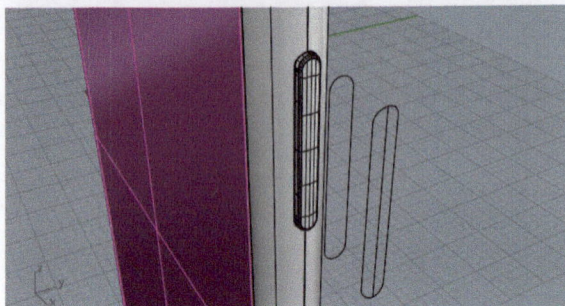

图7-235

图7-236

> **提示** 如果出现挤出方向错误的情况，可以在命令栏中选择"方向（D）"选项，在前视图中单击设定方向起点，向左拖曳鼠标指针并单击设定方向终点，从而重新设定横向挤出方向。

49 **制作音量键** 用同样的方法制作音量键的孔洞，如图7-237~图7-240所示；用同样的嵌面和挤出方法制作音量键模型，如图7-241~图7-243所示。

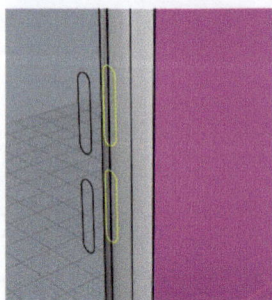

图7-237

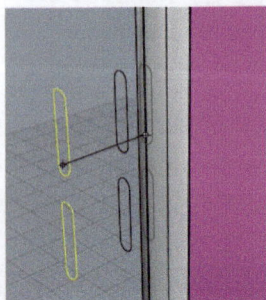

图7-238

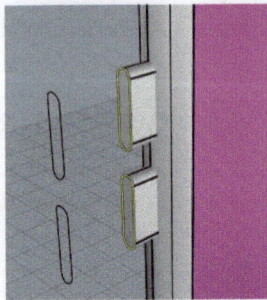

图7-239

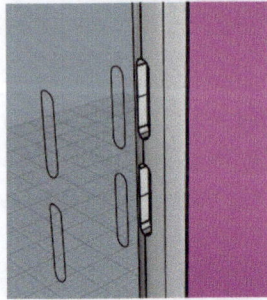

图7-240

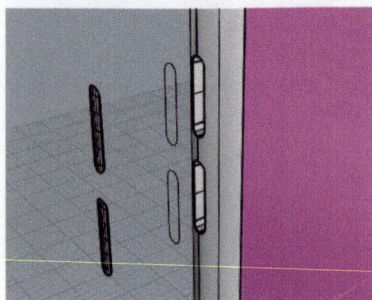

图7-241

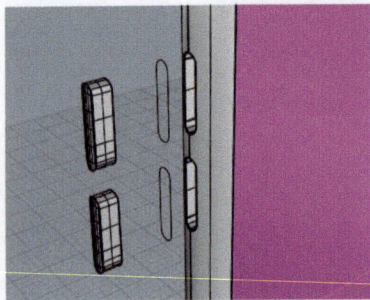

图7-242

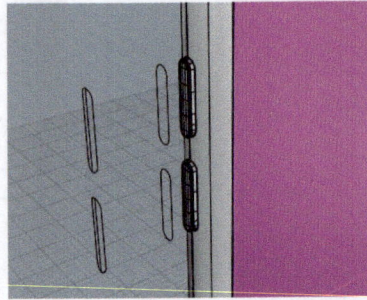

图7-243

50 **制作卡槽** 单击"圆角矩形"工具 ▭，根据素材图的卡槽绘制圆角矩形，如图7-244所示；使用"圆：中心点、半径"工具 ⊘
绘制卡槽针孔，如图7-245所示。

图7-244

图7-245

51 单击"旋转"工具 ↻，在顶视图选择卡槽曲线中点，旋转90°，如图7-246所示；按住Shift键的同时将该曲线移动到手机右
侧，它们在透视视图中的位置关系如图7-247所示。

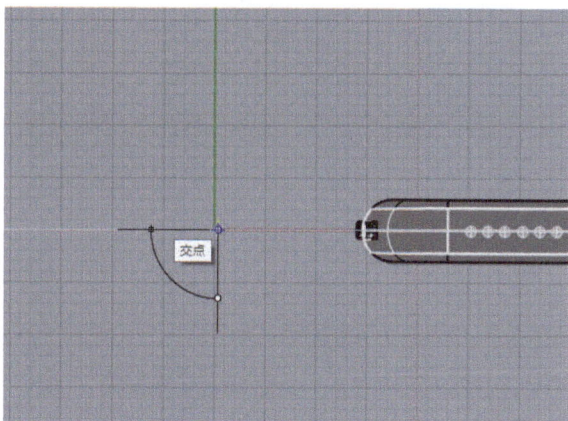

图7-246

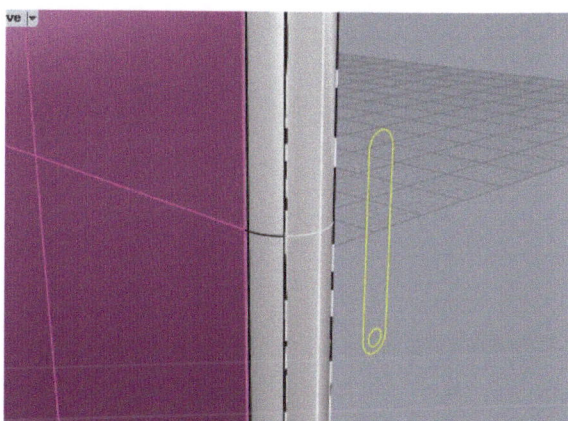

图7-247

52 选择卡槽的针孔曲线，使用"挤出封闭的平面曲线"工具 ▦挤出实体，如图7-248所示；单击"布尔运算差集"工具 ◐，用
手机模型减去挤出的实体，结果如图7-249所示。

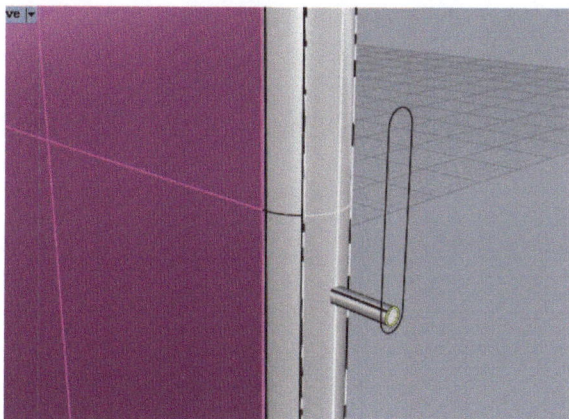

图7-248

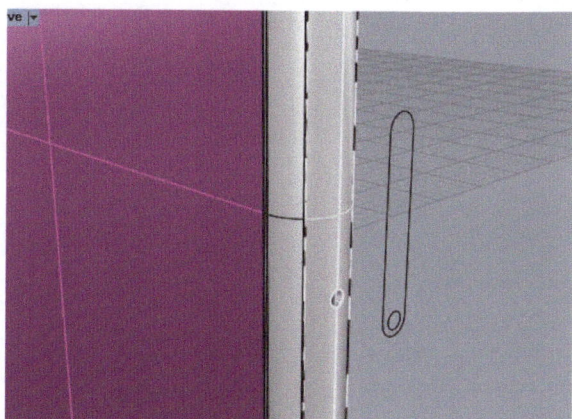

图7-249

53 单击"投影曲线"工具 ，选择卡槽轮廓曲线，按Enter键确认，选择手机模型，按Enter键确认，效果如图7-250所示。

54 单击"圆管（圆头盖）"工具 ，选择投影后的曲线，在命令栏输入半径，如图7-251所示；按Enter键确认，将投影后的曲线扫描成圆管，如图7-252所示。

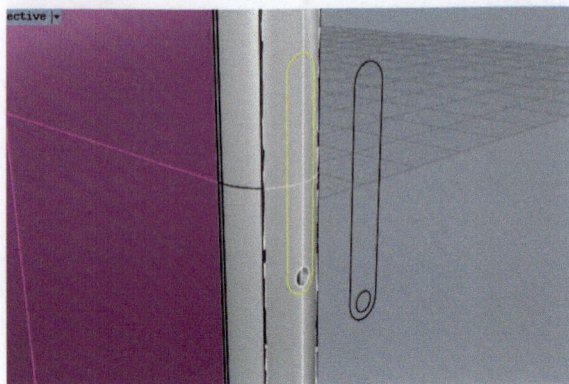

图7-250

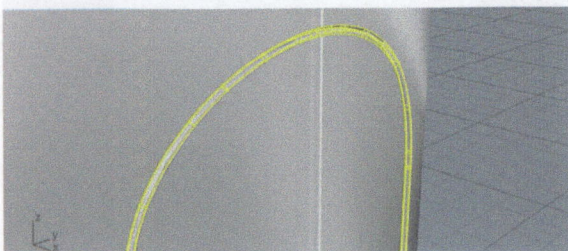

图7-251

图7-252

55 单击"布尔运算差集"工具 ，选择手机模型，按Enter键确认，选择圆管，按Enter键确认，差集运算后的效果如图7-253所示；使用"边缘圆角"工具 ，对针孔边缘进行圆角处理，如图7-254所示。

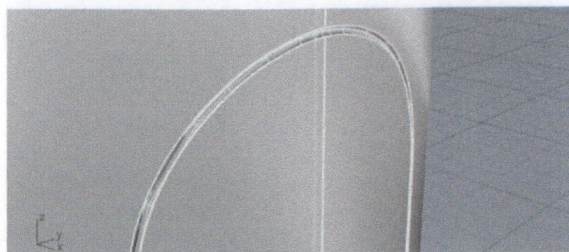

图7-253

图7-254

56 **制作静音开关** 静音开关的孔洞制作方法与音量键相同，这里不再赘述，效果如图7-255所示。

57 单击"圆角矩形"工具 ，在静音开关孔洞内绘制圆角矩形，如图7-256所示；使用"挤出封闭的平面曲线"工具 挤出曲线，如图7-257所示；使用"边缘圆角"工具 对按钮边缘进行圆角处理，效果如图7-258所示；将按钮移动到孔洞内，效果如图7-259和图7-260所示。

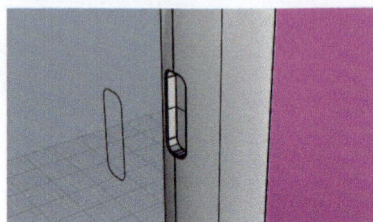

图7-255

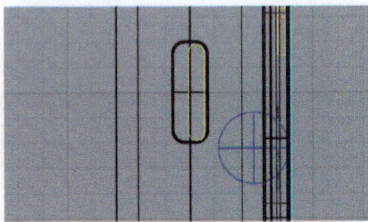

图7-256

图7-257

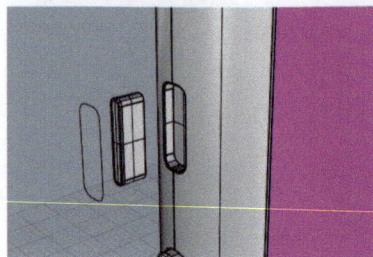

图7-258

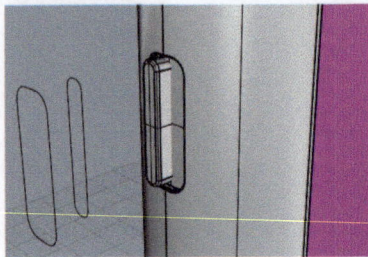

图7-259

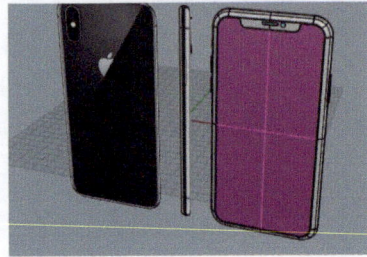

图7-260

58 制作分割边框 在前视图滚动鼠标滚轮放大素材，使用"圆角矩形"工具◻沿屏幕轮廓绘制分割曲线，如图7-261和图7-262
所示。

图7-261

图7-262

59 单击"分割"工具⬚，选择手机主体模型，按Enter键确认，选择分割曲线，按Enter键确认，将主体分割成边框和前屏。新
建一个图层，并设置颜色，如图7-263所示；选择分割后的手机边框曲面，为其指定新建的图层，如图7-264所示。

图7-263

图7-264

60 制作天线 使用"矩形：角对角"工具◻，以素材图为参考，绘制一个矩形作为天线，如图7-265所示；在顶视图中单击"旋
转"工具⟳，以矩形中点为旋转中心，将矩形顺时针旋转90°，如图7-266所示。

61 在右视图中按快捷键Ctrl+C复制矩形，按快捷键Ctrl+V原位粘贴一个矩形，然后将其中一个矩形移动到边框的另一端，如
图7-267所示。

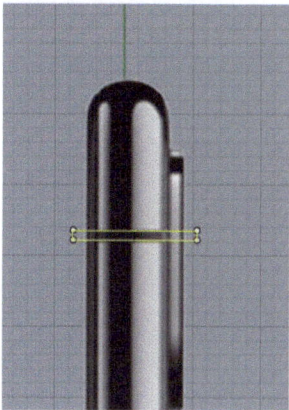

图7-265

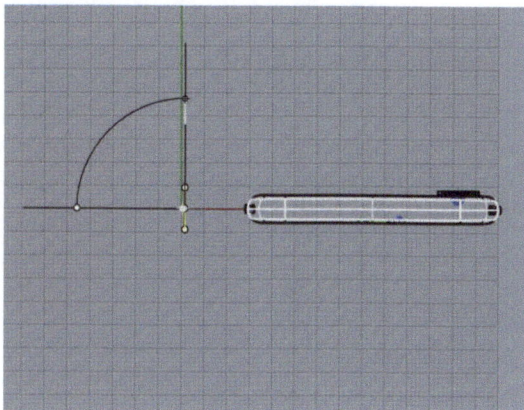

图7-266

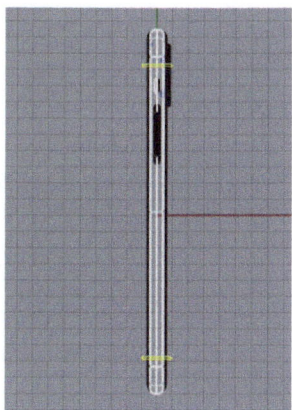

图7-267

62 用前面分割边框的方法分割天线。新建一个图层，并设置颜色，将图层指定给天线模型，如图7-268所示。

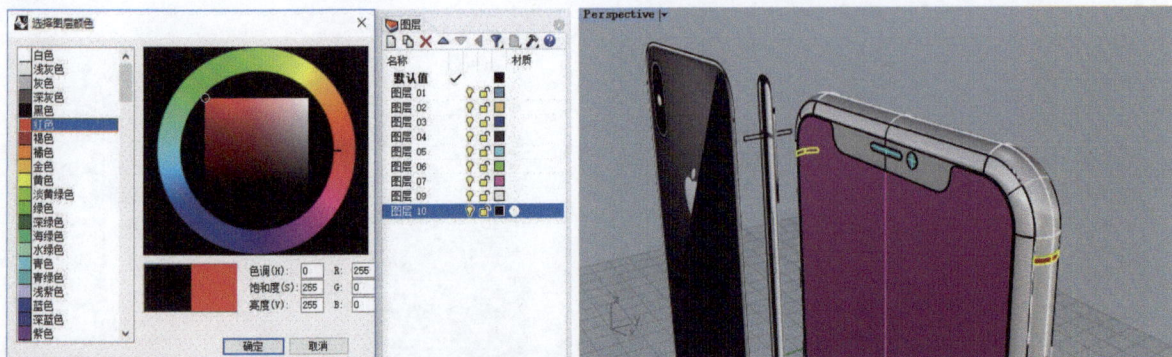

图7-268

63 此时的模型如图7-269所示。为方便观察，选择参考图片，单击"隐藏"按钮 💡，隐藏参考图片，如图7-270所示。

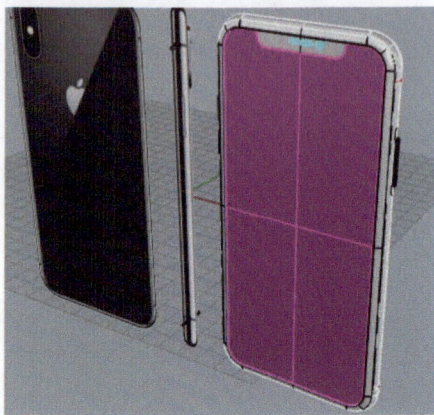

图7-269

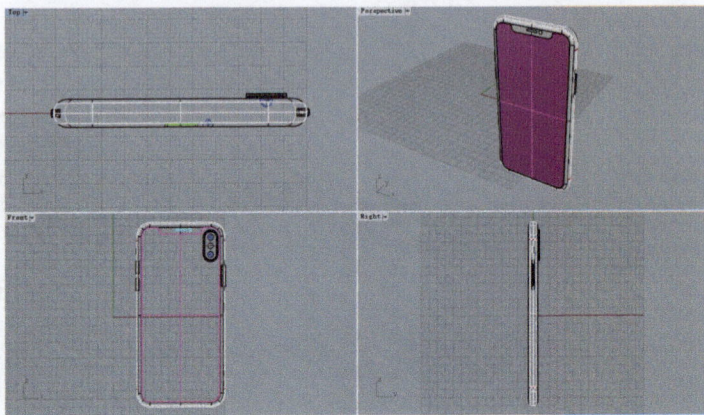

图7-270

64 **制作扬声器和充电接口** 将"素材文件>CH07>02.png"文件拖曳到Rhino中，并使图像边缘与模型顶部轮廓贴合，如图7-271所示。

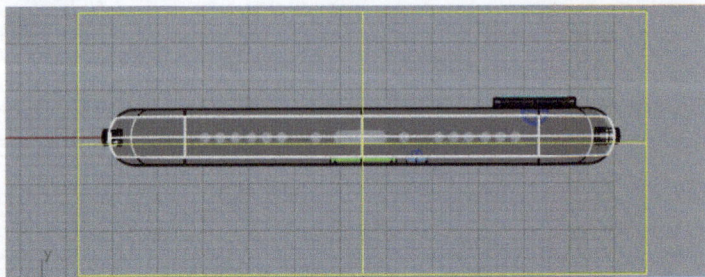

图7-271

65 单击"圆柱体"工具 🔵，参考素材图片的孔位绘制一个圆柱体，如图7-272和图7-273所示。

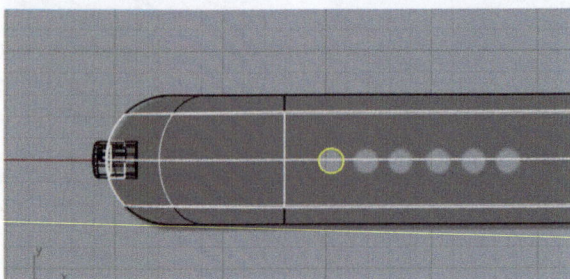

图7-272

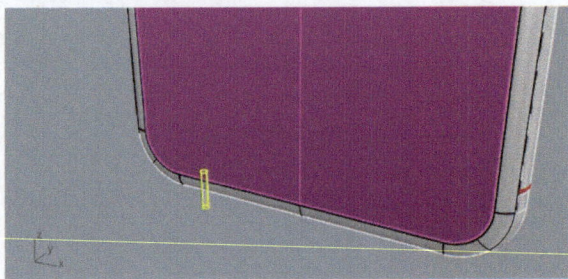

图7-273

66 单击"复制"工具🗔，选择圆柱体中心点作为复制起点，移动鼠标指针，在下一个孔位中心点上单击，确定复制终点，如图7-274所示。

67 在命令栏中逐个选择"从上一个点（F）=是""使用上一个距离（U）=是""使用上一个方向（S）=是"选项，然后在顶视图中单击4次，即可完成同样的复制操作，如图7-275所示。单独复制一个圆柱体，将其移动到螺丝孔的位置，如图7-276所示。

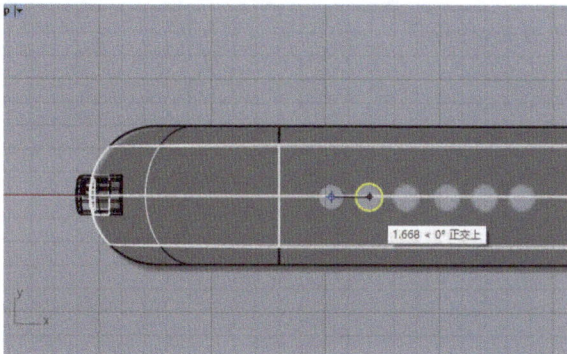

图7-274

图7-275

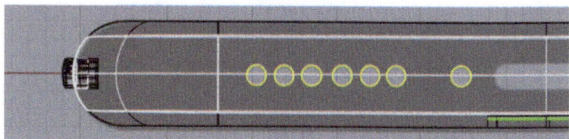

图7-276

68 单击"镜像"工具🗔，选择所有圆柱体，切换到顶视图，以手机中轴线为镜像轴镜像，如图7-277所示。透视视图中的效果如图7-278所示。

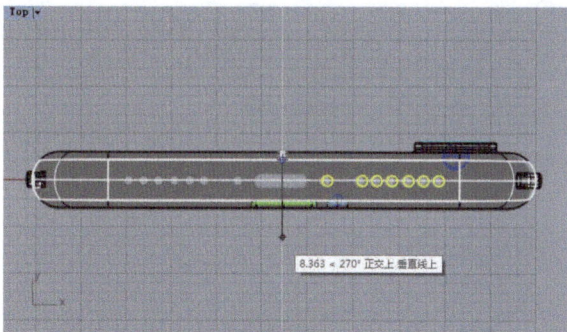

图7-277

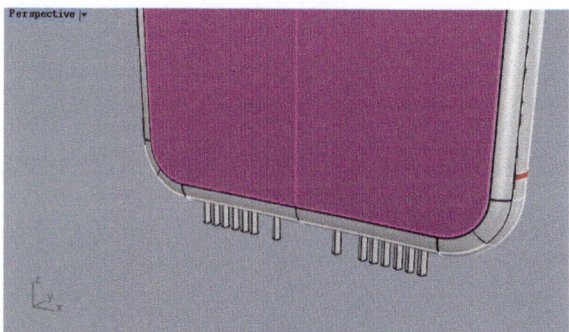

图7-278

69 切换到顶视图，使用"圆角矩形"工具🗔，参考充电接口绘制圆角矩形，如图7-279所示；将圆角矩形拖曳到圆柱体挤出位置，如图7-280所示；使用"挤出封闭的平面曲线"工具🗔挤出圆角矩形，挤出的高度大于圆柱体高度，如图7-281所示。

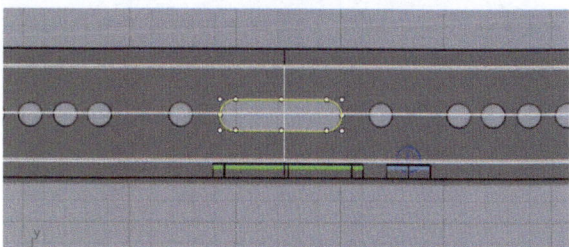

图7-279

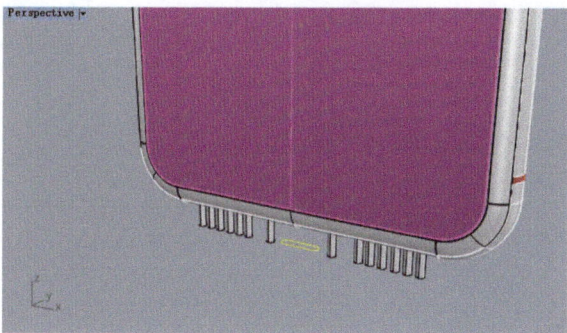

图7-280

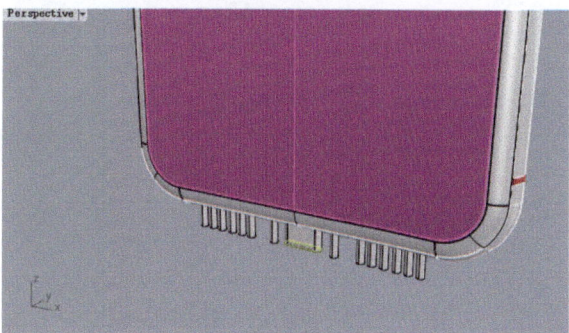

图7-281

70 单击"布尔运算差集"工具 ◯，选择手机边框，按Enter键确认，选择所有挤出的圆柱体和圆角矩形实体，按Enter键确认，结果如图7-282所示。使用"边缘圆角"工具 ◯对差集运算后的所有孔位边缘进行圆角处理，如图7-283所示，得到的扬声器孔位和充电插孔如图7-284所示。

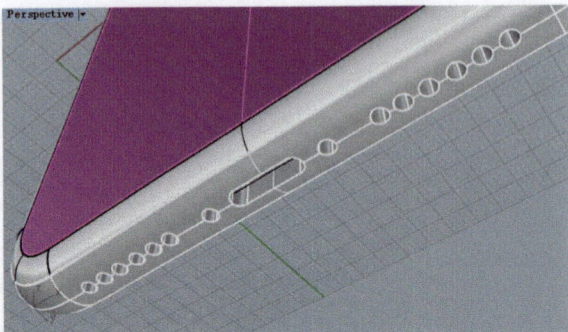
图7-282

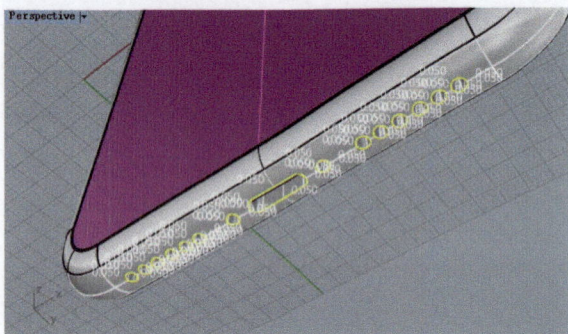
图7-283

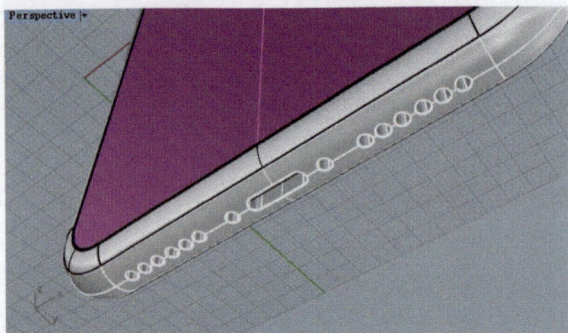
图7-284

71 **制作底部螺丝钉** 使用"圆柱体"工具 ◯在顶视图中根据素材绘制底部螺丝钉的圆柱体底面，如图7-285所示；在前视图中拉出不超过孔位的高度，如图7-286所示。

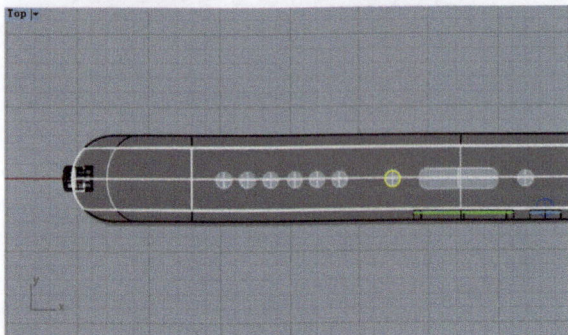
图7-285

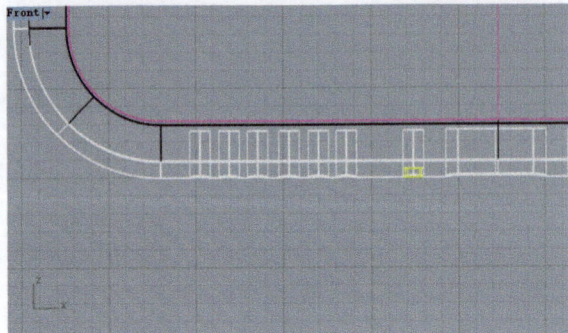
图7-286

72 使用"边缘斜角"工具 ◯对圆柱体边缘进行倒角处理，如图7-287和图7-288所示。

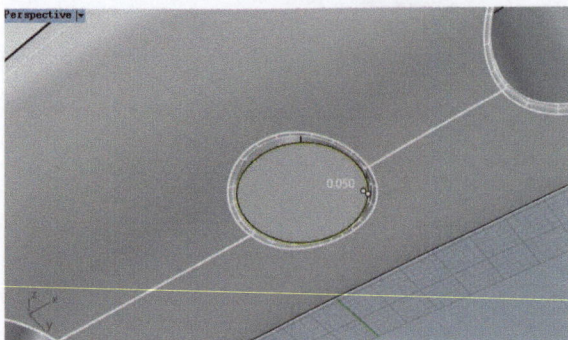
图7-287

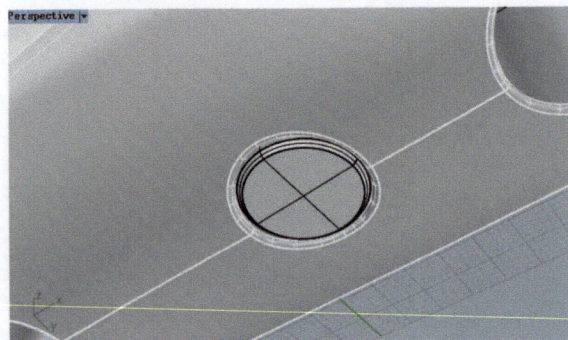
图7-288

73 复制一个螺丝钉模型到另一个孔洞中，如图7-289所示。iPhone X模型制作完成，效果如图7-290所示。

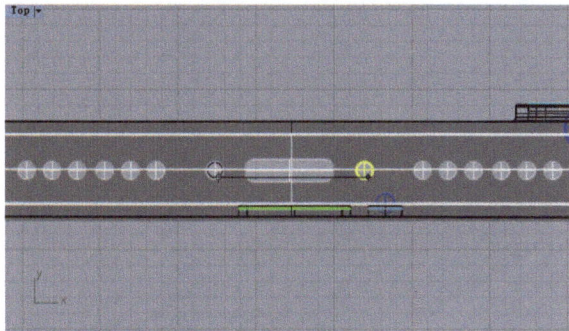

图7-289

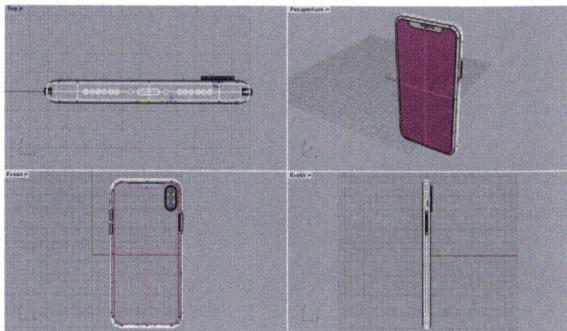

图7-290

> **提示** 模型制作完成后，将其保存为.3dm文件，以便后续渲染。

7.2.2 制作手机材质

01 打开KeyShot，将前面制作的模型文件直接拖曳到实时渲染窗口中，在"KeyShot导入"对话框中设置图7-291所示的参数，导入后的手机模型是平放在视图中的，如图7-292所示。

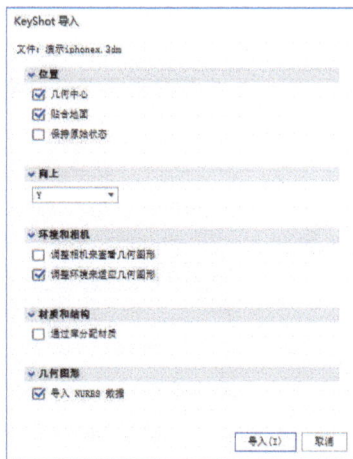

图7-291

图7-292

02 打开"环境"库，选择"2 Panels Straight 4K"环境，将其拖曳到实时渲染窗口中，如图7-293所示；在项目窗口"环境"面板的"设置"选项卡中设置"背景"为"颜色"，如图7-294所示；修改颜色为浅灰色（R:221，G:221，B:221），如图7-295所示。实时渲染窗口中的环境如图7-296所示。

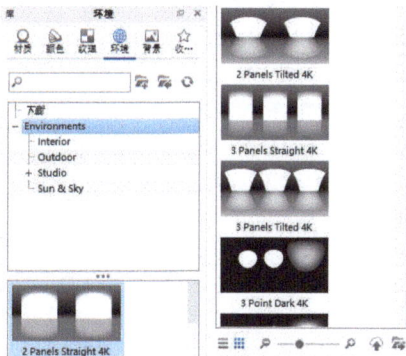

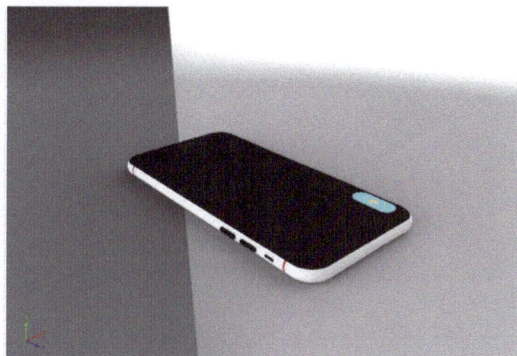

图7-293

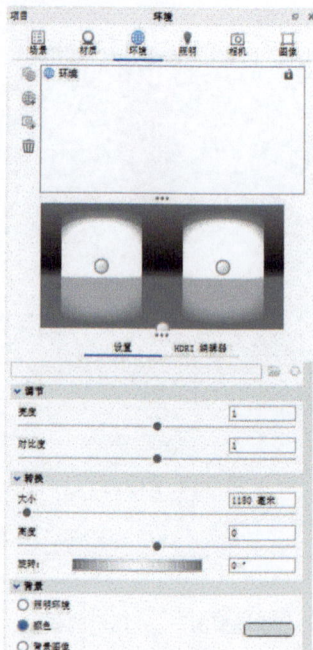

图7-294

图7-295

图7-296

03 **设置手机后盖材质** 选择手机后盖，单击鼠标右键，在弹出的菜单中选择"编辑材质"命令，设置"材质类型"为"金属"、"粗糙度"为0.02，如图7-297所示；单击"颜色"色块，设置颜色为深灰色（R:75，G:75，B:75），如图7-298所示。

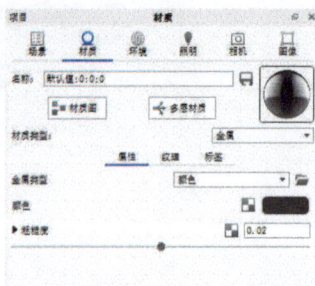

图7-297

图7-298

04 此时的手机后盖效果如图7-299所示，在项目窗口"相机"面板中设置"视角/焦距"为50毫米，如图7-300所示。

图7-299

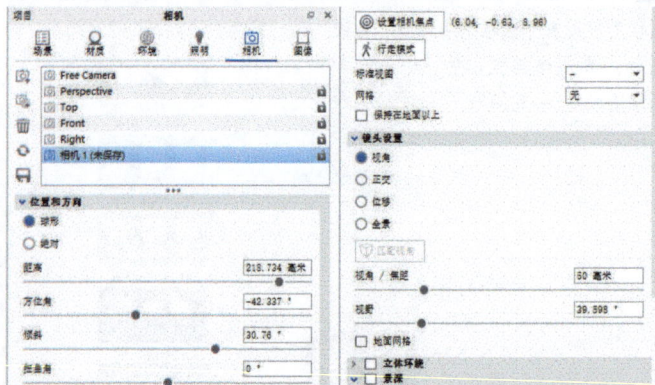

图7-300

05 **设置摄像头材质** 滚动鼠标滚轮，拉近视角以观察摄像头，如图7-301所示。在摄像头表面玻璃模型所在的图层上单击鼠标右键，在弹出的菜单中选择"隐藏部件"命令，将玻璃模型暂时隐藏，如图7-302所示。

图7-301

图7-302

06 在摄像头底部的深色图层上单击鼠标右键，在弹出的菜单中选择"编辑材质"命令，设置材质类型为"漫反射"，颜色为深灰色（R:71，G:71，B:71），如图7-303所示；在镜头周围的圆环上单击鼠标右键，在弹出的菜单中选择"编辑材质"选项，设置"漫反射"颜色为灰色（R:104，G:115，B:127），如图7-304所示。材质效果如图7-305所示。

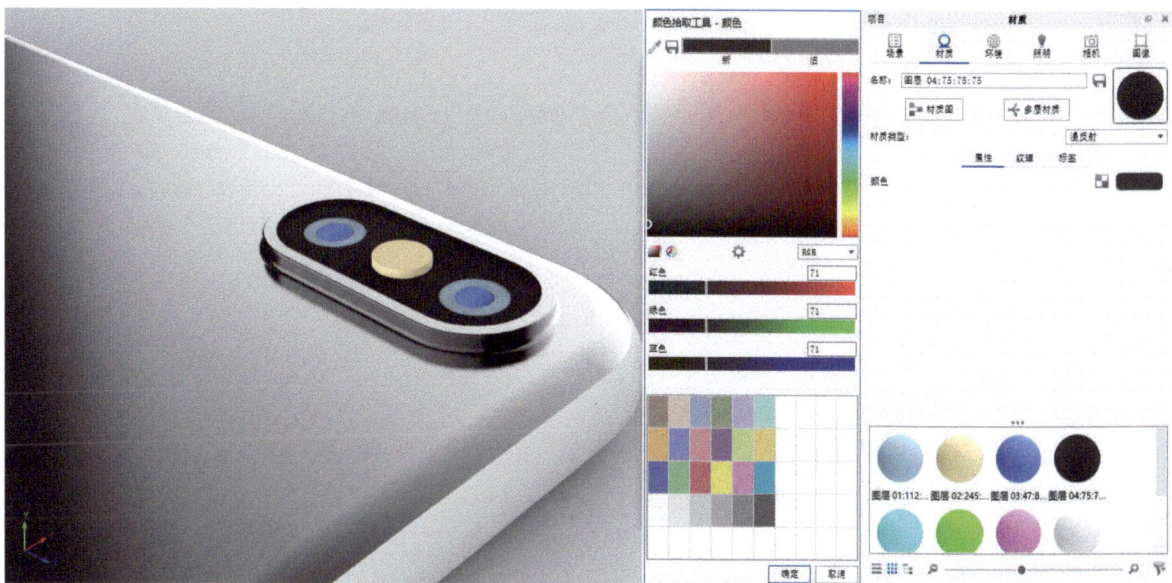

图7-303

图7-304

图7-305

07 在镜头上单击鼠标右键，在弹出的菜单中选择"编辑材质"命令，设置镜头的"材质类型"为"玻璃"、"折射指数"为1.5、"颜色"为蓝紫色（R:108，G:117，B:250），如图7-306所示。

图7-306

08 在闪光灯上单击鼠标右键，在弹出的菜单中选择"编辑材质"命令，设置闪光灯的"材质类型"为"实心玻璃"、"透明距离"为0.5毫米、"折射指数"为1.4、"粗糙度"为0.02、"颜色"为鹅黄色（R:255，G:233，B:188），如图7-307所示；继续设置闪光灯材质的纹理，切换到"纹理"选项卡，勾选"凹凸"选项，设置"纹理"为"蜂窝式"、"缩放"为0.766毫米、"单元类型"为"菱形"、"凹凸高度"为0.418、"对比度"为1.35，如图7-308所示。调整后的材质效果如图7-309所示。

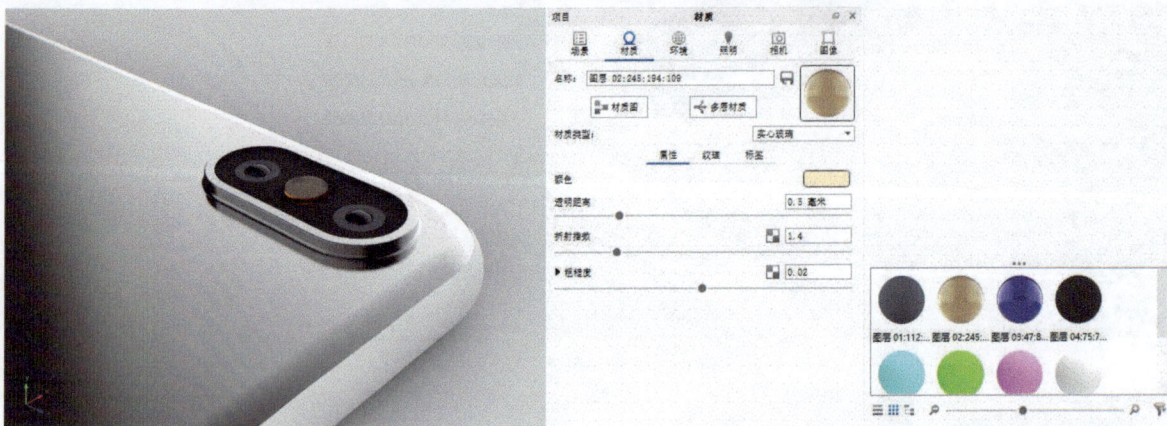

图7-307

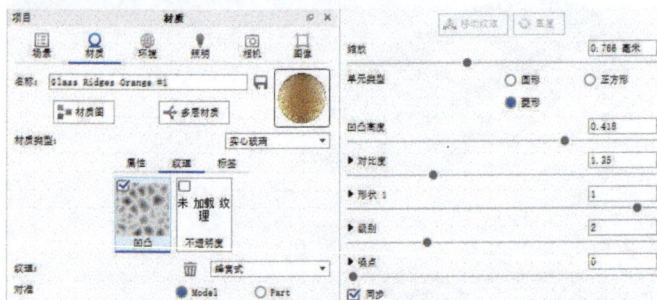

图7-308

图7-309

09 在摄像头上单击鼠标右键，在弹出的菜单中选择"撤销隐藏"命令，显示被隐藏的表面玻璃，如图7-310所示；在表面玻璃所在的图层上单击鼠标右键，在弹出的菜单中选择"编辑材质"选项，设置"材质类型"为"实心玻璃"，"颜色"为黑色（R:1，G:1，B:1），"透明距离"为5毫米，"折射指数"为1.5，"粗糙度"为0，如图7-311所示。摄像头的材质效果如图7-312和图7-313所示。

图7-310

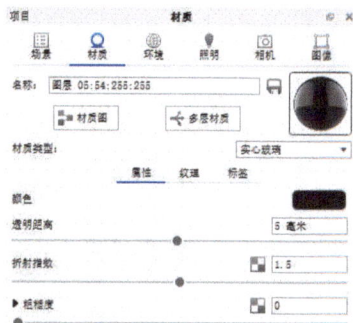

图7-311

图7-312

图7-313

10 设置边框材质 在手机后盖上单击鼠标右键，在弹出的菜单中选择"复制材质"命令；在手机边框上单击鼠标右键，在弹出的菜单中选择"粘贴材质"命令，将后盖的材质复制到边框上，效果如图7-314所示。

11 设置天线材质 在手机边框天线上单击鼠标右键，在弹出的菜单中选择"编辑材质"命令，设置"材质类型"为"塑料"、"漫反射"颜色为黑色（R:1，G:1，B:1）、"高光"为白色（R:255，G:255，B:255），如图7-315所示。效果如图7-316所示。

图7-314

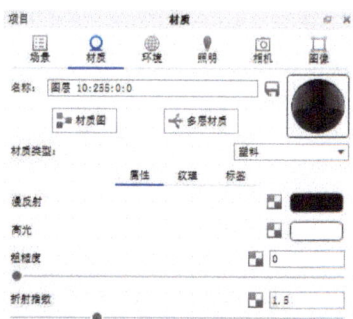

图7-315

图7-316

12 旋转手机模型 在手机主体上单击鼠标右键，在弹出的菜单中选择"移动模型"命令，手机轴心会出现旋转坐标控制柄，如图7-317所示；拖曳红色轴线使手机直立起来，如图7-318所示。

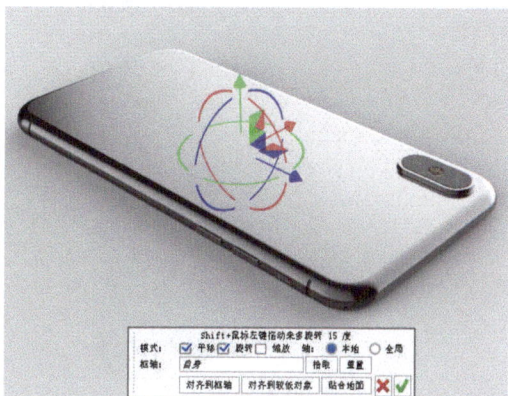

图7-317

图7-318

13 设置听筒材质 滚动鼠标滚轮，放大模型，在听筒表面玻璃上单击鼠标右键，在弹出的菜单中选择"隐藏部件"命令，将表面玻璃隐藏，显示出内部对象，如图7-319所示。

14 在左侧"材质"库中展开"Cloth and Leather"列表，选择"Leather Black Perforated 1000mm"材质，如图7-320所示。将该材质拖曳到听筒内部，在右侧项目窗口"材质"面板中勾选"纹理"选项卡下的"漫反射"选项，设置"缩放"为5毫米，如图7-321所示；勾选"不透明度"选项，设置"尺寸和映射"选项组中的"宽度"和"高度"为5毫米，如图7-322所示。听筒材质效果如图7-323所示。

图7-319

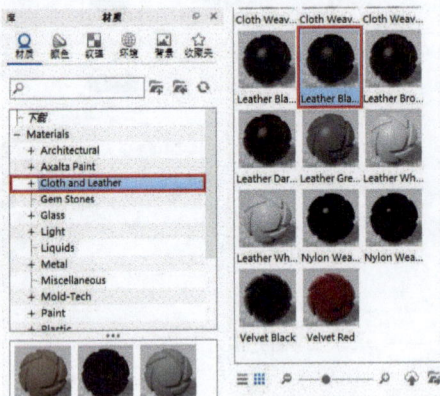

图7-320

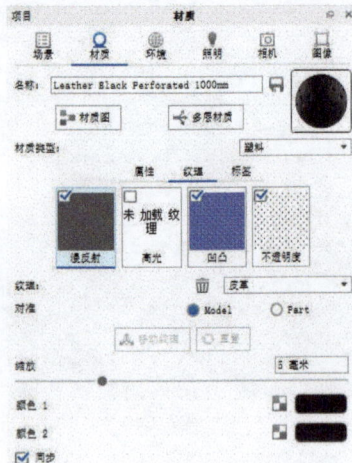

图7-321

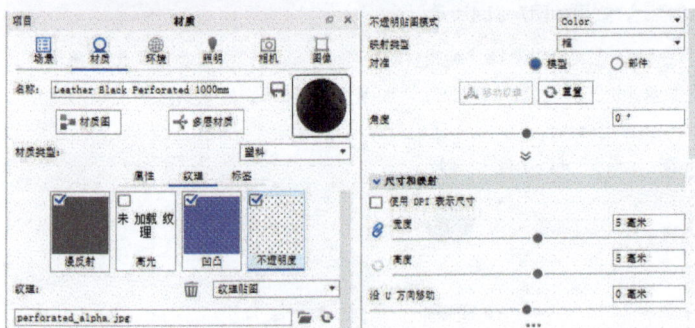

图7-322

图7-323

15 设置"刘海"材质 在听筒与前置摄像头的"刘海"位置单击鼠标右键，在弹出的菜单中选择"编辑材质"选项，设置"颜色"为深灰色（R:71，G:71，B:71），如图7-324所示，效果如图7-325所示。

图7-324

图7-325

7.2.3 设置环境灯光和渲染角度

01 **为手机侧边添加条形光源** 打开右侧项目窗口"环境"面板,选择"HDRI编辑器"选项卡,单击"添加针"按钮➕,新建一个光源针,然后选择"矩形"选项,设置X和Y分别为14.9和56.7,将光源形状调整为细长的竖条形,如图7-326所示。

图7-326

02 **继续添加条形光源** 单击"添加针"按钮➕,新建一个光源针,调整该光源在HDRI预览窗口中的位置,具体参数设置和实时光效如图7-327所示。

图7-327

03 **添加一个遮挡光源** 在KeyShot中可以制作有遮挡作用的光源，使用上一步的方法添加一个光源针，调整形状为"矩形"，设置"混合模式"为Alpha，具体参数设置如图7-328所示；降低"亮度"，使灯光成为遮挡光源，位置在手机屏幕左上角的高光处，如图7-329所示。

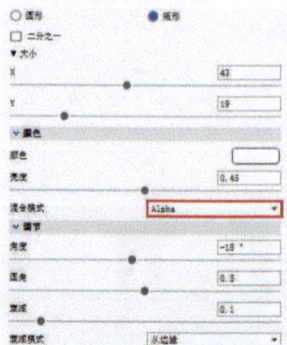

图7-328

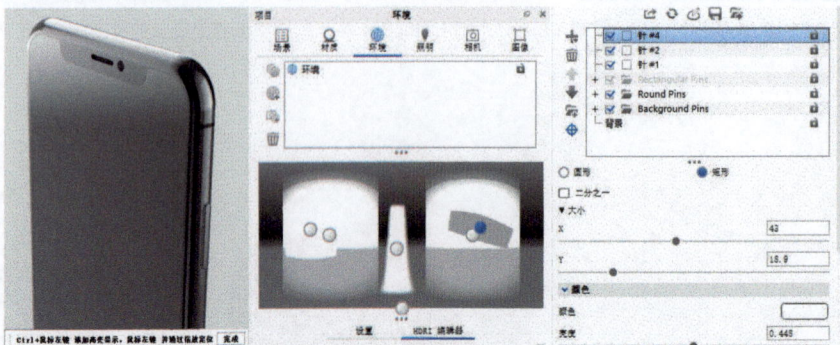

图7-329

04 **选择视角** 滚动鼠标滚轮，查看手机顶部光的照射情况，如图7-330所示。如果某个视角的效果尚可，可以在项目窗口"相机"面板中新建一个相机并保存，以便直接选择该相机来进行视角的切换，如图7-331所示。

图7-330

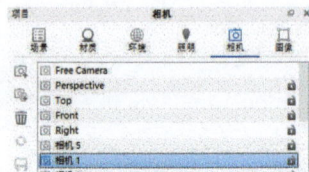

图7-331

05 调整视角，如图7-332所示，准备保存该视角，但手机底部过于灰暗，在项目窗口"环境"面板中选择"HDRI编辑器"选项卡，单击"添加针"按钮，创建一个新的光源，单击"设置高亮演示"按钮，选择手机底部，调整该光源针的形状为"矩形"，增加其在x轴方向的长度，使其均匀地照亮手机底部，如图7-333所示。

图7-332

图7-333

提示 创建好所有HDRI光源后，应单击"HDRI编辑器"选项卡顶部的"生成全分辨率HDRI"按钮，使创建的光源针生成全分辨率光源，如图7-334所示。

图7-334

06 调整视角，找到比较满意的角度后，新建相机并保存，供后面渲染使用，如图7-335~图7-337所示。

图7-335

图7-336

图7-337

07 **设置渲染参数** 单击界面底部的"渲染"工具，打开"渲染"对话框。这里需要设置渲染图的格式。如果需要将背景渲染出来，则选择JPEG格式；如果要将模型与背景分离，则选择TIFF格式。将"分辨率"设置得高一些，以便后期修图。具体参数设置如图7-338所示。

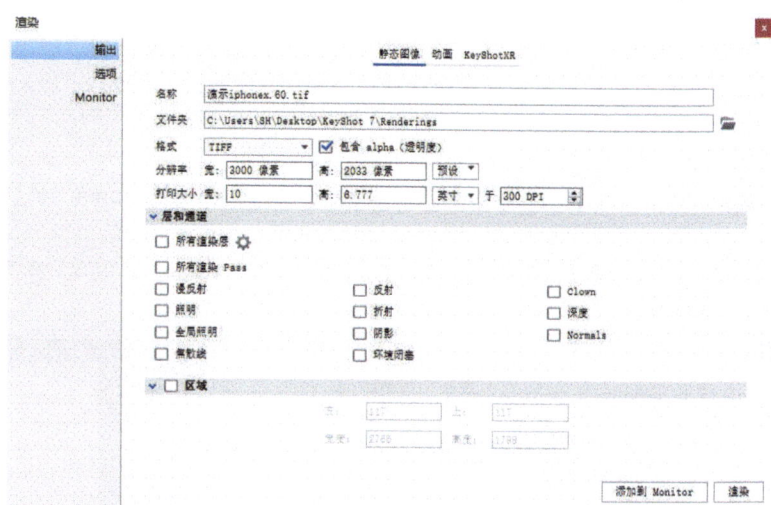

图7-338

08 切换到"选项"选项卡，选择"最大采样"选项，设置"采样值"为512，如图7-339所示。渲染效果如图7-340所示。

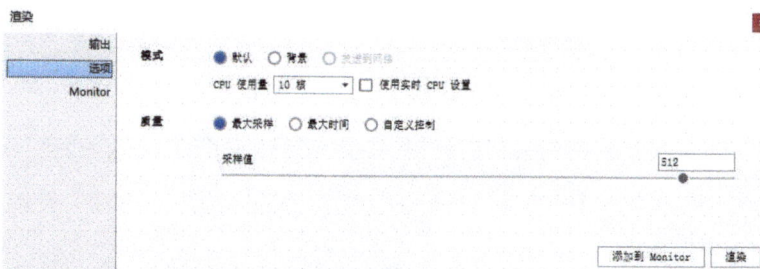

图7-339

图7-340

提示 根据KeyShot安装目录可以找到渲染图的保存位置，渲染图一般保存在KeyShot根目录下的Renderings文件夹内，如图7-341所示。

图7-341

7.2.4 后期优化处理

01 在Photoshop中打开渲染图，TIFF格式的文件保留了透明背景，如图7-342所示。

图7-342

> **提示** 打开图片后，双击"背景"图层，在弹出的"新建图层"对话框中单击"确定"按钮，即可将其解锁为"图层0"图层。

02 单击"创建新图层"按钮 ，新建一个"图层1"图层，如图7-343所示；将"图层1"图层移动到"图层0"图层下方，如图7-344所示。

03 使用"矩形工具" 绘制一个比画布更大的矩形，如图7-345所示，矩形的填充色是白色，所以图像的底色变成了白色。

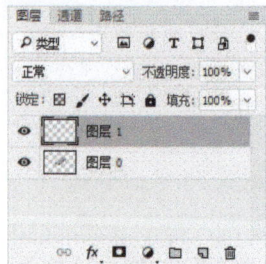

图7-343

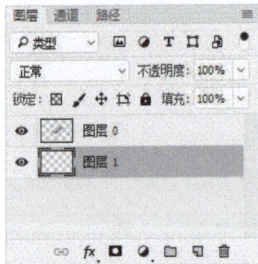

图7-344

图7-345

04 在"图层"面板中双击"矩形1"图层缩略图，打开"拾色器（纯色）"对话框，设置颜色为黑灰色（R:59，G:59，B:59），如图7-346所示。

> **提示** 这就体现了将图像保存为TIFF格式的优势——可以根据需要改变模型的背景。

图7-346

05 单击"创建新的填充或调整图层"按钮，在弹出的列表中选择"色阶"选项，添加"色阶"调整图层，在"属性"面板中设置图7-347所示的参数。选择"色阶1"图层，按快捷键 Ctrl+Alt+G创建剪贴蒙版，使"色阶1"图层只对"图层0"图层起作用，如图7-348所示。

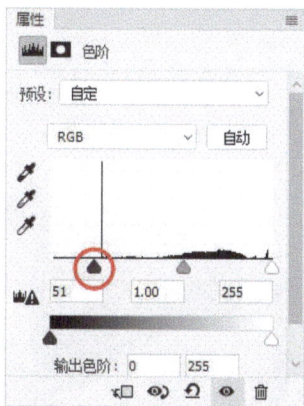

图7-347

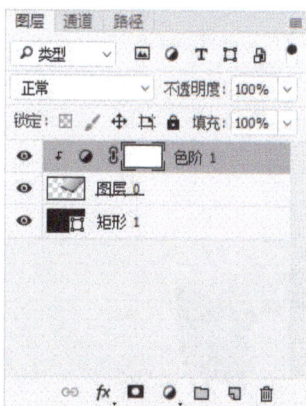

图7-348

06 选择"裁剪工具"，拖曳鼠标指针确定裁剪范围，如图7-349所示。按两次Enter键确认裁剪，得到新的构图，如图7-350所示。这样的特写构图使画面显得更加生动，能更好地展示设计的细节。

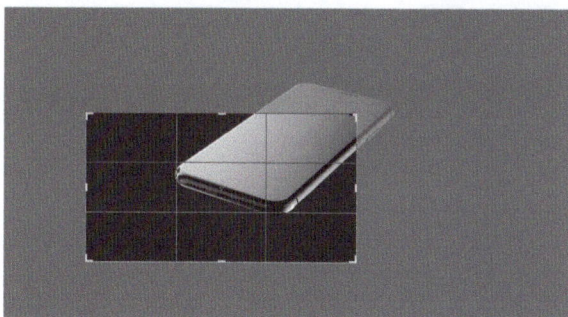

图7-349

图7-350

07 根据需要为产品添加相关文字描述，如图7-351所示。读者可以根据自己的想法对图像进行后期处理，做出不一样的效果，如图7-352所示。

图7-351

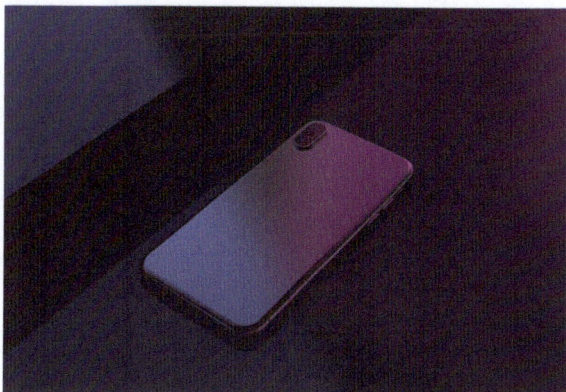

图7-352

提示 iPhone X 产品概念展示效果的制作方法就介绍到这里，这是一个比较复杂的例子，读者可以通过观看教学视频来熟悉操作和巩固学习成果。因为篇幅有限，后面的产品制作实例均使用教学视频来详细讲解，读者可以观看配套视频来学习。

素材文件	无
实例文件	实例文件>CH07>北欧边桌产品设计.3dm
视频文件	北欧边桌产品设计.mp4
学习目标	掌握家具产品的设计思路、建模方法、渲染方法

边桌产品的效果如图7-353所示。

图7-353

7.3.1 绘制设计草图

北欧边桌的产品设计草图如图7-354所示。

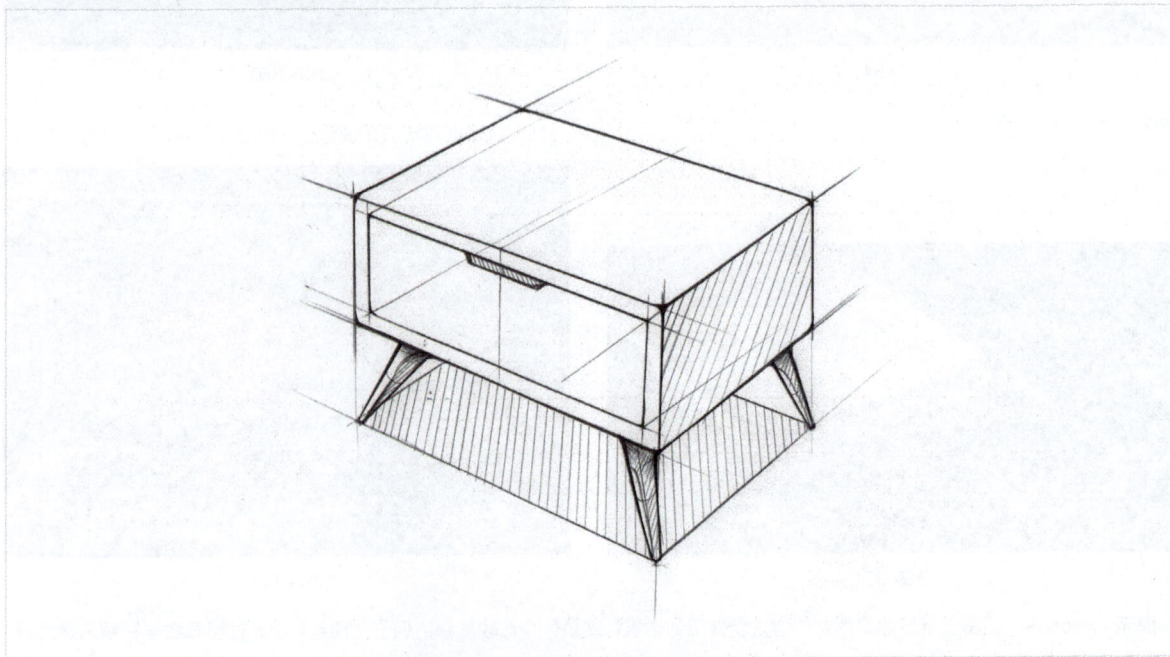

图7-354

7.3.2 制作边桌模型

边桌的Rhino模型如图7-355所示。

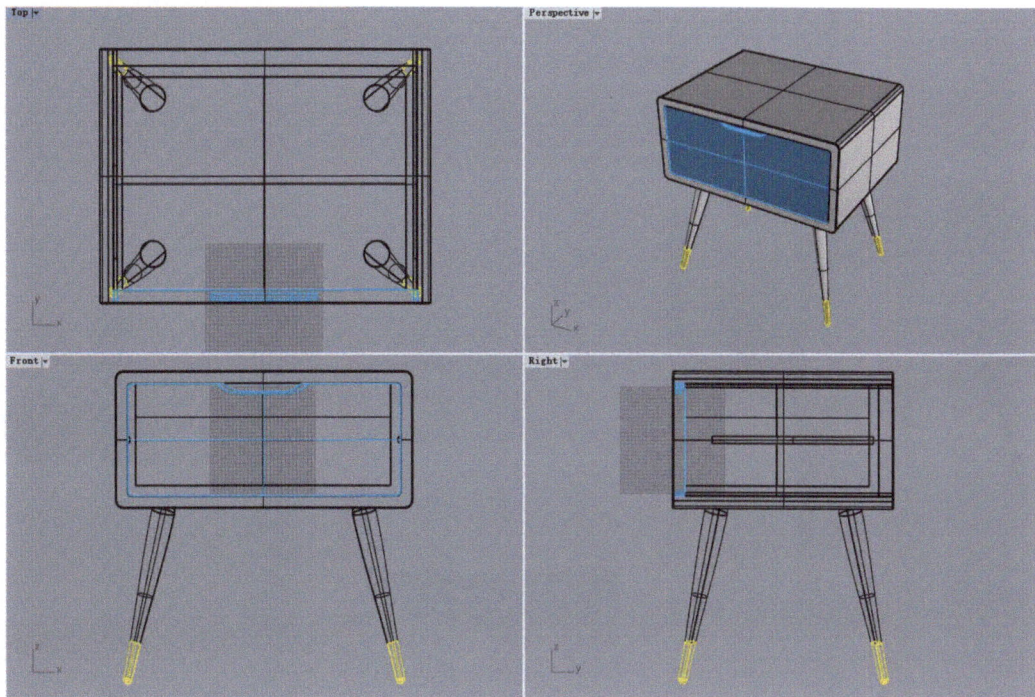

图7-355

7.3.3 制作边桌材质

边桌的KeyShot材质如图7-356所示。

图7-356

7.3.4 设置环境和渲染

KeyShot中的环境灯光和渲染设置如图7-357所示。

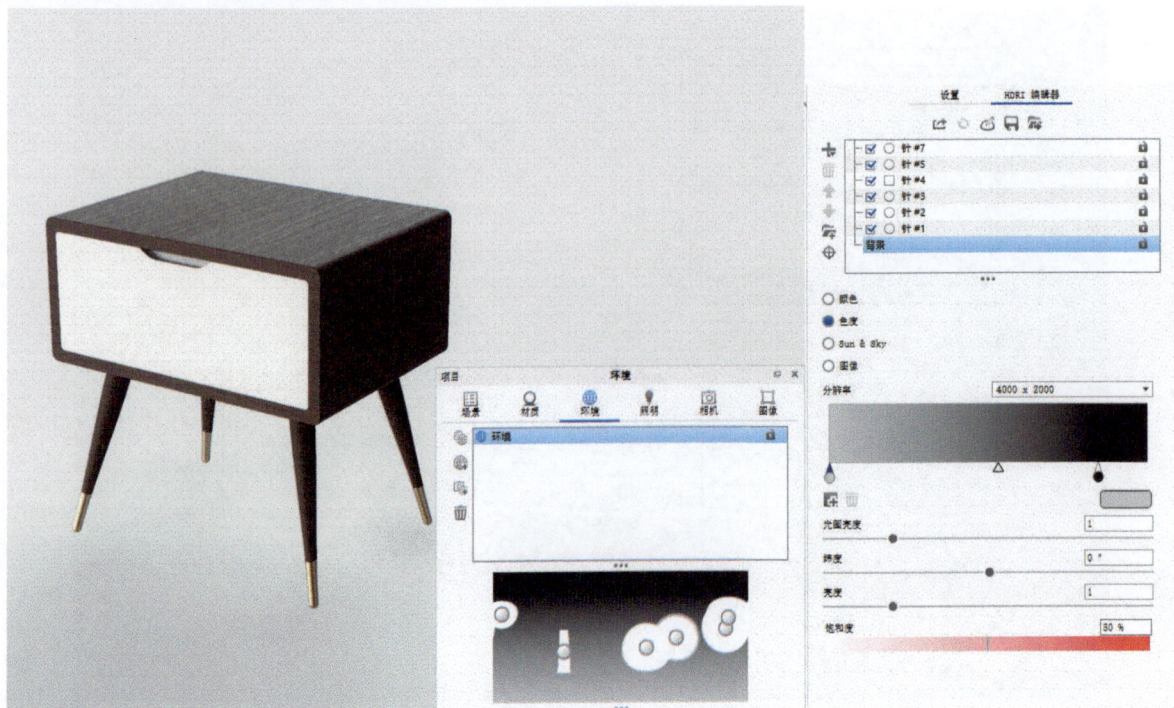

图7-357

7.4 概念适配器产品设计

素材文件	无
实例文件	实例文件>CH07>概念适配器产品设计.3dm
视频文件	概念适配器产品设计.mp4
学习目标	掌握草图绘制的方法和细节建模的思路

概念适配器的效果如图7-358所示。

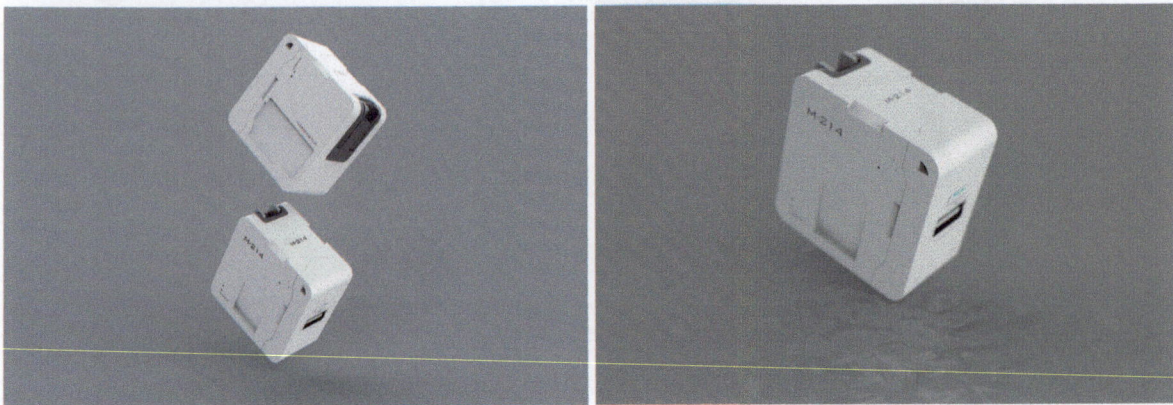

图7-358

7.4.1 绘制设计草图

概念适配器的设计草图如图7-359所示。

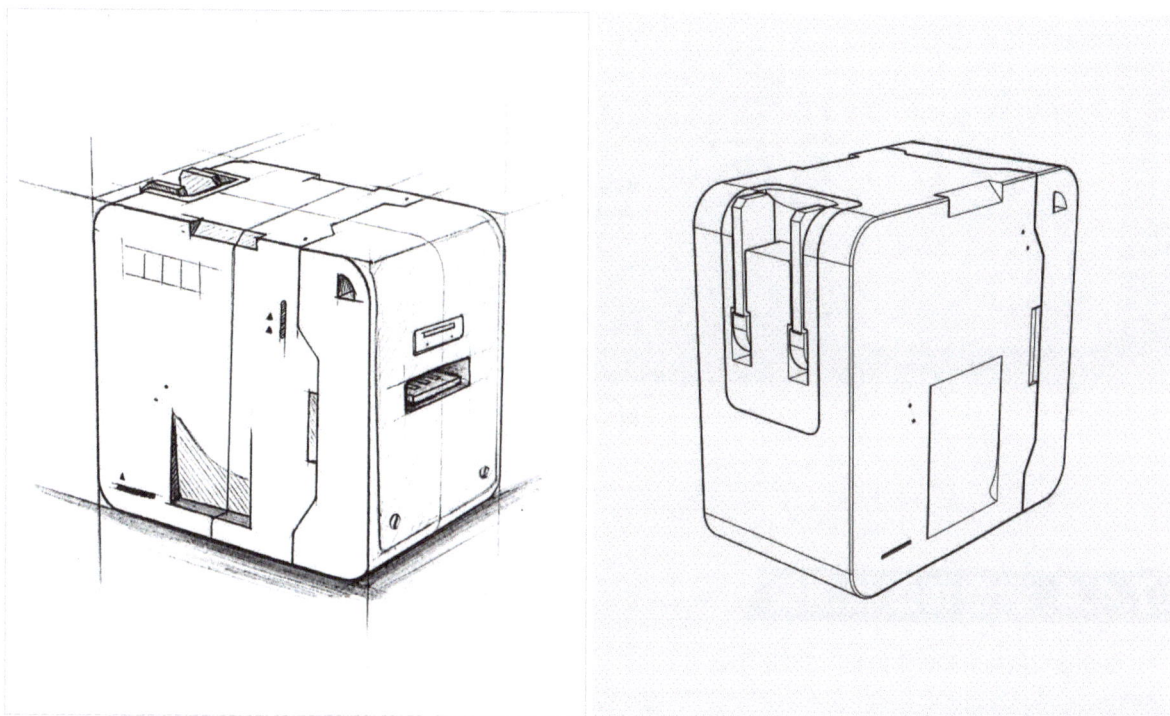

图7-359

7.4.2 制作适配器模型

概念适配器的Rhino模型如图7-360所示。

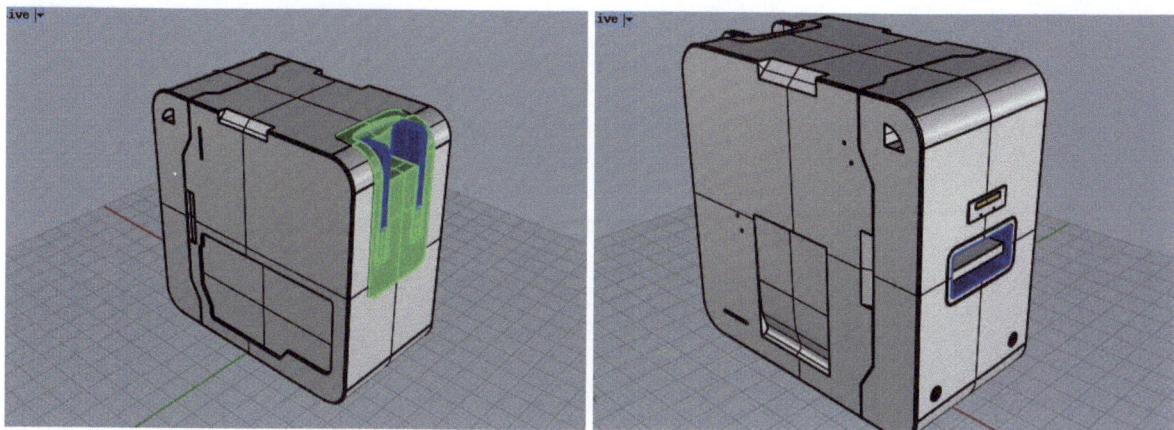

图7-360

7.4.3 设置适配器材质

概念适配器的KeyShot材质如图7-361所示。

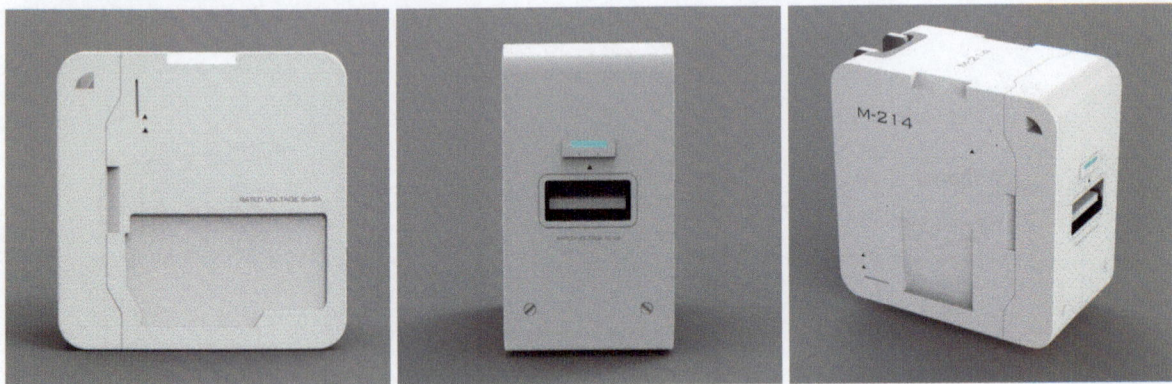

图7-361

7.4.4 调整角度和渲染

概念适配器的渲染效果如图7-362所示。

图7-362

7.5 水壶产品设计

素材文件　无

实例文件　实例文件>CH07> 水壶产品设计.3dm

视频文件　水壶产品设计.mp4

学习目标　掌握曲面模型的制作思路和渲染方法

水壶产品的效果如图7-363所示。

图7-363

7.5.1 制作水壶模型

水壶的Rhino模型如图7-364所示。

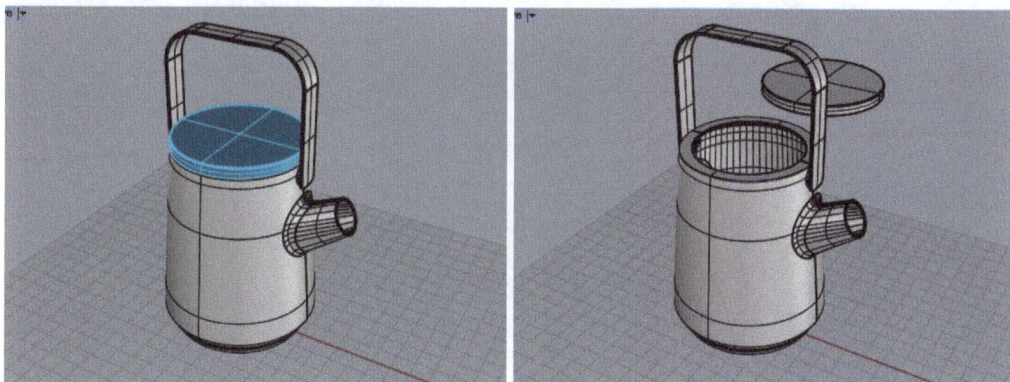

图7-364

7.5.2 设置水壶材质和渲染环境

水壶的材质和渲染环境如图7-365所示。

图7-365

7.5.3 水壶的后期处理

水壶的后期处理效果如图7-366所示。

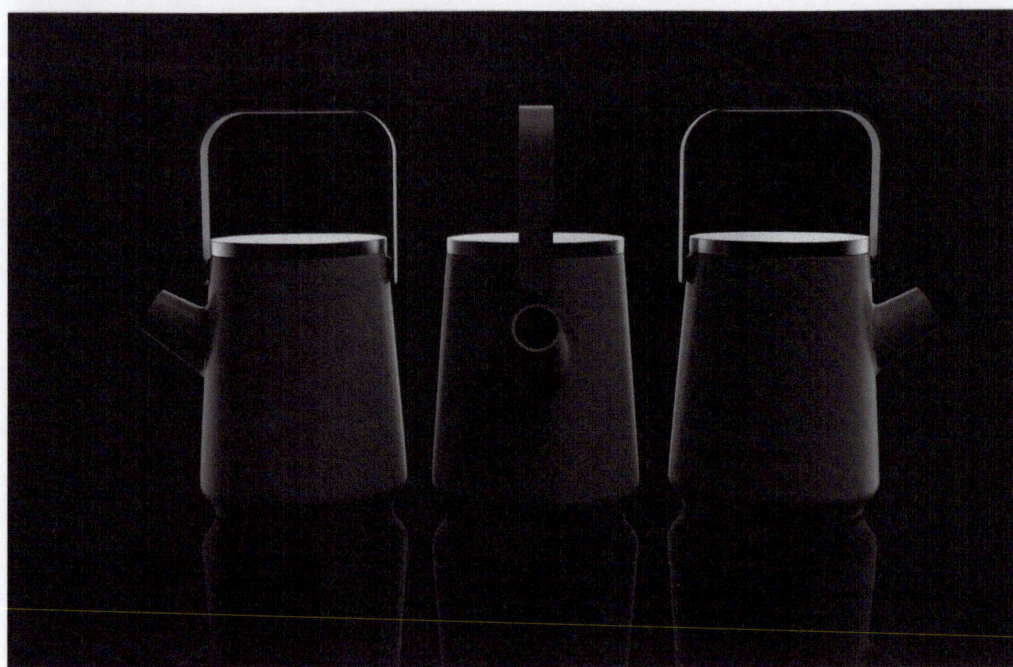

图7-366

7.6 创意麦克风产品设计

素材文件	无
实例文件	实例文件>CH07>创意麦克风产品设计.3dm
视频文件	创意麦克风产品设计.mp4
学习目标	掌握电子产品材质的制作方法和渲染环境的设置方法

创意麦克风产品的效果如图7-367所示。

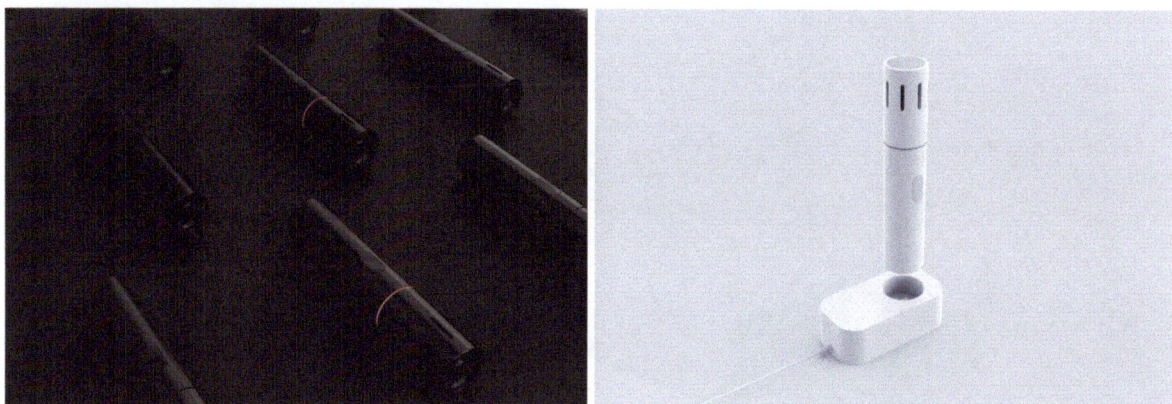

图7-367

7.6.1 制作麦克风模型

麦克风的Rhino模型如图7-368所示。

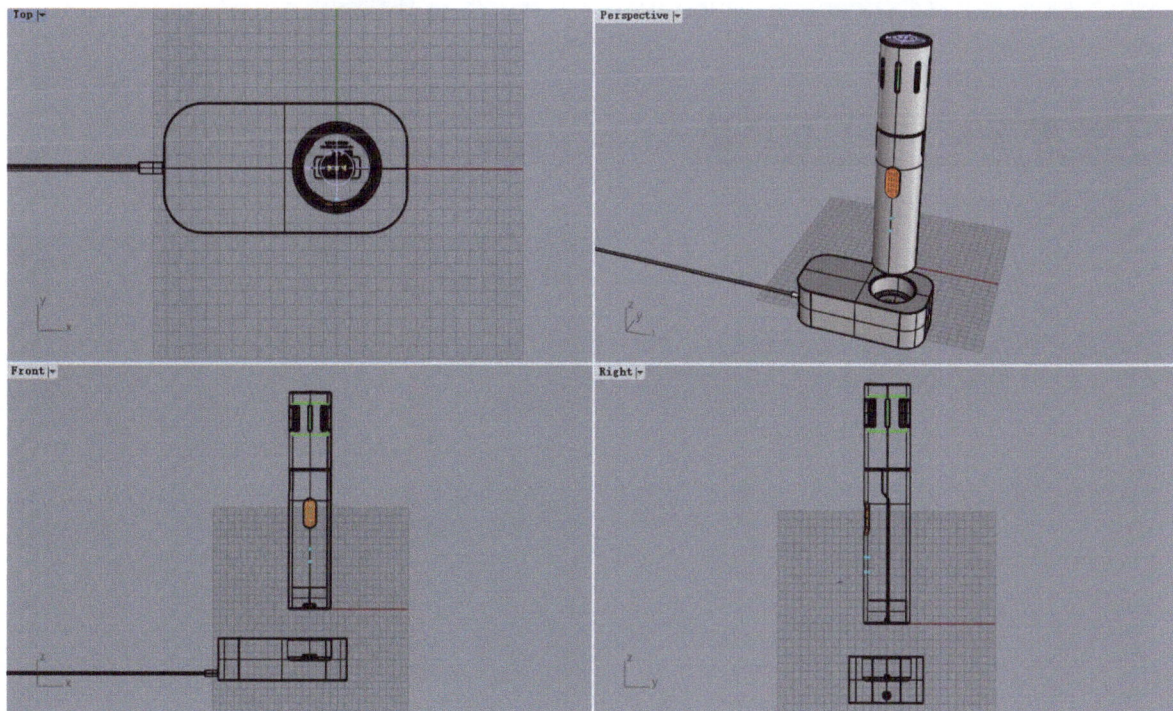

图7-368

7.6.2 设置麦克风材质和渲染环境

麦克风的材质和渲染环境如图7-369所示。

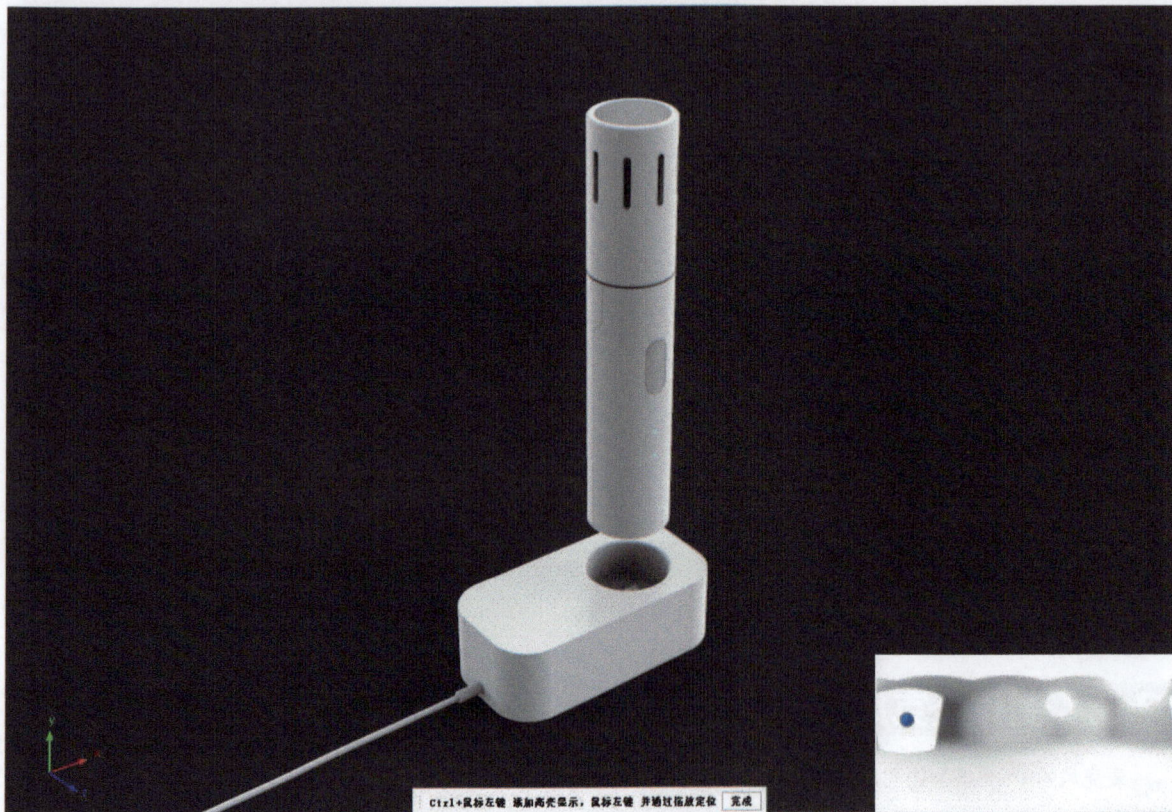

图7-369

7.6.3 麦克风的后期处理

麦克风的后期处理效果如图7-370所示。

图7-370

素材文件	无
实例文件	实例文件>CH07>入耳式耳机产品设计.3dm
视频文件	入耳式耳机产品设计.mp4
学习目标	掌握异形模型的制作方法和电子产品的材质制作方法

入耳式耳机产品的效果如图7-371所示。

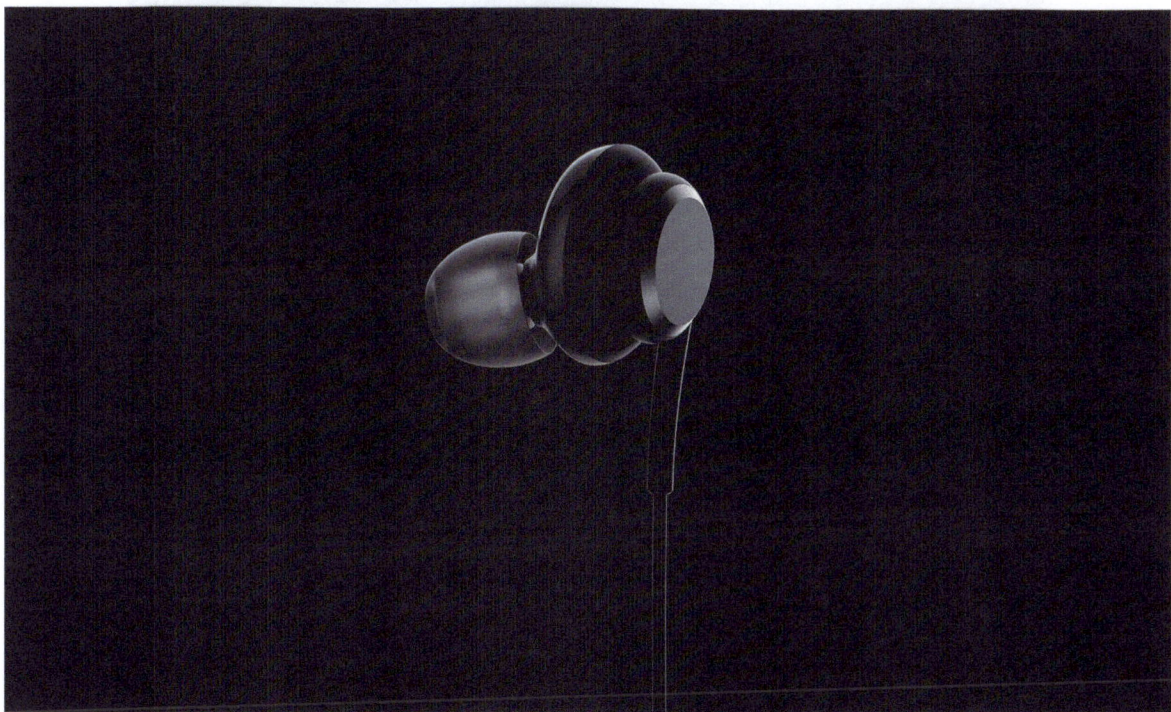

图7-371

7.7.1 制作耳机模型

耳机的Rhino模型如图7-372所示。

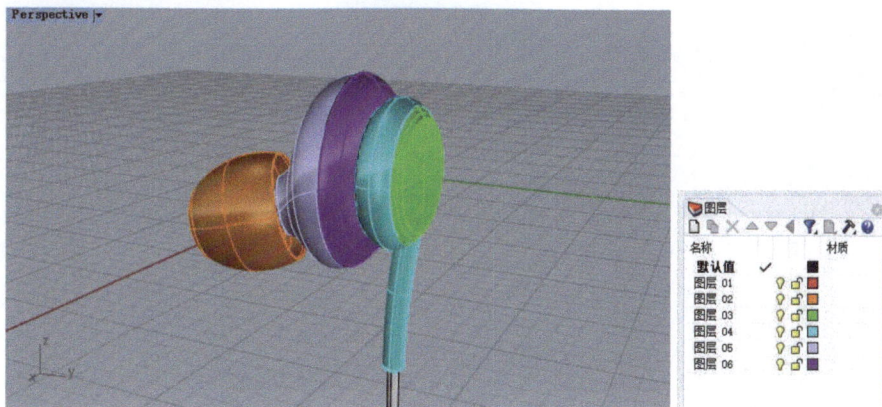

图7-372

7.7.2 设置耳机材质和渲染环境

耳机的材质和灯光环境如图7-373所示。

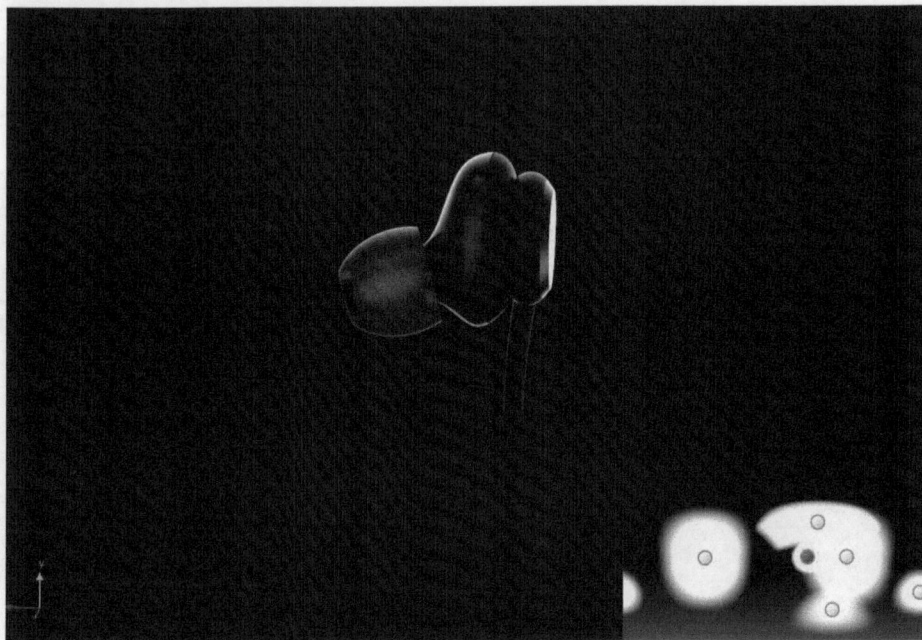

图7-373

7.7.3 耳机的后期处理

耳机的后期处理效果如图7-374所示。

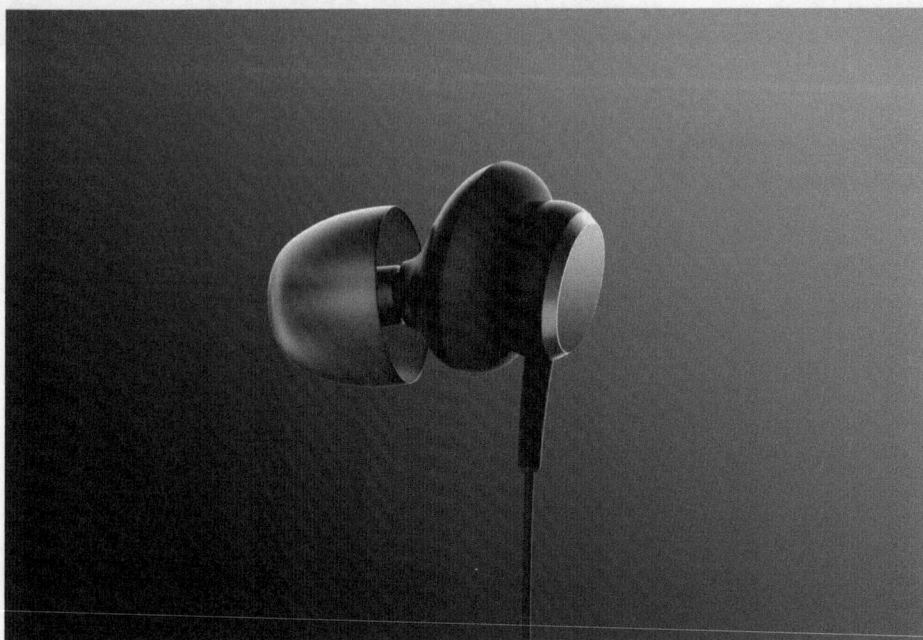

图7-374